华章科技 | Science & Technology

iOS 10 快速开发

18天零基础开发一个商业应用

iOS 10 Development: QuickStart Guide

刘铭 著

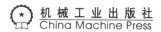

图书在版编目（CIP）数据

iOS 10 快速开发：18天零基础开发一个商业应用 / 刘铭著. —北京：机械工业出版社，2016.12

（iOS/苹果技术丛书）

ISBN 978-7-111-55609-1

I. i… II. 刘… III. 移动终端 – 应用程序 – 程序设计 IV. TN929.53

中国版本图书馆CIP数据核字（2016）第313251号

iOS 10 快速开发：18天零基础开发一个商业应用

出版发行：机械工业出版社（北京市西城区百万庄大街22号 邮政编码：100037）

责任编辑：李 艺

印　　刷：北京文昌阁彩色印刷有限责任公司

版　　次：2017年1月第1版第1次印刷

开　　本：186mm×240mm 1/16

印　　张：21.5

书　　号：ISBN 978-7-111-55609-1

定　　价：69.00元

凡购本书，如有缺页、倒页、脱页，由本社发行部调换

客服热线：（010）88379426 88361066

投稿热线：（010）88379604

购书热线：（010）68326294 88379649 68995259

读者信箱：hzit@hzbook.com

版权所有·侵权必究
封底无防伪标均为盗版
本书法律顾问：北京大成律师事务所 韩光／邹晓东

Preface 前 言

为什么要写这本书

目前，不管是在京东、淘宝、当当还是亚马逊，所有市面上销售的符合 Swift 3.0 语法的 iOS 开发书籍屈指可数。即便有也是基于 Swift 3.0 语言的几个常用知识点，分章节进行传统式讲授，比如 Swift 基本语法、控制流、函数和闭包等。如果再找一本 Swift 2.0 的相关书籍，从目录可以发现它们之间的区别并不大。这也就意味着，如果你已经掌握了 Swift 2.0，就没有必要再去买一本 Swift 3.0 的语法书去学习它们之间的不同，因为这些大部分只是形式层面上的不同。

作为一名 iOS 开发程序员，如果掌握了 Swift 语法知识以后，接下来便是需要通过积累项目实战经验来提升自己的等级了。而这一过程的重点是在完成项目需求的"一条线、一个面"上，而不是在"某个点"上面。因此，这个项目必须是一个接近完美的产品，它要可以访问后台数据库，具有社交功能，可以添加关注和"被粉"，可以注册用户，实现登录和退出，通过注册的邮箱修改密码，发送信息到后台服务器的数据库，可以通过相册发布帖子照片，可以评论、@ 其他用户和提交主题标签，当有新消息的时候还可以通知当前用户。基于这样的考虑，本书以国外较为流行的照片分享应用程序——Instagram 为例，实现了从用户注册、登录到照片发布、评论、主题标签和 @mention 等一系列功能，让广大读者可以通过本书将所学到的知识点运用到实战中去，摆脱纸上谈兵，真正地将所有的知识点融会贯通，从而打通所有"脉络"，在编写程序代码的时候达到"思如泉涌"的效果。

本书的主要内容和特色

在笔者读过的很多技术书籍中，绝大部分都是每个章节介绍一个技能，并且通过一个相对独立的实例来进行讲解。例子虽然短小，容易理解，但是所有章节没有任何关联，使读者缺乏开发一个真正完整项目的体验。

本书以构建一个仿 Instagram 项目的实践案例贯穿全书，将所有知识点融入到实践中，使大家真正理解和掌握如何通过 Xcode SDK 和 Swift 3.0 语言来开发 iOS 应用程序。

除了书中所涉及的程序代码以外，本书还配套推出了相应的 UI 设计视频，并通过二维码的形式供广大读者观看。这样做的目的：一是因为通过视频方式讲解 UI 界面的制作过程会更加生动形象，易于读者的学习与实践；二是可以节省很多纸张来进行文字性描述和贴图，更加环保；最后一点就是阅读本书的读者大部分都是程序员，本身对于美工方面的技能并不是很精通，但多了解一些也没有什么坏处，不至于在团队交流的时候被"忽悠"了。基于这三点考虑，笔者录制了相应 UI 界面的制作视频，可以让程序员在编写代码的时候，开开心心制作 UI 界面。

本书是根据应用程序项目所实现的功能安排章节的，具体如下：

第一部分（第 1 ～ 10 章）实现的是 Instagram 最基本的功能，包括：在 iOS 项目中集成 LeanCloud SDK，实现用户的注册、登录和密码重置功能，UI 界面的搭建与布局。

第二部分（第 11 ～ 18 章）实现个人用户和访客页面的相关功能，包括：个人用户和访客的页面 UI 搭建，从 LeanCloud 云端获取个人信息，关注和被粉信息等。

第三部分（第 19 ～ 25 章）实现的是个人配置页面及发布页面的功能，包括：个人配置页面的数据接收与提交，帖子照片的上传，分页载入，帖子单元格的布局等。

第四部分（第 26 ～ 32 章）实现了帖子评论功能，包括：创建评论界面，创建主题标签和 @mention 功能等。

第五部分（第 33 ～ 37 章）实现了 Instagram 的集合页面，搜索及通知功能。

各个部分的功能实现都基于由浅入深、循序渐进的原则，让广大读者在实践操作的过程中不知不觉地学习新方法，掌握新技能。

本书面向的读者

本书适合具备以下几方面知识和硬件条件的群体阅读。

❑ 有面向对象的开发经验，熟悉类、实例、方法、封装、继承、重写等概念。

❑ 有 Objective-C 或 Swift 的开发经验。

❑ 有 MVC 设计模式开发经验。

❑ 有简单图像处理的经验。

❑ 有一台 Intel 架构的 Mac 电脑（Macbook Pro、Macbook Air、Mac Pro 或 Mac Mini）。

❑ 如果加入了 iOS 开发者计划，还可以准备一台 iOS 移动设备。

如何阅读本书

每个人的阅读习惯都不相同，而且本书并不是一本从 Swift 语法讲起的基础"开荒"书。所以我还是建议你先找一本 Swift 2.X 的语法书学起，在有了一定的 Swift 语言基础以后，再开始阅读本书，跟着实践操作一步步完成 Instagram 项目。

在阅读本书的过程中，我们可能会遇到语法错误、编译错误、网络连接错误等情况，不用着急，根据调试控制台中的错误提示，去分析产生 Bug 的原因，或者通过与本书所提供的源码进行对比，找出问题所在。

本书采用循序渐进的方式，这也就意味着在第 5 章出现的知识点，有可能在第 12 章还会出现。这样就可以使广大读者有机会多次去学习和巩固该知识点所能够解决的问题，效果会更好。

勘误和支持

由于水平有限，编写时间仓促，书中难免会出现一些错误或者不准确的地方，恳请读者批评指正。书中的全部源文件可以从华章网站（www.hzbook.com）下载。如果你有更多的宝贵意见，也欢迎发送邮件至邮箱 liuming_cn@qq.com，期待能够得到你们的真挚反馈。

致谢

首先要感谢伟大到可以改变这个世界的 Steven Jobs，他的精神对我产生了非常大的影响。

感谢机械工业出版社华章公司的编辑杨福川老师，在这段时间中始终支持我的写作，你的鼓励和帮助引导我顺利完成全部书稿。

最后感谢我的爸爸、妈妈、刘颖、刘怀羽、张燕、卢红玲，感谢你们对我的支持与帮助，并时时刻刻给我信心和力量！

谨以此书献给我最亲爱的家人，以及众多热爱 iOS 的朋友们！

刘铭
2016 年 12 月于中国北京

目录 Contents

前言

第一部分

第 1 章 创建项目并集成 LeanCloud SDK ········ 2
1.1 访问 LeanCloud ·········· 3
1.2 创建 Xcode 项目——Instagram ······ 4
1.3 将 LeanCloud SDK 集成到 iOS 项目中 ·········· 5
1.4 初始化 LeanCloud SDK ········ 7
本章小结 ············ 10

第 2 章 创建用户登录界面 ········ 11
2.1 从故事板中创建视图 ········ 11
2.2 搭建用户的登录界面 ········ 13
2.3 为 SignInVC 类和视图创建 Outlet 和 Action 关联 ········ 16
    2.3.1 什么是 Outlet 和 Action ······ 16
    2.3.2 为 SignInVC 创建 Outlet ····· 17
    2.3.3 为 SignInVC 创建 Action ····· 20
2.4 调整模拟设备 ··········· 22

本章小结 ············ 22

第 3 章 创建用户注册界面 ········ 23
3.1 利用滚动视图创建用户注册界面 ··········· 23
3.2 创建 Outlet 和 Action 关联 ····· 26
3.3 让注册视图消失 ········· 29
本章小结 ············ 30

第 4 章 注册视图中编写与界面相关的代码 ········ 31
4.1 获取当前屏幕的尺寸 ········ 31
4.2 添加键盘相关的 Notification 通知 ············ 33
4.3 Swift 语言中的可选特性 ······· 35
4.4 以动画的方式改变滚动视图的高度 ········· 39
4.5 通过 Tap 手势让虚拟键盘消失 ······ 40
本章小结 ············ 41

第 5 章 设置注册页面的用户头像 ······ 42
5.1 为 Image View 添加单击

	手势识别	42
5.2	创建照片获取器	43
5.3	访问照片库的前期准备	45
5.4	将 Image View 的外观设置为圆形	47
	本章小结	48

第 6 章 提交用户注册信息到 LeanCloud ········· 49

6.1	检验用户输入的数据	49
6.2	if 语句中对可选链的处理	50
6.3	使用 UIAlertController 显示警告信息	50
6.4	提交数据到 LeanCloud 平台	52
6.5	在 LeanCloud 云端查看提交的信息	54
	本章小结	55

第 7 章 用户登录 ········· 56

7.1	利用 UserDefaults 存储用户信息	56
7.2	SignInVC 中的用户登录	60
	本章小结	61

第 8 章 创建项目并集成 LeanCloud SDK ········· 62

8.1	删除已经安装到模拟器中的 App	62
8.2	创建密码重置页面的视图	63
8.3	完成重置控制器代码	65
	本章小结	66

第 9 章 调整注册和登录界面的布局 ········· 67

9.1	通过 Size Classes 查看界面布局在不同设备上的效果	67
9.2	对登录界面布局	68
9.3	对注册界面布局	70
9.4	对密码重置界面布局	72
	本章小结	72

第 10 章 美化 Instagram ········· 73

10.1	添加字体	73
10.2	设置各功能视图的背景图	74
10.3	注册用户的邮箱校验	77
	本章小结	78

第二部分

第 11 章 创建 Home Page 用户界面 ········· 80

11.1	在故事板中搭建集合视图	80
11.2	为集合视图创建代码类	83
11.3	添加 Outlet 和 Action	84
11.4	调整集合单元格	85
	本章小结	87

第 12 章 从云端读取当前用户信息 ··· 88

12.1	创建个人主页与标签控制器的关联	88
12.2	修改 HomeVC 的代码	89
12.3	应用程序传输安全协议	93
12.4	设置导航栏标题	94

第 13 章　在个人主页中显示帖子信息 ········ 96

13.1　在 LeanCloud 云端创建数据类 ········ 96
13.2　编写接收数据的代码 ········ 99
13.3　创建单元格相关代码 ········ 102
本章小结 ········ 105

第 14 章　获取用户的帖子及关注数 ········ 106

14.1　注册后的用户登录 ········ 106
14.2　在云端创建关注记录 ········ 108
14.3　获取用户相关数据信息 ········ 110
本章小结 ········ 111

第 15 章　与统计数据之间的交互 ········ 112

15.1　在故事板中创建表格视图控制器 ········ 112
15.2　创建 Outlet 关联 ········ 113
15.3　统计数据被单击后的实现代码 ········ 115
本章小结 ········ 118

第 16 章　从云端载入关注人员信息 ········ 119

16.1　从云端获取关注人员信息 ········ 119
16.2　创建表格视图的单元格 ········ 120
16.3　设置关注按钮的状态 ········ 122
16.4　添加关注和取消关注 ········ 125

本章小结 ········ 127

第 17 章　创建访客的相关功能 ········ 128

17.1　在故事板中创建用户界面 ········ 128
17.2　实现 GuestVC 类的代码 ········ 129
17.3　从云端获取访客的帖子信息 ········ 132
17.4　获取访客个人页面的 Header 信息 ········ 134
17.5　单击访客统计数据后的实现代码 ········ 136
17.6　从其他控制器切换到 GuestVC ········ 138
17.7　对于访客的关注和取消关注 ········ 140
本章小结 ········ 141

第 18 章　设置访客页面的布局 ········ 142

18.1　用户的退出 ········ 142
18.2　设置 HeaderView 的布局 ········ 143
18.3　设置集合视图单元格的大小 ········ 145
18.4　关注页面的布局 ········ 146
本章小结 ········ 147

第三部分

第 19 章　创建用户配置界面 ········ 150

19.1　在故事板中创建个人配置控制器视图 ········ 150
19.2　创建 Action 和 Outlet 关联 ········ 154
19.3　为视图创建布局代码 ········ 155
19.4　实现与界面相关的代码 ········ 158
本章小结 ········ 162

第 20 章　个人配置页面数据的接收与提交 ……… 163

- 20.1　从云端获取个人用户信息 ……… 163
- 20.2　对 Email 和 Web 进行正则判断 ……… 164
- 20.3　发送信息到服务器 ……… 167
- 20.4　更新个人主页信息 ……… 169
- 本章小结 ……… 170

第 21 章　实现帖子上传功能 ……… 171

- 21.1　在故事板中创建上传用户界面 ……… 171
- 21.2　创建上传控制器代码类 ……… 173
- 21.3　实现照片获取器的相关代码 ……… 174
- 21.4　实现上传的相关代码 ……… 177
- 21.5　在个人主页刷新集合视图 ……… 179
- 21.6　移除上传页面中的照片 ……… 181
- 本章小结 ……… 183

第 22 章　实现分页载入功能 ……… 184

- 22.1　为 HomeVC 实现分页载入功能 ……… 184
- 22.2　为 GuestVC 实现分页载入功能 ……… 187
- 本章小结 ……… 187

第 23 章　搭建帖子控制器的界面 ……… 188

- 23.1　创建帖子控制器界面 ……… 188
- 23.2　创建单元格的 Outlet 关联 ……… 191
- 23.3　整理 PostVC 类的代码 ……… 191
- 23.4　生成表格视图的单元格 ……… 194
- 23.5　从 HomeVC 切换到 PostVC 时的代码实现 ……… 196
- 本章小结 ……… 198

第 24 章　设置帖子单元格的布局 ……… 199

- 24.1　设置单元格垂直方向的布局 ……… 199
- 24.2　设置单元格水平方向的布局 ……… 201
- 本章小结 ……… 203

第 25 章　进一步美化程序界面 ……… 204

- 25.1　为按钮定制 Icon 图 ……… 204
- 25.2　美化导航栏 ……… 205
- 25.3　美化标签栏 ……… 206
- 25.4　调整上传照片页面 ……… 207
- 25.5　设置标签栏中的 Item ……… 210
- 本章小结 ……… 210

第四部分

第 26 章　喜爱按钮的功能实现 ……… 212

- 26.1　设置喜爱按钮状态及显示喜爱的数量 ……… 212
- 26.2　实现喜爱按钮的交互 ……… 213
- 26.3　实现照片的双击交互 ……… 216
- 26.4　实现用户名的单击交互 ……… 217
- 本章小结 ……… 218

第 27 章　创建用户评论界面 ……… 219

- 27.1　创建评论控制器的用户界面 ……… 219
- 27.2　完善用户界面代码 ……… 221
- 27.3　在 PostVC 中实现评论

按钮的交互 ············· 223

27.4 对 CommentCell 的控件布局 ······ 225

27.5 实现评论控制器的功能代码 ····· 226

本章小结 ························· 229

第 28 章 实现评论的相关功能 ······ 230

28.1 实现 Text View 的功能 ············ 230

28.2 实现 Table View 的功能 ··········· 233

28.3 从云端载入评论 ··············· 235

本章小结 ························· 238

第 29 章 实现评论的特色功能 ······ 239

29.1 发送评论到云端 ················ 239

29.2 与用户名的交互 ················ 241

29.3 删除评论 ······················· 242

29.4 @Address 操作 ·················· 244

29.5 投诉评论 ······················· 245

29.6 为三个 Action 添加背景图 ······· 248

本章小结 ························· 248

第 30 章 实现 Hashtags 和 Mentions 功能 ············· 249

30.1 实现 Hashtag 和 Mention 的识别功能 ··················· 249

30.2 实现 Mention 的交互 ············· 254

30.3 将 Hashtag 发送到云端 ·········· 256

本章小结 ························· 259

第 31 章 创建 Hashtag 控制器 ······ 260

31.1 创建 Hashtag 控制器界面 ········ 260

31.2 实现 Hashtag 的交互 ············· 262

31.3 实现 HashtagsVC 类的代码 ······ 263

本章小结 ························· 269

第 32 章 处理 More 按钮的响应交互 ··············· 270

32.1 创建 More 按钮的 Action 关联 ··· 270

32.2 创建 More 按钮的交互代码 ······ 271

32.3 为项目设置返回和退出按钮 ····· 274

32.4 处理不存在的用户 ··············· 276

本章小结 ························· 278

第五部分

第 33 章 创建 Feed 控制器 ············· 280

33.1 创建 Feed 控制器的用户界面 ···· 280

33.2 实现 FeedVC 控制器的代码 ····· 283

33.3 实现 FeedVC 控制器表格视图相关代码 ··················· 287

33.4 设置 Feed 页面的 Icon ··········· 290

本章小结 ························· 291

第 34 章 创建用户搜索功能 ·········· 292

34.1 创建搜索控制器用户界面 ······· 292

34.2 实现用户搜索功能 ··············· 295

34.3 在表格视图中显示搜索结果 ····· 297

34.4 设置搜索页面的 Icon ············ 299

34.5 在 UsersVC 中实现集合视图 ···· 300

本章小结 ························· 306

第 35 章 创建通知控制器界面 ······ 307

35.1 搭建通知控制器的用户界面 ····· 307

35.2　设置通知页面的 Icon ············ 309
35.3　评论或 @mention 的通知处理 ··· 309
35.4　Like 的通知处理 ················ 312
35.5　Follow 的通知处理 ·············· 314
35.6　设置 NewsCell 中界面
　　　控件的布局 ···················· 315
本章小结 ································ 316

第 36 章　接收数据到通知控制器 ······ 317

36.1　从 News 数据表中接收数据 ······ 317

36.2　处理 News 单元格的交互操作 ··· 320
36.3　设置通知页面的图标 ············ 323
本章小结 ································ 327

第 37 章　对用户界面的再改进 ········ 328

37.1　设置上传标签 ···················· 328
37.2　设置按钮为圆角 ················ 329
37.3　调整通知提示条的动画 ·········· 331
37.4　调整标签栏中 Item 的设置 ······ 331
本章小结 ································ 331

第一部分 *Part 1*

- 第 1 章　创建项目并集成 LeanCloud SDK
- 第 2 章　创建用户登录界面
- 第 3 章　创建用户注册界面
- 第 4 章　注册视图中编写与界面相关的代码
- 第 5 章　设置注册页面的用户头像
- 第 6 章　提交用户注册信息到 LeanCloud
- 第 7 章　用户登录
- 第 8 章　创建项目并集成 LeanCloud SDK
- 第 9 章　调整注册和登录界面的布局
- 第 10 章　美化 Instagram

Chapter 1 第 1 章

创建项目并集成 LeanCloud SDK

在真正创建 Instagram 仿真项目之前，让我们先了解下 BaaS（Backend as a Service，后端即服务）的相关知识。试想一下，现在大部分的手机应用（App）都需要和后端服务器进行交互，小到用户登录、存储关键信息，大到数据分析、实时监控和直播。不借助移动网络并使用后台数据服务的单机应用现在真是屈指可数了。

BaaS 可以为我们做什么呢？它主要为移动应用开发者提供各种移动后端服务，帮助移动（网页）应用开发者将他们的应用与后端云储存和后端应用开放的 API 连接，同时提供了用户管理、推送通知以及与社交网络服务整合等功能。这些服务的提供是通过使用定制的软件开发工具（SDK）和应用程序接口（API）来实现的，如图 1-1 所示。

当用户使用手机打开某个 App 以后，App 会通过特定 API 与 BaaS 平台的服务进行数据交换和处理，并将需要的数据或处理结果反馈给当前用户或其他用户。

在国内，也有几个老牌的 MBaaS（Mobile Backend as a Service，移动后端即服务）平台，

图 1-1 用户通过 iPhone 的 App 与 LeanCloud 云端进行数据交互

LeanCloud 就是其中一个，通过它所提供的服务，我们再也不需要租用服务器，也不需要编写后端代码。LeanCloud 平台提供了一站式后端云服务，从数据存储、实时聊天、消息推送到移动统计，涵盖应用开发的多方面后端需求。

在国外，最著名的 BaaS 平台就是广大程序员所熟知的 Parse，它的出名不仅仅是因为它的广泛用户群体，更重要的是在 Facebook 收购它以后，出于对自身竞争力的考虑，决定在 2017 年年初关闭 Parse，并将 Parse 的源代码开源。

1.1 访问 LeanCloud

步骤 1 浏览器中访问 leancloud.cn，注册一个账号，如果之前注册过则直接登录，如图 1-2 所示。

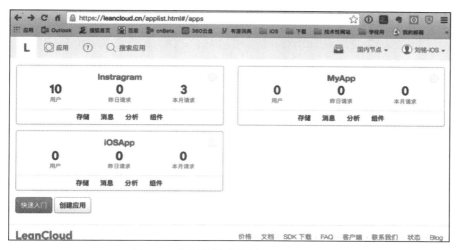

图 1-2 在浏览器中访问 leancloud.cn

步骤 2 在应用程序列表中单击创建应用按钮，输入新应用名称，这里设置为 Instagram，单击创建按钮，如图 1-3 所示。

步骤 3 在 LeanCloud 云端创建好后台应用程序以后，单击该应用标签右上角的齿轮图标便进入到 Instagram 程序的配置页面。在该页面中单击顶端帮助菜单中的快速入门，如图 1-4 所示。

图 1-3 在 LeanCloud 云端创建 Instagram 应用

图 1-4 从菜单中找到快速入门

步骤 4 在快速入门页面中选择好开发平台（iOS）和应用（Instagram），就可以根据下面的步骤将 LeanCloud SDK 集成到项目之中了。

1.2 创建 Xcode 项目——Instagram

在 LeanCloud 云端创建好 Instagram 应用以后，我们还需要在 Xcode 中创建一个 iOS 项目。

步骤 1 运行 Xcode 8（截止到目前还是 beta 版），在欢迎菜单中选择 Create a new Xcode project。从项目模板面板中选择 iOS → Application → Single View Application，如图 1-5 所示。

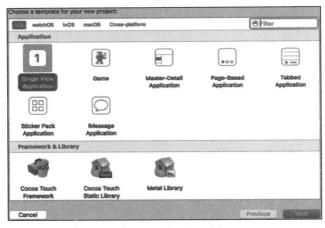

图 1-5　Xcode 项目模板选择对话框

步骤 2 在模板设置对话框中设置 Project Name 为 Instagram；Team 为你开发用的 AppleID 账号；Organization Name 为开发团队或个人的名称，可任意填写；Organization Identifier 为组织标识，推荐为一个域名的反向，比如这里的 cn.liuming；Bundle Identifier 会被自动设置为 Organization Identifier 与 Product Name 的整合；Language 为 Swift；Devices 为 iPhone；剩下的三个选项全都不用勾选，如图 1-6 所示，单击 Next 按钮。

图 1-6　设置 Instagram 应用的基础选项

步骤 3 在确定好项目保存的本地磁盘位置以后，单击 Create 按钮，便成功创建 iOS 项目——Instagram。图 1-7 所示是该项目在 Xcode 8 中的工作界面。

第 1 章 创建项目并集成 LeanCloud SDK ❖ 5

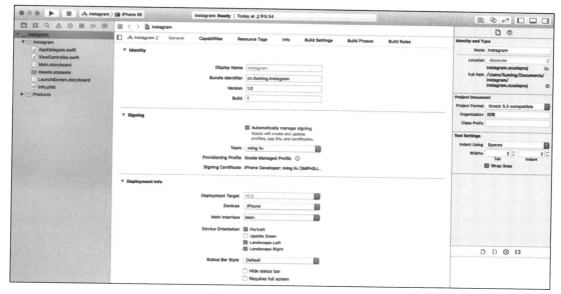

图 1-7 Xcode 的工作界面

接下来，需要将 LeanCloud SDK 集成到 Instagram 项目之中了。

1.3 将 LeanCloud SDK 集成到 iOS 项目中

安装 LeanCloud SDK 到 iOS 项目有两种不同的方式：一是通过 CocoaPods 方式，一是通过手动安装方式。如果你对 CocoaPods 有所了解的话，肯定首选这个，因为它大大简化了安装过程并且易于维护。好在这一过程并不复杂，让我们开始吧！

步骤 1 根据 LeanCloud 入门引导，在 Xcode 导航区域的 Instagram 项目图标（蓝色的）上单击鼠标右键（Control+Click），在弹出的快捷菜单中选择 New File，如图 1-8 所示。

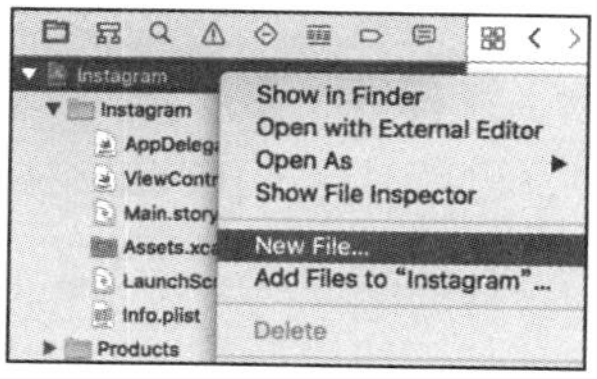

步骤 2 在新文件模板中选择 Other → Empty，单击 Next 按钮。设置文件名为 Podfile 后，单击 Create 按钮，如图 1-9 所示。

图 1-8 在 Instagram 项目中添加一个新文件

步骤 3 在项目导航中选中 Podfile 文件，并添加下面的代码到文件中。

```
use_frameworks!                          # LeanCloud SDK 只能作为动态框架集成到项目中

target 'Instagram' do                    # Instagram 是项目的名称
  pod 'AVOSCloud'                        # LeanCloud 基础模块
  pod 'AVOSCloudIM'                      # IM 模块
  pod 'AVOSCloudCrashReporting'          # 崩溃报告模块

end
```

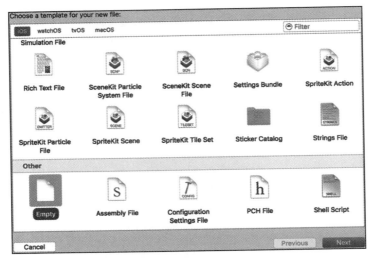

图 1-9　选择新建文件类型

Podfile 文件的第一行代表我们所安装的 LeanCloud SDK 必须作为动态框架集成到项目中。然后是对 Instagram 项目添加三个模块：AVOSCloud、AVOSCloudIM 和 AVOSCloud-CrashReporting。其中，第一个模块是必须添加的，后面两个是可选的。

> **注意**　在 LeanCloud SDK 的框架中所有模块名称都是以 AVOS 开头的，这是为什么呢？据说，当时该平台的名称就叫作 AVOSCloud，但是担心国内对使用 AV 一词有被屏蔽的风险，所以就改成了 LeanCloud。

步骤 4　关闭 Xcode，打开 Mac 系统的终端程序，进入当前的 Instagram 项目文件夹中，也就是含有 Podfile 文件层级的目录。执行 pod install 命令。

```
liumingdeMBP:Instagram liuming$ ls
Instagram            Instagram.xcodeproj     Podfile
liumingdeMBP:Instagram liuming$ pod install
Analyzing dependencies
Downloading dependencies
Installing AVOSCloud (3.3.5)
Installing AVOSCloudCrashReporting (3.3.5)
Installing AVOSCloudIM (3.3.5)
Generating Pods project
Integrating client project

[!] Please close any current Xcode sessions and use `Instagram.xcworkspace` for this project from now on.
    Pod installation complete! There are 3 dependencies from the Podfile and 3 total pods installed.
```

通过 CocoaPods 方式在 Instagram 项目中安装好 LeanCloud SDK 框架以后，就可以在项目中使用 AVOSCloud 模块提供的 API 了。

> **提示** 如果你的 Mac OS 系统还没有安装过 CocoaPods 的话，可以使用手机或平板扫描下方的二维码，如图 1-10 所示，观看在 Mac OS 系统上安装 CocoaPods 的视频教程。

图 1-10　在 Mac OS 系统中安装 CocoaPods 的视频教程

步骤 5　在 Mac OS 系统的 Finder 中打开 Instagram 项目，注意，此时我们需要打开的项目文件不再是 Instagram.xcodeproj，而是 Instagram.xcworkspace。只有打开这个文件，Instagram 项目中才会包含 LeanCloud SDK。

当上面的这些步骤操作完成以后，在项目导航中看起来应该是如图 1-11 所示的样子。

我们所打开的 Instagram.xcworkspace 实际上是一个 Xcode 的工作区，在该工作区中一共有两个项目：Instagram 和 Pods。Pods 就是通过 CocoaPods 自动生成的项目，该项目维护着 Instagram 项目所依赖的第三方库——LeanCloud SDK。

图 1-11　在 Xcode 中添加 AVOSCloud 框架后的效果

> **注意** iOS 从 8.0 开始支持动态库，所以请确保你的项目只支持 iOS 8 及以上版本。

1.4　初始化 LeanCloud SDK

接下来，我们需要在项目中添加一些文件和代码，对 LeanCloud SDK 进行初始化。

由于 Instagram 项目是 Swift 语言项目，而加载的第三方库 LeanCloud SDK 是 Objective-C 语言的项目，因此在 Swift 项目中调用 Objective-C 语言的 API，需要我们在

Instagram 中添加一个桥接文件。

步骤 1 在项目导航中选择 Instagram 组（黄色图标的），右击鼠标在菜单中选择 New File，在新文件模板面板中选择 iOS → Cocoa Touch Class 创建一个新类，在新文件选项面板中将 Language 设置为 Objective-C，其他按默认值即可，单击 Next 和 Create 按钮。此时，Xcode 会弹出一个新的对话框，提示是否配置一个 Objective-C 的桥接头文件，单击 Create Bridging Header 按钮，如图 1-12 所示。此时，在项目中创建了 Instagram-Bridging-Header.h 文件和另外两个 Objective-C 的类文件：xxxxx.h 和 xxxxx.m。

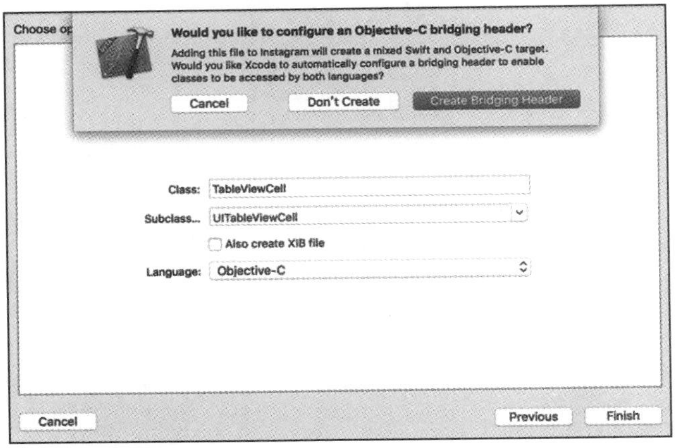

图 1-12 为 Instagram 创建 Objective-C 的桥接头文件

步骤 2 在项目导航中选中删除 xxxxx.h 和 xxxxx.m 文件，并将其移动到垃圾桶（Move to Trash）。然后打开 Instagram-Bridging-Header.h 文件，在该文件中添加下面的代码：

```
#import <AVOSCloud.h>
```

经过上面的两步操作，现在我们就可以在 Instagram（Swift 语言）项目中随意调用 AVOSCloud（Objective-C 语言）的 API 函数了，而且调用语法还是保持着 swift 风格。

步骤 3 添加下面的代码到 application(_: didFinishLaunchingWithOptions:) 方法中，当应用程序启动后会首先调用该方法，我们可以在这里进行最基础的设置，比如这里通过 AVOSCloud API 让应用程序连接到 LeanCloud 云端平台。

```
func application(_ application: UIApplication, didFinishLaunchingWithOptions
launchOptions: [NSObject: AnyObject]?) -> Bool {

    AVOSCloud.setApplicationId("2NL5pkgYfnrMXkbf17w5rU62-gzGzoHsz",
              clientKey: "6Sl5rQaIyXh90CE0i26b2gaJ")

    // 如果想跟踪统计应用的打开情况，可以添加下面一行代码
    AVAnalytics.trackAppOpened(launchOptions: launchOptions)
```

```
return true
}
```

通过 AVOSCloud 类的 setApplicationId(_: clientKey:) 方法，可以让应用程序连接到 LeanCloud 云端，它带有两个参数：第一个参数 applicationId 是在 LeanCloud 中创建的应用程序 Id，第二个参数 clientKey 是 LeanCloud 应用中的 client key。我们可以在 LeanCloud 云端中的 Instagram 控制台里面找到相关的 Key 值，然后直接复制即可，如图 1-13 所示。

图 1-13　在 LeanCloud 平台查看 Key 信息

步骤 4　在 AVAnalytics.trackAppOpened(launchOptions: launchOptions) 代码的下面，添加下面的代码：

```
AVAnalytics.trackAppOpened(launchOptions: launchOptions)

let testObject = AVObject(className: "TestObject")
testObject?.setObject("bar", forKey: "foo")
testObject?.save()

return true
```

通过上面的代码，我们首先创建了一个 AVObject 类型的对象，该对象相当于云端 TestObject 数据表中的一条数据记录。因为是新建，所以该记录应该是全新的，并且等待着存储到云端的 TestObject 数据表里面。

如果在云端的 Instagram 应用中没有 TestObject 数据表的话，AVObject 对象会自动创建它。该对象将 foo 字段的值设置为 bar，如果 TestObject 中没有foo 字段的话，AVObject 也会自动创建该字段。最后，保存这条记录到云端的 TestObject 数据表里面。

> **技巧**　除了使用 setObject(_:forKey key:) 方式添加数据到 TestObject 对象以外，还可以利用 AVObject 类的脚标方式添加数据，
>
> ```
> let testObject = AVObject(className: "TestObject")
> //testObject?.setObject("bar", forKey: "foo")
> testObject?["foo"] = "bar"
> ```

```
testObject?.save()
```

步骤5 构建并运行项目，一个类名为 TestObject 的新对象会被发送到 LeanCloud 云端并保存下来。当程序启动以后，在 LeanCloud 上访问控制台→数据管理就可以看到上面创建的 TestObject 的相关数据，如图 1-14 所示。

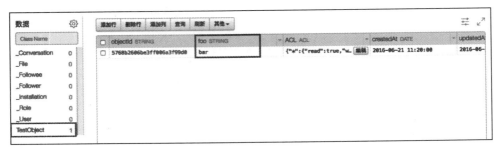

图 1-14　在 LeanCloud 云端的 Instagram 应用中查看添加的数据

在 LeanCloud 云端的 TestObject 数据表中，除了 foo 字段以外，每条记录都会默认有一个 objectId 字段，作为记录的唯一标识；ACL 字段与认证相关；createdAt 代表该条记录的创建时间；updatedAt 代表该条记录的修改时间。

当 LeanCloud SDK 测试成功以后，就可以删除之前的测试代码了，删除下面的代码：

```
let testObject = AVObject(className: "TestObject")
// testObject?.setObject("bar", forKey: "foo")
testObject?["foo"] = "bar2"
testObject?.save()
```

本章小结

本章我们学习了如何在 LeanCloud 云端创建 Instagram 应用，在 Xcode 中创建一个 Single View Application 类型的 iOS 应用程序项目，以及通过 CocoaPods 方式安装 LeanCloud SDK 到 Xcode 项目中的方法。

当我们开发 iOS 应用时，会经常使用到各式各样的第三方开源类库，比如 JSONKit、AFNetWorking 等。可能某个类库又用到其他类库，所以要使用它，必须下载所有需要用到的类库，而手动一个个下载所需类库十分麻烦。此外，项目中用到的类库如果有更新，就必须下载新版本，重新加入到项目中。面对这样的情况，CocoaPods 成为一个非常好的选择。CocoaPods 是 iOS 最常用且最有名的类库管理工具，上述两个烦人的问题，通过 CocoaPods，只需要一行命令就可以完全解决，当然前提是你必须正确设置它。重要的是，绝大部分有名的开源类库，都支持 CocoaPods。因此，作为 iOS 程序员，掌握 CocoaPods 的使用是必不可少的基本技能。

第 2 章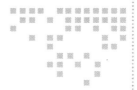

创建用户登录界面

让我们从上一章的 LeanCloud 云端回到 Xcode 8，因为在利用模板生成项目的时候，Device 设置成了 iPhone，所以当打开 Main.storyboard 故事板文件的时候，只能看到一个 iPhone 屏幕大小的视图，我们会一直沿用这个大小的屏幕视图。

2.1 从故事板中创建视图

对于 iOS 应用程序开发来说，我们总是要从用户界面开始构建项目，这是因为移动端的应用程序都是基于用户交互的，大部分的代码都是在用户单击按钮或者是划动屏幕之后才被执行的。

步骤 1 从通用工具区域的对象库（快捷键"control+option+command+3"）中找到 View Controller，将该对象拖曳到故事板中 View Controller 视图的右侧，再拖曳另一个 View Controller 到之前 View Controller 的右侧，如图 2-1 所示。

步骤 2 在项目导航中删除 Single View Application 模板为我们自动创建的 ViewController.swift 文件，在弹出的对话框中单击 Remove Reference 按钮。然后在 Instagram 组（黄色图标）上右击鼠标，在弹出的快捷菜单中选择 New File，在新文件模板选择面板中选择 iOS → Source → Cocoa Touch Class，单击 Next 按钮，如图 2-2 所示。

提示　删除对话框中的 Remove Reference 选项代表只删除该文件在项目中的链接，而不真正删除项目中的文件。Move to Trash 则真正删除项目中的文件。

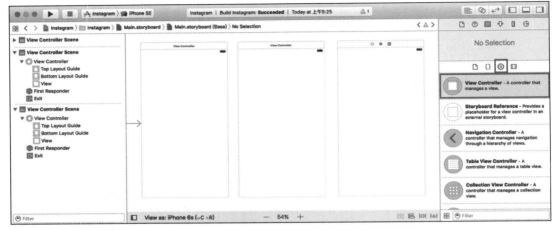

图 2-1 在故事板中新添加 2 个 View Controller

步骤 3 在文件选项面板中,将 Class 设置为 SignInVC,Subclass of 设置为 UIViewController,Language 设置为 Swift,单击 Next 按钮。使用默认的存储位置,单击 Create 按钮。

图 2-2 选择新添加文件的类型

步骤 4 因为在故事板中一共创建了三个控制器对象,所以在代码中也要相应地创建三个视图控制器类。重复上一步的操作,再创建 SignUpVC 和 ResetPasswordVC 两个控制器类。注意,Subclass of 都确保设置为 UIViewController,如图 2-3 所示。

步骤 5 回到 Main.storyboard,在编辑区域中选择左边第一个视图控制器,然后打开通用工具区域的 Identity Inspector(快捷键"option+command+3"),将 Custom Class 部分中的 Class 设置为 SignInVC。使用同样的方法,将第二个视图控制器的 Class 设置为 SignUpVC,将第三个视图控制器的 Class 设置为 ResetPasswordVC,如图 2-4 所示。

图 2-3 创建 SignUpVC 控制器类

图 2-4 在故事板中关联三个控制器类

通过步骤 5 的操作，我们可以分别在新创建的三个类中控制故事板中的三个控制器视图了。

2.2 搭建用户的登录界面

故事板中最左侧的视图现在与 SignInVC 类关联，接下来需要在这个视图上创建用户的登录界面，该界面包括两个 Text Field 和三个 Button。

步骤 1 在对象库中找到 Text Field（利用对象库底部的过滤框，可以进行快速筛选），将其拖曳到最左侧的视图之中，大小和位置如图 2-5 所示。复制第二个 Text Field，并将它放置在第一个的下方。

> **技巧** 除了使用 Command+C 和 Command+V 进行复制粘贴以外，我们还可以按住 option 键，然后从第一个 Text Field 拖曳鼠标到下面的位置。在拖曳的时候，鼠标会变成绿色带加号的圆圈，当复制完成时一定要先松开鼠标再抬起 option 键，否则只是进行简单的移动操作。

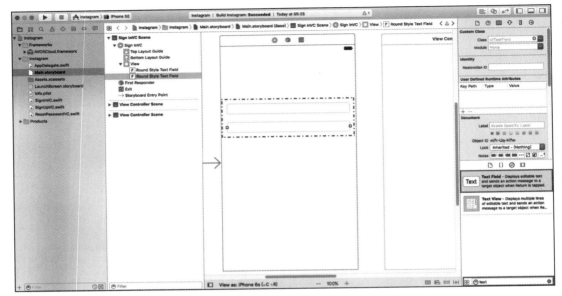

图 2-5　在 SignInVC 视图中创建 2 个 Text Field

步骤 2　选中上边的 Text Field 控件，在 Attributes Inspector（快捷键"Command + option + 4"）中将 Placeholder 设置为用户名，Clear Button 设置为 Is always visible。使用同样的方法，将下面 Text Field 的 Placeholder 设置为密码，同样将 Clear Button 设置为 Is always visible。同时，一定要勾选 Secure Text Entry，如图 2-6 所示。

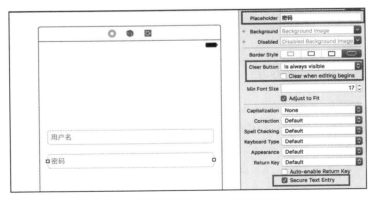

图 2-6　设置密码 Text Field 的属性

Clear Button 代表清除按钮，它会出现在 Text Field 的最右边。当 Text Field 中包含文字内容的时候，可以借助 Clear Button 清除文本信息。Clear Button 在什么时候出现，这取决于所设置的属性值，属性值有以下几种情况：

❑ never：清除按钮永不出现，是 Clear Button 的默认属性值。

- whileEditing：只有在 Text Field 处于编辑状态的时候才会出现。
- unlessEditing：只有在 Text Field 处于非编辑状态的时候才会出现。
- always：Clear Button 不管什么时候都会出现在 Text Field 的右边。

步骤 3　从对象库中拖曳一个 Button 到 Text Field 的下面，调整好按钮的位置和宽度，确保处于选中状态，在 Attributes Inspector 中将 Title 设置为登录。为了美观，可以在登录两个字中间添加空格。再复制一个登录按钮，将其放在之前按钮右边对应的位置，并将 Title 改为注册。再添加第三个按钮，将它放置在 Text Field 和刚才两个 Button 之间的位置。在 Attributes Inspector 中修改字号为 13，在 Size Inspector 中将 width 和 height 分别设置为 100 和 14，在 Alignment 中将 Horizontal 设置为左对齐，将 Title 设置为忘记密码？，如图 2-7 所示。

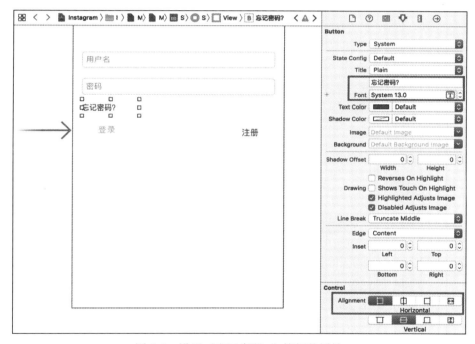

图 2-7　设置"忘记密码？"按钮的属性

步骤 4　选中登录按钮，在 Attributes Inspector 中设置 Text Color 为 White Color，Background 为亮蓝色。选中注册按钮，同样设置 Text Color 为 White Color，但 Background 为亮橘色，如图 2-8 所示。

步骤 5　按住 control 键，然后在注册按钮上拖曳鼠标到右侧的第二个视图控制器上，在弹出的快捷菜单中选择 Present Modally，如图 2-9 所示。

构建并运行项目，当我们单击注册按钮的时候，马上会跳转到注册视图，只不过现在的注册视图上，我们还没有搭建任何的用户界面控件。而神奇的是，在这一过程中我们并没有编写任何的代码。

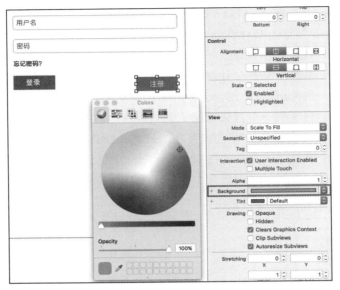

图 2-8　设置按钮的背景颜色

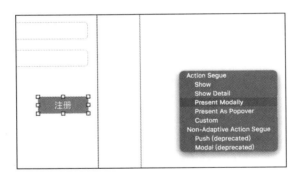

图 2-9　为注册按钮与第二个视图创建 Segue 过渡

2.3　为 SignInVC 类和视图创建 Outlet 和 Action 关联

2.3.1　什么是 Outlet 和 Action

Outlet 和 Action 是将视图控制器类（存储在 swift 文件中的类）和界面视图（故事板中的控制器视图）关联起来，并进行交互的两种方式。这两种方式比较相似，但它们最终实现的目的不同。

Outlet　代码类与故事板中视图之间的对话要利用 Outlet 关联。任何的 UI 元素（UILabel、UIButton、UIImage、UIView 等）都可以通过 Outlet 方式关联到视图控制器。当我们在代码类中使用 @IBOutlet 关键字实现 Outlet 关联以后，那么：

- 可以通过编写代码的方式更新 UILabel 等控件的文本或设置 UIView 的背景颜色。
- 可以获取到用户界面控件的状态和消息，比如 UIStepper 当前的值，NSAttributedString 的字号等。

Action　视图传递消息到控制器代码类则需要使用 Action。Action 在视图控制器中是一个方法，这与 @IBOutlet 关键字不同，它使用的是 @IBAction 关键字。只要有指定的事件发生，Action 就会从视图传递一条消息到视图控制器代码类。Action（或者说 Action method）就会在接到消息以后执行相关的代码。

 注意　Action 只能被设置在 UIControl 的子类上，这就意味着不能在 UILabel 或 UIView 上设置 Action。

2.3.2　为 SignInVC 创建 Outlet

步骤 1　在项目导航中打开 Main.storyboard 故事板文件，并选中故事板中最左侧（负责用户登录）的视图。在 Xcode 的右上角单击助手编辑器模式（有两个圆圈的 Icon），如图 2-10 所示。

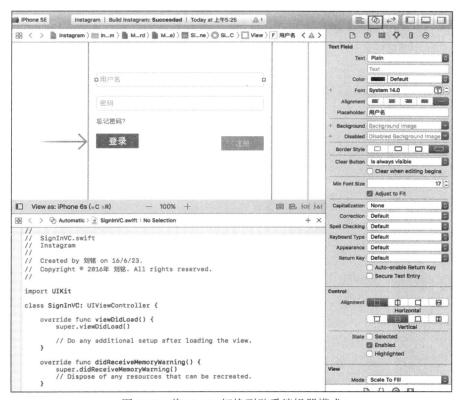

图 2-10　将 Xcode 切换到助手编辑器模式

> **技巧** 在默认情况下，打开助手编辑器模式后，出现在编辑区域的两个窗口是左右排列的，如果你使用 Macbook 进行开发的话，屏幕会显得很拥挤，而且显示效果并不理想。此时，我们可以长按助手编辑器按钮，在弹出的快捷菜单中选择 Assistant Editor on Bottom，这样就成为了上下排列的两个窗口了，如图 2-11 所示。

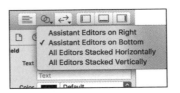

图 2-11　将助手编辑器设置为上下排列

如果在编辑区域的主窗口中选择了 SignInVC 的视图，那么在下面的第二窗口中则会自动打开 SignInVC.swift 文件。如果打开的不是该文件的话，则需要通过第二窗口顶部的路径指示器手动将其打开。单击 Automatic → Instagram → Instagram → SignInVC.swift 即可，如图 2-12 所示。

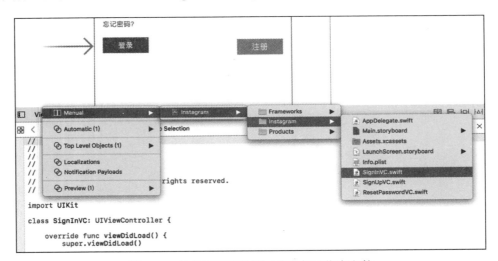

图 2-12　让位于下面的第二窗口打开指定文件

步骤 2　按住 Control 键，在上边的 Text Field 控件上拖曳鼠标到下面窗口的 SignInVC 类中。在弹出的设置面板中，确定 Connection 设置为 Outlet，再将 Name 设置为 usernameTxt，单击 connect 按钮，如图 2-13 所示。

步骤 3　对下面的 Text Field 进行同样的操作，将 Name 设置为 passwordTxt，如图 2-14 所示。

步骤 4　接下来再为三个按钮创建 Outlet 关联，Name 分别设置为：signInBtn、signUpBtn、forgotBtn，代码如下：

```
class SignInVC: UIViewController {
  // text fields
  @IBOutlet weak var usernameTxt: UITextField!
  @IBOutlet weak var passwordTxt: UITextField!
  // buttons
  @IBOutlet weak var signInBtn: UIButton!
  @IBOutlet weak var signUpBtn: UIButton!
  @IBOutlet weak var forgotBtn: UIButton!
  ……
```

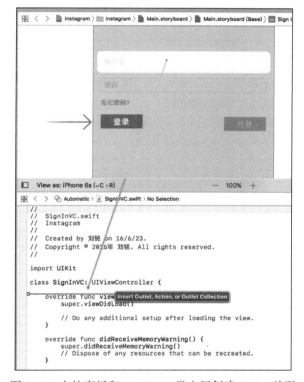

图 2-13　在故事板和 SignInVC 类之间创建 Outlet 关联

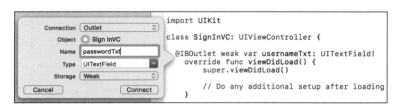

图 2-14　设置 passwordTxt 的 Outlet 关联

这里我们一共创建了五个 Outlet 关联，两个 Text Field 和三个 Button。当程序运行时，就可以在 SignInVC 类中通过代码修改这五个用户界面控件的属性。实际上，我们可以把

Outlet 属性理解为 C 语言中的指针，在程序运行时它会指向由故事板创建的特定 UI 对象，可以访问并控制该对象。

2.3.3 为 SignInVC 创建 Action

只有 Outlet 还不行，当用户在屏幕上与 UI 对象交互的时候，还需要让这些 UI 对象给相应的代码类发送消息，这就需要我们创建 Action 关联。

步骤 1 按住 control 键，在登录按钮上拖曳鼠标到下面窗口的 SignInVC 类中，因为创建的是方法，所以要将位置放在下面的方法部分中。在弹出的设置面板中，将 Connection 设置为 Action（非常非常的重要！），再将 Name 设置为 signInBtn_clicked，Type 设置为 UIButton，确定 Event 为 Touch Up Inside，Arguments 为 Sender 后，单击 connect 按钮，如图 2-15 所示。

当我们将 Connection 设置为 Action 后，面板中的选项会立即发生变化。Name 是 UI 对象发送的消息名称，同时也是类中的方法名称。Type 是用户与哪个 UI 对象发生的交互，这里是 UIButton，Event 代表按钮的哪个事件被触发后会发送这个消息，Touch Up Inside 是用户手指在按钮的上面抬起的时候。这里有两个关键点：一是手指在按钮的范围内，一是抬起时，它是非常标准和普通的按钮动作。

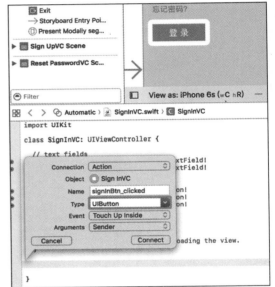

图 2-15 为 SignInVC 添加 Action 方法

说到 Event 事件，与 Button 相关的事件还有很多，可以通过 Connection Inspector（快捷键"option+command+6"）查看 UI 对象的事件都有哪些，如图 2-16 所示。

选中登录按钮，在 Connection Inspector 中可以查看登录按钮的 Touch Up Inside 事件被触发后，会向 SignInVC 类发送 signInBtn_clicked 消息，也就是执行 SignInVC 类的 signInBtn_clicked(_:) 方法。

步骤 2 修改 signInBtn_clicked(_:) 方法，具体如下所示：

```
// 单击登录按钮
@IBAction func signInBtn_click(_ sender: UIButton) {
  print(" 登录按钮被单击 ")
}
```

signInBtn_clicked(_:) 方法带有一个参数 sender，它指向的是触发该方法的按钮对象。如果有多个 UI 对象触发该方法的话，我们可以通过该参数判断用户到底是与哪个 UI 对象进行交互。

图 2-16　通过 Connection Inspector 查看 UI 元素的关联信息

Print() 函数负责将字符串输出到调试控制台中，方便进行调试。

构建并运行项目，单击屏幕上的登录按钮会在调试控制台中看到 print() 函数所打印的文字信息。单击注册按钮，则会跳转到 SignUpVC 类所定义的视图中，只不过现在这个视图里面还没有任何的东西，如图 2-17 所示。

图 2-17　测试 Action 方法

2.4 调整模拟设备

Xcode 8 默认模拟器使用的是 iPhone SE 设备，它是 4 英寸的屏幕。而我们在故事板中搭建用户界面的时候，默认使用的是 iPhone 6s 4.7 英寸的屏幕，如图 2-18 所示。

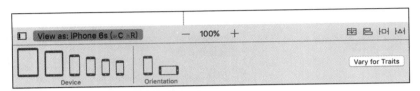

图 2-18　通过 Size Classes 特性调整屏幕尺寸

如果此时在模拟器中运行项目的话，会出现 UI 对象超出屏幕范围的情况。在后面的课程中我们会利用代码和自动布局（Auto Layout）来解决不同屏幕尺寸的 UI 布局问题。但是目前，只需将模拟设备修改为 iPhone 6 或者 6s 即可，如图 2-19 所示。

图 2-19　选择模拟的 iOS 设备

本章小结

开发 iOS 应用程序项目一般要从搭建用户界面开始，因为大部分移动端应用都是基于交互的，这也就意味着只有用户在与某个 UI 控件交互的时候，才会去执行特定的方法，从而执行某些代码。

Outlet 和 Action 是代码类与用户界面对象之间进行交互的方式。通过 Outlet 可以在代码类中控制和访问用户界面对象，而用户在与 UI 控件交互以后就会发送特定消息，从而执行代码类中的方法。

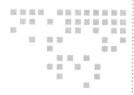

第 3 章

创建用户注册界面

在上一章，我们在故事板中创建了用户登录界面，并且还为登录视图与 SignInVC 代码类之间建立了 Outlet 和 Action 关联。本章我们将会创建用户的注册界面以及为注册界面和 SignUpVC 代码类创建相应的 Outlet 和 Action 关联。

3.1 利用滚动视图创建用户注册界面

大家都知道绝大部分应用的注册界面一般包含：用户名、密码、电子邮件等必填信息。下面我们将具体讲解如何创建注册界面。

步骤 1 从对象库中拖曳一个 Scroll View（滚动视图）到故事板中间的控制器视图，并调整其大小为整个屏幕的尺寸，如图 3-1 所示。

之所以在视图上添加一个滚动视图，是因为当用户在注册页面输入用户信息的时候，弹出的虚拟键盘会遮挡住底部的 Text Field（尽管现在还没有创建它们），这将严重影响用户输入信息的体验。

Scroll View 是用来在屏幕上显示那些在有限区域内放不下的内容。例如，在屏幕上显示内容丰富的网页或者表单，亦或是很大的图片。在这种情况下，需要用户对屏幕内容进行拖动或缩放来查看屏幕或窗口区域外的内容。

所以，Scroll View 应该首先有一个窗口用来显示内容。其次，还要有内容本身。这个显示窗口就是 Scroll View，这个窗口可以是整个手机屏幕，也可以只是手机屏幕的一部分区域。内容视图（Content View）则是需要填写的表单、查看的图片或者网页等信息的完整视图。通常，其大小会超过这个屏幕，正因为如此，我们才需要使用 Scroll View，如图 3-2 所示。

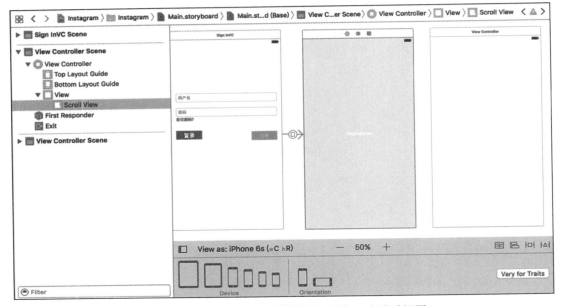

图 3-1　在 SignUpVC 控制器视图中添加一个滚动视图

以图 3-2 为例,在滚动视图对象中,内容视图会储存完整的图片信息,而在滚动视图窗口中只会显示出一部分内容,我们必须借助平移手势来调整内容视图的偏移量(Content Offset),或者是通过掐捏手势调整内容视图的大小。

在滚动视图对象里有几个属性需要大家了解:

- contentSize:它描述了有多大范围的内容需要使用 Scroll View 的窗口来显示,其默认值为 CGSizeZero,也就是宽和高都是 0。

  当 contentSize 小于当前 scrollView 的大小时,意味着用户要显示的内容在窗口范围内是可以全部显示的。这时,通常内容视图是拖不动的(内容可以全部显示)。之所以说是

图 3-2　滚动视图和内容视图的区别

"通常",是因为通过某些设置,还是可以拖得动的,后面的滚动视图回弹机制里会解释。所以要让视图可以拖动,我们得设置一个 contentSize。

- contentOffset:描述了内容视图相对于 Scroll View 窗口的位置(相对于左上角的偏移量)。默认值是 CGPointZero,也就是(0,0)。当视图被拖动时,系统会不断修改该值。也可以通过 setContentOffset(_:animated:) 方法让图片到达某个指定的位置。

- contentInset:表示 Scroll View 的内边距,也就是内容视图边缘和 Scroll View 的边缘的留空距离,默认值是 UIEdgeInsetsZero,也就是没间距。这个属性用得不多,通常

在需要刷新内容时才用得到。

步骤 2 从对象库中拖曳一个 Image View 到滚动视图，在 Size Inspector（快捷键"command + option + 5"）中，将 Width 和 Height 均设置为 80，然后将其移动到顶部水平居中的位置，如图 3-3 所示。

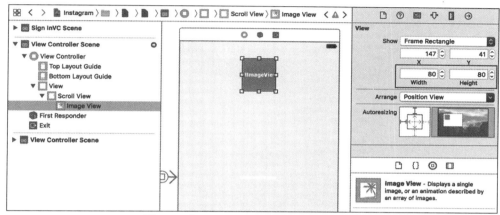

图 3-3　在 Scroll View 上添加 Image View

> **注意** 由于没有设置 Image View 的自动布局约束，Xcode 会提示缺少必要的约束。暂时不用管它，在之后的操作实践过程中，我们会通过代码的方式解决布局的问题。

步骤 3 从资源文件夹中拖曳 pp.jpg 文件到项目之中，在弹出的添加文件选项面板中，确定勾选了 Copy items if needed，Added folders 为 Create folder references，Add to targets 的 Instagram 被勾选。

步骤 4 回到 Main.storyboard 故事板，选中新添加的 Image View，在 Attributes Inspector 中将 image 设置为 pp.jpg，Image View 立刻显示该图像内容。

步骤 5 从对象库中拖曳七个 Text Field 到视图中，位置和大小如图 3-4 所示。

步骤 6 同时选中这七个 Text Field（按住 command 键，依次单击每个 Text Field 对象即可），在 Attributes Inspector 中将 Clear Button 设置为 Is always visible。这样可以同时为七个 Text Field 设置同样的属性。

步骤 7 只选中第一个 Text Field，设置其 Placeholder 为用户名。接着选中第二个，将其设置为密码。然后依次设置为：重复密码、电子邮件、姓名、简介和网站，如图 3-5 所示。

步骤 8 同时选中密码和重复密码两个 Text Field，在 Attributes Inspector 中勾选上 Secure Text Entry，因为我们要使用这两个 Text Field 输入密码。

步骤 9 从对象库中拖曳一个 Button 到最后一个 Text Field 下方靠屏幕左侧的位置，宽度设置为 70，Title 设置为注册。再复制一个 Button 并将其拖曳到屏幕的右侧，将 Title 修改为取消。同时选中这两个 Button，在 Attributes Inspector 中将 Text Color 修改为 White Color。最后，将注册按钮的 Background 设置为橘黄色，将取消按钮的 Background 设置为亮灰色（Light Gray Color），如图 3-6 所示。

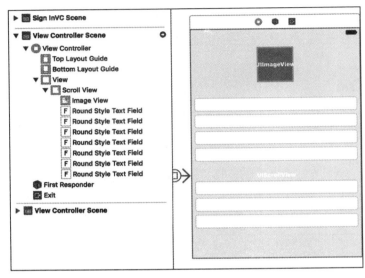

图 3-4　添加 7 个 Text Field 控件

图 3-5　设置 Text Field 属性

图 3-6　设置 Button 的属性

3.2　创建 Outlet 和 Action 关联

要想实现用户交互的功能，必须创建 Outlet 和 Action 关联。

步骤 1 将 Xcode 切换到助手编辑器模式，确定编辑区域中的上方窗口选中的是故事板中用户注册的视图，下方窗口会自动打开 SignUpVC.swift 文件。如果下方窗口中打开的不是相应文件的话，可以在导航区域中，按住 option 键并单击相应文件，以手动方式将其在下方窗口中打开。

步骤 2 为注册视图中的控件对象创建 Outlet 关联，创建好以后，SignUpVC 类中的 Outlet 属性应该有如下这些。

```
class SignUpVC: UIViewController {
  // Image View，用于显示用户头像
  @IBOutlet weak var avaImg: UIImageView!

  // 用户名、密码、重复密码、电子邮件的 Outlet 关联
  @IBOutlet weak var usernameTxt: UITextField!
  @IBOutlet weak var passworTxt: UITextField!
  @IBOutlet weak var repeatPasswordTxt: UITextField!
  @IBOutlet weak var emailTxt: UITextField!

  // 姓名、简介、网站的 Outlet 关联
  @IBOutlet weak var fullnameTxt: UITextField!
  @IBOutlet weak var bioTxt: UITextField!
  @IBOutlet weak var webTxt: UITextField!

  // 滚动视图的 Outlet 关联
  @IBOutlet weak var scrollView: UIScrollView!
```

如果不方便对滚动视图（scrollView）进行 Outlet 关联操作的话，可以在大纲视图中拖曳相应的界面元素 Item 到 SignUpVC 类中，效果是完全一样的。对于复杂的用户界面来说，经常会用到这种方法。因为有些时候往往是几个视图嵌套在一起，或者是排列得很紧密，不方便直接进行拖曳，如图 3-7 所示。

步骤 3 在 Outlet 属性声明的下方，为 SignUpVC 类再添加一个属性 scrollViewHeight 变量，利用该属性可以在虚拟键盘出现和消失时，改变滚动视图 contentSize 属性的高度，使其向上滚动，从而提供更好的用户体验。

```
@IBOutlet weak var scrollView: UIScrollView!

// 根据需要，设置滚动视图的高度
var scrollViewHeight: CGFloat = 0
```

大家可以想象，当用户单击 Text Field 以后会从屏幕底部滑出虚拟键盘，而键盘的高度正好会遮挡住位于下方的两个按钮和最下面的 Text Field，这为我们信息的输入和检视带来了不小的麻烦。因此，本章在我们一开始设计用户界面的时候，就添加了滚动视图。当虚拟键盘出现时，可以增加滚动视图 contentSize 属性的高度，同时将需要显示的部分移动到虚拟键盘的顶部，这样就会给用户带来非常舒服的使用体验。

步骤 4 在 scrollViewHeight 属性的下面再添加一个属性变量 keyboard，利用该变量获

取虚拟键盘在出现时候的大小。

图 3-7　通过大纲视图创建 Outlet 关联

```
var scrollViewHeight: CGFloat = 0
```

```
// 获取虚拟键盘的大小
var keyboard: CGRect = CGRect()
```

该属性是 CGRect 结构体类型，它包含了矩形的位置和大小信息。如果你按住 command 键并单击 CGRect 的话，编辑窗口会直接跳转到 CGRect 的声明文件，从 CGRect 结构的声明中可以发现，它包含 origin（CGPoint 结构）和 size（CGSize 结构）两个重要属性。在 iOS 平台上，矩形用 origin 提供的点（矩形的左上角在父视图中的位置），再通过 size 属性提供的 width 和 height 来确定它的位置和大小。

步骤 5　接下来，还要为按钮创建 Outlet 关联，在 Outlet 关联代码的下面，添加如下代码：

```
// 为 Button 创建 Outlet 关联
@IBOutlet weak var signUpBtn: UIButton!
@IBOutlet weak var cancelBtn: UIButton!
```

熟悉 iOS 的朋友可能会这样问，我们一般通过按钮向代码类发送消息，因此只要为按钮创建 Action 关联就好，为什么这里还要创建 Outlet 关联呢？如果我们为按钮创建了自动布局约束的话，确实是这样的。但是在本书中，我们大部分的布局是通过代码实现的，所以需要相关界面对象在类中的 Outlet 引用。

步骤6 最后为两个按钮创建 Action 关联，方法名称分别为：signUpBtn_clicked 和 cancelBtn_clicked。

```
// 注册按钮被单击
@IBAction func signUpBtn_clicked(_ sender: AnyObject) {
    print("注册按钮被按下！")
}

// 取消按钮被单击
@IBAction func cancelBtn_clicked(_ sender: AnyObject) {
    print("取消按钮被按下！")
}
```

如果你仔细观察的话，会发现在编辑区域左侧的沟槽位置，每个 Outlet 和 Action 声明的位置都有一个圆圈，它可以是空心的，也可以是实心的，如图 3-8 所示。那它代表什么意思呢？

当你在类文件中创建了 Outlet 或 Action 代码，但是该属性或者方法并没有与故事板中的界面对象建立关联的时候，圆圈就是空心的，否则就是实心的。

图 3-8　Outlet 和 Action 的状态

构建并运行项目，在单击不同按钮的时候，调试控制台中会输出不同的文本信息。当然，光是单纯的输出文本信息还是不够的，最起码在用户单击取消按钮以后，SignUpVC 控制器应该被取消，它的视图应该消失，屏幕上应该呈现之前的登录视图。

3.3　让注册视图消失

让当前视图消失，实际上就是要销毁当前的视图控制器，因此需要使用控制器类的 dismiss(animated:completion:) 方法。

在 cancelBtn_clicked(_:) 方法的内部，print 语句的下面添加一行代码：

```
// 以动画的方式去除通过 modally 方式添加进来的控制器
self.dismiss(animated: true, completion: nil)
```

假设我们需要在 View Controller A 中呈现 View Controller B，那么 A 就充当 Presenting View Controller（弹出 VC）的角色，而 B 就是 Presented View Controller（被弹出 VC）。当需要除去 Presented View Controller（View Controller B）的时候，则要在 Presenting View Controller（View Controller A）中执行 dismiss(animated: completion:) 方法，如果是在 Presented View Controller 调用 dismiss(animated: completion:) 方法的话，同样会通过 Presenting View Controller 的 dismiss(animated: completion:) 方法进行处理。

另外，如果我们连续呈现几个 view controller，系统则会构建一个堆栈。如果在控制器堆栈的某个层级执行 dismiss 方法的话，它的即时子控制器和其上的所有控制器均会被去除。但只有在即时子控制器的视图会根据 animated 参数进行动画，其他的控制器则被直接去除。

构建并运行项目，在登录视图中单击注册按钮以后会呈现注册视图，在注册视图中单击取消按钮以后，注册视图消失，SignUpVC 控制器被销毁。此时，屏幕会呈现登录视图。

本章小结

当所要显示的内容大于屏幕尺寸的时候，往往会用到滚动视图。本章我们在搭建注册用户界面的时候使用了滚动视图，还有很多视图都继承于滚动视图，比如表格视图（Table View）、集合视图（Collection View）和文本视图（Text View）等。

第 4 章 Chapter 4

注册视图中编写与界面相关的代码

现在，如果我们构建并运行项目的话，在用户注册界面单击某个 Text Field 控件时，iOS 系统会自动为我们弹出虚拟键盘，如图 4-1 所示。但是，出现的虚拟键盘却遮挡住了 TextField 控件以及按钮，这是一个致命的 Bug，因为用户根本无法单击注册按钮来进行数据的提交，或者是单击取消按钮回到之前的界面。

4.1 获取当前屏幕的尺寸

在注册视图中，我们需要编写一些代码来解决虚拟键盘出现以后的视图滚动问题。但首先要获取屏幕的尺寸，并且将该尺寸作为滚动视图的大小。

步骤 1 在项目导航中打开 SignUpVC.swift 文件，找到 viewDidLoad() 方法。

> **技巧** 随着类中方法和属性的增加，今后找起方法和属性可能会越来越费劲。可以在编辑区域中通过顶部的指示栏快速定位到类中的方法，如图 4-2 所示。在弹出的列表中，C 代表类，P 代表属性，M 则代表方法，Pr 代表协议。

图 4-1 虚拟键盘遮挡了 TextField 控件以及按钮

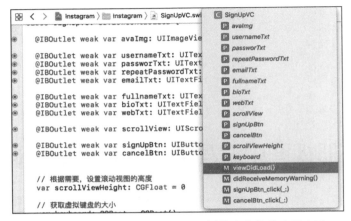

图 4-2　通过编辑区域顶部的指示栏快速定位类中的方法

步骤 2　在 viewDidLoad() 方法中 super.viewDidLoad() 代码的下面添加如下代码：

```
// 滚动视图的窗口尺寸
scrollView.frame = CGRect(x: 0, y: 0, width: self.view.frame.width, height: self.view.frame.height)
```

当应用程序的控制器视图被载入到内存以后会自动调用 viewDidLoad() 方法，视图的载入通常有两种方式。一种是载入故事板中所设计的用户界面，也就是载入 Storyboard 文件中相关的视图。另外，对于早期的 iOS 开发来说，也可能载入的是 xib 文件，xib 文件是故事板被引入到 Xcode 之前所使用的保存 UI 的文件方式。第二种是执行完控制器类中的 loadView() 方法以后。如果想通过手动编写代码的方式加载各种 UI 元素，则需要重写 loadView() 方法。

注意　如果你通过 Interface Builder 创建了控制器视图，并且进行了初始化，那么 loadView() 方法就不会起作用。

还有一点需要大家了解的是，viewDidLoad() 方法在整个控制器的生存周期中只会被调用一次，就是在控制器视图载入完成以后，之后就不会再被调用了。直到控制器对象被销毁，再次创建一个新的控制器对象时，才会再次调用该方法。如果我们需要每次在控制器视图重新出现到屏幕的时候执行一些代码，则需要重写 viewWillAppear(_:) 方法，它会在视图将要呈现到屏幕时被调用，比如在导航控制器中被压入栈的控制器重新呈现出来的时候。

在上面的代码中，我们将滚动视图的位置和大小设置为控制器视图的左上角并扩展到整个视图的宽高大小。这里因为控制器视图的大小就是手机屏幕的尺寸，所以使用 self.view.frame.width 语句来确定屏幕尺寸。另外，我们也可以直接使用下面的代码来设置滚动视图的尺寸：

```
scrollView.frame = CGRect(x: 0, y: 0, width: UIScreen.main.bounds.width, 
height: UIScreen.main.bounds.height)
```

UIScreen 类定义了基于硬件显示的相关属性，iOS 设置都有一个主屏幕（main screen）以及可能会有的附加屏幕（attached screen）。如果是 tvOS 的话，则它的主屏幕尺寸就是与之相连的 TV 的分辨率。每个屏幕对象都含有一个 bounds 属性，通过该属性可以得到屏幕的宽度值和高度值。

步骤 3 在 scrollView.frame 代码行的下面再添加两行代码：

```
// 定义滚动视图的内容视图尺寸与窗口尺寸一样
scrollView.contentSize.height = self.view.frame.height
scrollViewHeight = self.view.frame.height
```

滚动视图的 contentSize 属性是 CGSize 类型，这里我们将其高度设置为与屏幕一样的高度。另外，我们还定义了一个 scrollViewHeight 属性用于存储滚动视图的高度值，这里也将其设置为屏幕的高度值。就目前的情况来看，因为 contentSize 的高度值与滚动视图的高度值一样，所以现在并不会发生垂直方向的滚动效果。

4.2 添加键盘相关的 Notification 通知

当我们在注册视图中单击最下面的 Text Field，弹出的虚拟键盘完全遮盖住网站 Text Field 和下面的两个按钮，如图 4-3 所示。

图 4-3　虚拟键盘遮盖住 Text Field 的情况

提示　如果模拟器在单击了 Text Field 以后并没有出现虚拟键盘的话，就意味着此时的模拟器已经连接到了真正的物理键盘，需要在模拟器中通过菜单 Hardware > Keyboard > Connect Hardware Keyboard 将其关闭，或者直接使用 Shift+Cmd+K 快捷键将其关闭。

根据虚拟键盘来调整滚动视图确实是一件比较棘手的事情，因为我们需要考虑很多现实问题。比如不同类型的键盘有不同的高度，用户可以随时改变设备的方向，或者是连接一个蓝牙键盘或其他输入设备，甚至可以随时显示或隐藏 QuickType 栏（键盘按钮上方的语句建议栏）。面对如此复杂的情况，我们力争使用最简单的方式解决它。

当键盘状态发生变化的时候，我们可以通过 NotificationCenter（本地消息通知中心）得到虚拟键盘的信息。在 iOS 系统层面，当有一些事情发生的时候，它会不断地发送消息通知，比如键盘的出现与消失，应用程序被移到了后台，以及项目中自定义的事件等。

我们可以添加属于自己的本地消息通知并命名相应的方法，当消息通知发生的时候就会调用这个方法，甚至传递一些有用的信息。

步骤 1 在 viewDidLoad() 方法的底部，添加两个 NotificationCenter 类型的本地消息通知。

```
// 检测键盘出现或消失的状态
NotificationCenter.default.addObserver(self,
  selector: #selector(showKeyboard),
  name: Notification.Name.UIKeyboardWillShow, object: nil)

NotificationCenter.default.addObserver(self,
  selector: #selector(hideKeyboard),
  name: Notification.Name.UIKeyboardWillHide, object: nil)
```

> **注意** 如果你有 Swift 2.2 项目开发经验的话，可能会使用 NSNotificationCenter 类进行本地消息通知的设置，并且通过 UIKeyboardWillShowNotification 常量来监测键盘状态。但是到了 Swift 3，直接使用 NotificationCenter（取消了 NS 前缀）即可，并且消息名称必须使用 Notification.Name.UIKeyboardWillHide。

NotificationCenter 的类属性 default 用于得到默认的消息中心实例。而 addObserver(_: selector: name: object:) 方法则用于注册一个消息通知，当发生 name 参数所指定的事件时，就会调用 selector 参数中所指定的方法，object 参数是在传递消息时可携带的数据。

刚才所添加的两行消息通知代码，当虚拟键盘将要出现（UIKeyboardWillShow）的时候会调用当前控制器类的 showKeyboard() 方法，当虚拟键盘将要消失（UIKeyboardWillHide）的时候会调用当前控制器类的 hideKeyboard() 方法。注意，这里的消息类型中含有 Will，同时消息类型中还包含另外两个消息：虚拟键盘已经出现（UIKeyboardDidShow）和虚拟键盘已经消失（UIKeyboardDidHide）。Will 和 Did 这两大类消息，前者是在键盘出现和消失前被发送，后者是在键盘出现和消失后被发送。

此时 Xcode 的 NotificationCenter 相关代码会报错误，这是因为我们目前还没有定义消息通知所调用的方法，如图 4-4 所示。

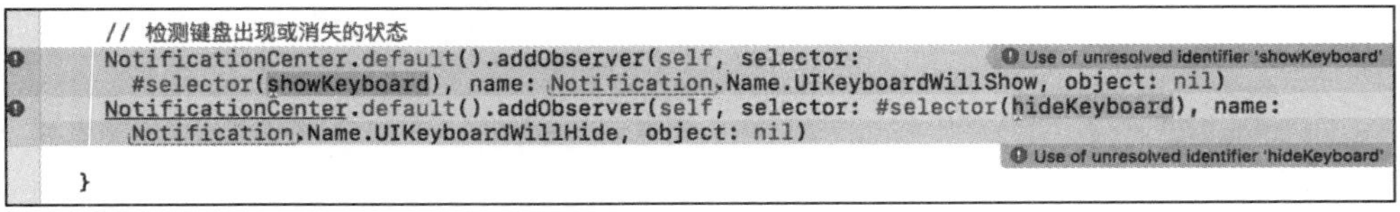

图 4-4 本地消息通知报错

步骤 2 在 SignUpVC 类中添加下面的两个方法：

```
// 当键盘出现或消失时调用的方法
func showKeyboard(notification: Notification) { }

func hideKeyboard(notification: Notification) { }
```

这两个方法均带有一个 Notification 类型的参数，该类型封装了通过 NotificationCenter 发送的通知的消息，那它为什么会携带键盘的相关信息呢？因为在设置 NotificationCenter 的时候，它的消息类型为 UIKeyboardWillShow/Hide。

步骤 3 在 showKeyboard(:) 方法中添加下面的代码来获取键盘大小：

```
// 定义 keyboard 大小
let rect = notification.userInfo![UIKeyboardFrameEndUserInfoKey] as! NSValue
keyboard = rect.cgRectValue
```

如果你对 Swift 语言的可选（option）特性还不太熟悉的话，可能会被代码中出现的问号（？）和惊叹号（！）弄得有些不知所措。Swift 语法方面的知识不在本书的讲授范围之内，这里仅简单做下介绍。

4.3 Swift 语言中的可选特性

你现在可以暂时关闭当前的 iOS 项目，然后在 Xcode 8 的欢迎窗口中新建一个 Playground 文件，这样方便本部分代码的调试。

Swift 是非常安全的语言，这就意味着它努力让程序员在编写代码的时候避免出现任何语法上的错误。

一种导致代码运行错误的最常见方式是试图访问一个不存在的数据。添加下面的代码到 Playground 中：

```
func getStatus() -> String {
  return "Good"
}
```

假设是一个监测个人状态的应用，其中有一个函数 getStatus() 是返回个人状态情况的。该函数没有参数，但它会返回一个状态字符串："Good"。如果今天没有进行状态的测试，它应该返回什么呢？"Bad" 显然不行，因为它也代表一种状态。空字符串也许是很常用的解决方案，但是如果在其他情况下，需要返回的是数字呢？不管是用 0 还是 -1，它们都代表实数，并不能代表一种无实际值的情况。

Swift 为我们提供了一种解决方案：可选。一个可选值说明它可能有值或者可能没有值。

上面 getStatus() 函数的返回值是 String，这意味着：调用 getStatus() 函数以后，不管内部执行什么样的代码，总会有一个字符串类型的返回值。如果我们想告诉 Swift，这个函数可能会返回一个字符串对象，或者返回一个空值呢？那就需要使用下面的代码来替代之前的代码：

```
func getStatus() -> String? {
  return "Good"
}
```

请注意这个问号，它表示返回值的类型是可选字符串。现在，我们仍然可以在 getStatus() 函数中返回字符串对象，但是也可以返回一个 nil 对象，修改之前的函数为下面这样：

```
func getStatus(isTest: Bool) -> String? {
  if isTest == true {
    if score > 80 { return "Good" }
    else if score > 60 { return "Normal" }
    else { return "Bad" }
  }else {
    return nil
  }
}
```

它接受一个参数 isTest 代表用户是否进行了测试，如果值为 true 则会根据分数返回相应的字符串，但是如果值为 false 则会返回 nil，是一个没有任何意义的值。也就是说，通过这个函数我们或者得到一个字符串，或者得到一个 nil。

一个重要的事情是：Swift 想让我们的代码更加安全，如果直接使用这个 nil 值也是非常危险的，因为它可能会让代码崩溃，出现逻辑问题，或者是让 UI 显示错误的东西。因此，在声明一个变量为可选的时候，Swift 要确保这样处理才够安全。

添加下面的代码到 Playground：

```
var score = 100

func getStatus(isTest: Bool) -> String? {
  if isTest == true {
    if score > 80 { return "Good" }
    else if score > 60 { return "Normal" }
    else { return "Bad" }
  }else {
    return nil
  }
}

var status: String
status = getStatus(isTest: true)
```

函数下面的第一行代码，我们声明了一个字符串变量 status，然后在第二行将 getStatus(:) 函数运行的返回值赋值给 status。此时的代码是不会运行的，因为 status 是 String 类型，只有纯 String 类型的对象才能赋值给它。因此当前的 getStatus 是不会返回 String 对象的，它只能返回可选 String 类型。Swift 不会让这样的情况发生，从而避免 Bug 的发生。

修复这个问题，我们只需要让 status 的类型为 String？即可：

```
var status: String?
status = getStatus(isTest: true)
```

如果在代码中直接使用可选变量将是非常危险的，比如下面这段代码：

```
func printStatus(status: String) {
  if status == "Good" {
    print("你的状态相当好！")
```

该函数通过传递进来的 String 类型的参数，打印相应的信息。参数是 String 类型而不是 String?，因此不能传递可选类型的变量，这也就意味着该函数不能接受之前定义的 status 变量作为参数——因为该变量是可选类型。

```
func printStatus(status: String) {
  if status == "Good" {
    print("你的状态相当好！")
  }
}
//下面这句报错！
printStatus(status: status)
```

Swift 提供两种解决方案：第一种方案叫作可选拆包，通过特定的语法判断可选变量是否有值。它主要完成两件事情：检查可选变量 status 是否有值；根据情况执行相应的语句代码。可选拆包语法如下：

```
if let unwrappedStatus = status {
  //unwrappedStatus 包含一个 String 类型的值！
} else {
  // 当 status 的值为 nil 的时候，需要处理的一些代码...
}
```

这里的 if-let 语句检测并拆包一个可选变量到一个新的常量（极少数情况下是变量），再根据实际情况执行相应的代码。

```
if let unwrappedStatus = status {
  printStatus(status: unwrappedStatus)
} else {
  print("今天无状态！")
}
```

Swift 提供的第二种方案叫强制拆包。如果我们知道一个可选变量已经包含了实际值，就可以直接使用！进行强制拆包。但是需要注意的是，如果你试图在一个值为 nil 的可选变量上强制拆包，将会发生崩溃。

删除之前的 if let unwrappedStatus = status { 开始的所有代码，替换成如下语句：

```
// 因为确定 status 是有实际值的，所以在这里使用！对其强制拆包
printStatus(status:status!)
```

> **注意** 使用这句代码之前一定要确保可选变量中是有值的。

可选的概念虽然非常好，但是真正使用起来可能会比较麻烦，比如类中的一个属性 A 是可选，那我们应该如何访问该属性的子属性 A1 呢？如果 A1 还是可选呢？以此类推，如何

访问 A1 的子属性 A11 呢？如果它又是可选呢？通过 A 访问 A11 的话，我们需要经过几层嵌套的 if let 语句才可以呢？这大大降低了代码的可读性。

好在 Swift 提供了可选链解决这个问题。还记得我们学习可选的初衷吗？完全是因为那段让人不知所措的两行代码：

```
let rect = notification.userInfo![UIKeyboardFrameEndUserInfoKey] as! NSValue
keyboard = rect.cgRectValue
```

notification 对象中有一个属性 userInfo，如果按住 command 键单击它的话，会看到它是可选字典类型。

```
public var userInfo: [AnyHashable : Any]?
```

因此使用 userInfo?[UIKeyboardFrameEndUserInfoKey] 获取字典中键名为 UIKeyboardFrameEndUserInfoKey 的值，注意，因为字典是可选的，所以要在字典的后面添加一个！。

此时，通过字典所获取到的值是 NSRect 类型，它是一种值类型（与 Int、Float 类似），所以并不能直接赋值给 keyboard，因为 keyboard 是 CGRect 类型，是引用类型。所以，我们使用 as！将它强制转换为 NSValue 类型。NSValue 类型有一个属性叫做 cgRectValue，它可以返回 CGRect 类型的对象。

> **技巧** 在调试应用程序的时候，可以通过调试控制台利用 po 命令查看程序代码中某些对象的信息，帮助我们确定这些对象的类型和值。

步骤 1 在代码编辑区域左侧的灰色沟槽中单击鼠标便可以添加一个蓝色的指示条——断点。构建并运行项目，当程序运行到断点时便会暂停运行，这样我们就可以进行单步调试，如图 4-5 所示。

图 4-5 应用程序在遇到断点以后暂停运行

步骤 2 在调试控制台上单击单步调试按钮，即图 4-6 中的第三个按钮，让代码执行到 keyboard = rect.cgRectValue 这句代码的下边。

步骤 3 在调试控制台中的信息输出窗口输入下面这行代码，可以看到相应的信息反馈，如图 4-7 所示。

第 4 章 注册视图中编写与界面相关的代码 39

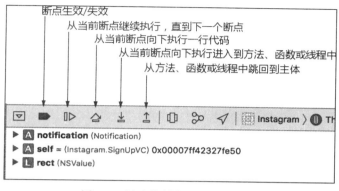

图 4-6 调试控制台中按钮的作用

```
(lldb) po rect
(lldb) po keyboard
```

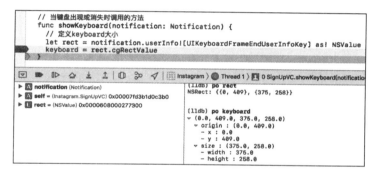

图 4-7 在调试控制台中打印 rect 和 keyboard 值

po 是 print object 的缩写，通过代码输出发现，rect 是 NSRect 类型，keyboard 是 CGRect 类型。

4.4 以动画的方式改变滚动视图的高度

当键盘出现以后，让滚动视图的高度值从屏幕的高度变为减去虚拟键盘高度后的高度值，这样就相当于滚动视图的窗口高度小于滚动视图的内容高度值，从而允许垂直滚动，且我们还以动画的方式让滚动视图的高度值变化。

步骤 1 在 showKeyboard(:) 方法的底部，添加下面的代码：

```
func showKeyboard(notification: Notification) {
  //定义 keyboard 大小
  let rect = notification.userInfo![UIKeyboardFrameEndUserInfoKey] as! NSValue
  keyboard = rect.cgRectValue
```

```
    // 当虚拟键盘出现以后，将滚动视图的实际高度缩小为屏幕高度减去键盘的高度。
    UIView.animate(withDuration: 0.4) {
      self.scrollView.frame.size.height = self.scrollViewHeight - self.keyboard.size.height
    }
  }
```

利用 UIView 的类方法 animate(withDuration:animations:) 以动画的方式，在特定的时间改变视图的属性。对于上面的代码，是用 0.4 秒的时间，改变滚动视图的高度值为当前滚动视图的高度（也就是屏幕的高度）减去呈现出来的虚拟键盘高度。

步骤 2 接下来完成 hideKeyboard(:) 方法：。

```
func hideKeyboard(notification: Notification) {
    // 当虚拟键盘消失后，将滚动视图的实际高度改变为屏幕的高度值。
    UIView.animate(withDuration: 0.4) {
      self.scrollView.frame.size.height = self.view.frame.height
    }
}
```

当虚拟键盘消失的时候，经过 0.4 秒的时间，将滚动视图的实际高度值改变为屏幕的高度值。

4.5 通过 Tap 手势让虚拟键盘消失

虽然虚拟键盘出现和消失的处理方法已经在控制器类中编写完成，但是让虚拟键盘消失的事件我们还没有定义。接下来，我们要为控制器的视图添加一个单击手势。

步骤 1 在 viewDidLoad() 方法的底部添加下面的代码：

```
// 声明隐藏虚拟键盘的操作
let hideTap = UITapGestureRecognizer(target: self, action: #selector(hideKeyboardTap))
hideTap.numberOfTapsRequired = 1
self.view.isUserInteractionEnabled = true
self.view.addGestureRecognizer(hideTap)
```

在上面代码的第一行，我们创建了一个单击手势，当手势发生后会调用当前类的 hidekeyboardTap(:) 方法；第二行设置了该手势的单击次数是 1 次；第三行设置了当前控制器的视图为可交互，也就是能够响应用户的单击操作，默认控制器的视图是不可交互的；最后一行是将该手势识别添加到控制器的视图上。

步骤 2 为 SignUpVC 类中添加 hideKeyboardTap(:) 方法：

```
// 隐藏视图中的虚拟键盘
func hideKeyboardTap(recognizer: UITapGestureRecognizer) {
    self.view.endEditing(true)
}
```

UIView 的 endEditing() 方法用于设置视图的编辑状态。当视图中的 Text Field 处于编辑状态（虚拟键盘呈现在屏幕上）时，执行 endEditing(true) 可以让虚拟键盘消失，也就是让视图中所有 Text Field 的 The first responder 处于挂起状态。

构建并运行项目，在登录界面中单击注册按钮，然后单击任意的 Text Field 后会出现虚拟键盘，并且它盖住了位于底部的 Text Field 和 Button。在视图上拖曳鼠标后，可以看到所有的 UI 元素。单击视图后虚拟键盘立即消失，如图 4-8 所示。

图 4-8　虚拟键盘完美呈现

本章小结

本章我们利用本地消息通知获取虚拟键盘出现和消失时候的事件，并且指定了在发生键盘事件时的方法。通过传递 Notification 对象参数，我们了解了如何获取虚拟键盘的高度值。在获取键盘高度值的同时，又简单了解了可选变量的相关知识。

第 5 章
设置注册页面的用户头像

本章我们要实现注册页面的用户头像设置功能，当用户在注册页面单击顶部的 Image View 时，会弹出照片选择器，进而设置用户的头像。

5.1 为 Image View 添加单击手势识别

Image View 控件在默认情况下是不具备交互功能的，这与控制器视图相同，但我们同样可以将它的交互功能开通。

步骤　在项目导航中打开 SignUpVC.swift 文件，在 viewDidLoad() 方法底部添加下面的代码：

```
let imgTap = UITapGestureRecognizer(target: self, action:#selector(loadImg))
imgTap.numberOfTapsRequired = 1
avaImg.isUserInteractionEnabled = true
avaImg.addGestureRecognizer(imgTap)
```

与上一章隐藏键盘的代码类似，只是这里将手势识别对象添加到了 Image View 对象上。

手势识别（UIGestureRecognizer）类可以将低级别的事件处理代码转换成高级别的动作。它们被绑定到视图上，这些对象允许视图对特定手势动作进行响应，就像控件一样。手势识别对象把触摸解析成一个确定的手势，例如划动（swip）、捏合（pinch）或者旋转。如果它们识别出了特定手势，则会发送一条动作消息（UITapGestureRecognizer 初始化方法的第二个参数）给一个目标对象（UITapGestureRecognizer 初始化方法的第一个参数）。目标对象一般来说是视图的控制器。这种设计模式简单而又强大：我们能够动态地决定一个视图要响应哪个动作，并且能够给一个视图加上手势识别器而不用创建视图的子类。

在设计应用程序的时候，需要考虑识别手势的类型。表 5-1 中列出了系统预定义的手势识别类型。

表 5-1 系统预定义的手势识别类型

手 势	UIKit 类
单击（任意单击次数）	UITapGestureRecognizer
捏合（用于放大或缩小视图）	UIPinchGestureRecognizer
平移或拖曳	UIPanGestureRecognizer
划动（任意方向）	UISwipeGestureRecognizer
旋转	UIRotationGestureRecognizer
长按（也可以理解为按住）	UILongPressGestureRecognizer

应用程序应该只以用户期望的方式对手势进行识别。例如，一个捏合操作应该只负责视图的放大和缩小，一个单击操作应该会选择某样东西。

手势不是离散的就是连续的。一个离散的手势，例如单击（tap），只发生一次，而且不可以取消。一个连续的手势，例如捏合（pinching），发生在一个时间段内。对于离散的手势，手势识别器发送给它的目标一个独立的动作消息。而连续手势的手势识别器会持续发送给目标动作消息，直到触摸序列停止。

5.2 创建照片获取器

一般情况下，如果应用中需要获取照片库中的照片，则需要借助系统内置的照片获取器。

步骤 1 在 SignUpVC 类中新建 loadImg() 方法：

```
func loadImg(recognizer: UITapGestureRecognizer) {
  let picker = UIImagePickerController()
  picker.delegate = self
  picker.sourceType = .photoLibrary
  picker.allowsEditing = true
  present(picker, animated: true, completion: nil)
}
```

loadImg() 方法携带一个 UITapGestureRecognizer 类型的对象作为参数，该对象封装了 Tap 事件的相关信息。当用户单击 Image View 后会调用该方法。

在 loadImg() 方法中，我们首先创建 UIImagePickerController 类型的对象，它是照片获取器对象，用户可以通过它从摄像头或者相册中选择一张照片。当我们第一次创建 UIImagePickerController 对象时，iOS 会自动询问用户是否允许应用程序访问照片库。

在方法中有三个地方需要说明一下：

首先，将 self（当前的 SignUpVC 类的对象，也就是当前的视图控制器对象）赋值给照片获取器的 delegate 属性，这需要 SignUpVC 类必须符合 UIImagePickerControllerDelegate 协议，另外还要让 SignUpVC 类符合 UINavigationControllerDelegate 协议，这个协议是必须的，因为前面的协议用到了后面的协议。不添加后者，Xcode 会报错！

UIImagePickerControllerDelegate 协议的用处在于，可以说明用户是否选择了一张照片或者是否取消了选择。而第二个 UINavigationControllerDelegate 在这里并没有什么实际意义，仅仅用它来确保 Xcode 不报错，其更深层的意义我们就不再细究了。

其次，我们设置了获取器的 sourceType 为 .photoLibrary，也就是告诉获取器从照片库中获取照片。这个枚举对象一共包含三种情况：

- photoLibrary：将设备的照片库作为获取源。
- camera：将设备内置的摄像头作为获取源，如果要确定使用前置还是后置摄像头，则需要通过 cameraDevice 属性进行设置。
- savedPhotosAlbum：将设备中的相机胶卷相册作为获取源。

最后，设置获取器的 allowsEditing 属性为 true，它允许用户可以对选择的照片进行剪裁。

步骤 2　在 SignUpVC 类的声明部分，添加上面的两个协议：

```
class SignUpVC: UIViewController, UIImagePickerControllerDelegate, UINavigation-
ControllerDelegate {
```

此时，picker.delegate = self 所呈现的代码错误消失。

步骤 3　在 SignUpVC 类中添加 imagePickerController(_:didFinishPickingMediaWithInfo:) 协议方法：

```
// 关联选择好的照片图像到 image view
func imagePickerController(_ picker: UIImagePickerController, didFinishPicking-
MediaWithInfo info: [String : Any]) {
    avaImg.image = info[UIImagePickerControllerEditedImage] as? UIImage
    self.dismiss(animated: true, completion: nil)
}
```

其实，当我们在 SignUpVC 类中添加 UIImagePickerControllerDelegate 协议后，项目是不会报任何错误的，因为协议中的所有方法都是可选的。但是，如果我们真这样做的话，UIImagePickerController 就失去了真正的意义，因为需要通过上面的协议方法获取用户所选择的照片。

在 imagePickerController(_:didFinishPickingMediaWithInfo:) 方法中，我们需要做下面几件事情：

- 从参数传递进来的 info 字典中提取 image。
- 将提取出来的 image 赋值给 avaImg 对象。
- 关闭照片获取器。

首先，当用户在获取器中选择好照片后，会将相关信息以字典（Dictionary 类型）的方式作为参数发送给我们。接下来，就需要我们通过各种键名来获取到这些信息，下面介绍几个相关的键名：

- UIImagePickerControllerEditedImage：特指被用户编辑后的图像。

- UIImagePickerControllerOriginalImage：特指用户选择的原始图像，未经过剪裁过的。
- UIImagePickerControllerMediaURL：特指文件系统中影片的 URL。
- UIImagePickerControllerCropRect：特指应用到原始图像上的剪裁的矩形。
- UIImagePickerControllerMediaType：特指用户选择的图像的类型。它包括 kUTTypeImage（图像）和 kUTTypeMovie（影片）类型。

还有一个问题就是，我们并不清楚获取到字典中的值是否是 UIImage 类型，所以不能直接使用它。我们需要使用类型转换的可选方法 as? 来获取 UIImage 对象。与 as！强制转换不同，as？是可选转换，它意味着转换后的结果可能是具体的对象，也可能是 nil。

步骤 4 在 SignUpVC 类中添加下面的协议方法：

```
// 用户取消获取器操作时调用的方法
func imagePickerControllerDidCancel(_ picker: UIImagePickerController) {
    self.dismiss(animated: true, completion: nil)
}
```

如果用户在照片获取器中单击取消按钮，那么就关闭它。因为照片获取器默认时会占据整个屏幕，在单击取消按钮以后我们需要销毁它并返回之前调用它的 SignUpVC 控制器中。

构建并运行项目，在登录视图中单击注册按钮，然后在注册视图中单击 Image View，理论上应该弹出照片选择器视图，因为这时会调用 loadImg() 方法。但如果你是在 Xcode 8 Beta 中运行的话，应用程序会崩溃并退出。这是为什么呢？下面将详细讲解。

5.3 访问照片库的前期准备

要想成功访问照片库，在 Xcode 8（就目前的 beta 版）中我们还需要在 info.plist 文件中添加两条配置信息，这样才可以防止调出照片获取器时候应用程序崩溃退出，希望苹果在 Xcode 8 正式版的时候修复这个 Bug。

步骤 1 在项目导航中打开 info.plist 文件，在编译区域中选择最下面一行的配置信息，如图 5-1 所示。

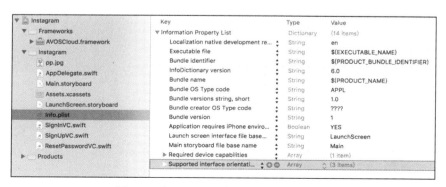

图 5-1　在 info.plist 中添加新的配置条目

步骤2 确保最后一行的配置信息为收缩状态（头部的灰色三角指向自己），单击配置信息右侧的圆圈灰色加号，此时会添加一行新的配置信息。

> **注意** 如果你在扩展状态下单击配置信息的灰色加号，则会在该配置信息的内部添加一行子配置信息。

步骤3 在新添加的配置信息行中，设置 Key 为 Privacy-Media Library Usage Description，Type 为 String，Value 为 Instagram 需要使用该设备的媒体库。如法炮制，再添加一个配置信息，设置 Key 为 Privacy-Photo Library Usage Description，Type 为 String，Value 为 Instagram 需要使用该设备的照片库，如图 5-2 所示。

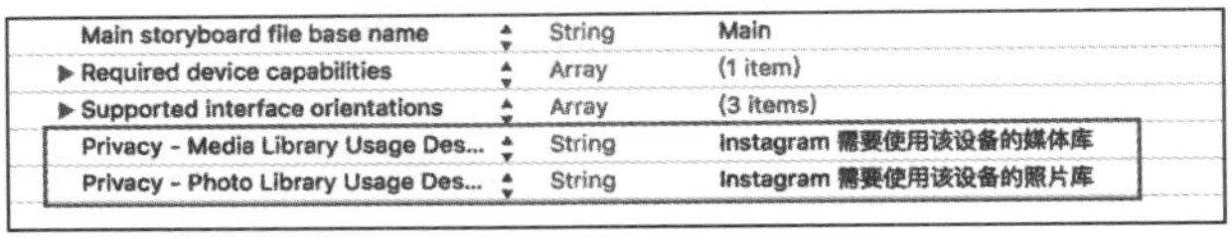

图 5-2　在 info.plist 中添加两个隐私相关配置条目

再次构建并运行项目，当项目启动以后会出现访问照片库的允许警告框。再次单击 Image View 则会正常弹出照片获取器，如图 5-3 所示。

图 5-3　在模拟器中显示的隐私访问对话框

> **注意** 需要注意的是，当我们在获取器中编辑照片时（将照片拖曳拉大）依然会导致程序崩溃。这应该是 Xcode 8 Beta 1 版本自身的问题，如果你使用的是最新版本的 Xcode Beta 版本则没有任何问题。

接下来，让我们直接选取照片，如图 5-4 所示。

从照片库选择好照片后，回到注册页面，便看到已经添加到 Image View 中的头像了，如图 5-5 所示。

图 5-4　在照片获取器中选择头像

图 5-5　返回到注册页面

如果你还不清楚如何将自己的照片添加到模拟器中的话，在模拟器中打开照片应用，然后直接将图片拖曳到照片应用中即可。

5.4　将 Image View 的外观设置为圆形

在本章的最后，我们要改变头像视图的外观，使它成为一个圆形。

步骤　在 SignUpVC 类中的 viewDidLoad() 方法中，添加下面的代码：

```
// 改变 avaImg 的外观为圆形
avaImg.layer.cornerRadius = avaImg.frame.width / 2
avaImg.clipsToBounds = true
```

通过 image view 的 layer 属性，可以设置视图的矩形圆角值，如果将它的矩形圆角值设置为自身宽度的一半（avaImg 是 80×80 的正方形），那它就变成了圆形。第二行代码是剪裁掉多余的部分。

再次构建并运行项目，效果如图 5-6 所示，给用户的感受上立即提升了一个档次。

图 5-6　将用户头像剪裁为圆形

本章小结

本章我们使用了照片获取器类（UIImagePickerController）从系统的照片库中获取指定的照片，除了编写相关代码以外，我们还需要在项目的 info.plist 文件中添加两个关键的配置选项，否则在运行的时候会发生崩溃。

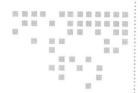

第 6 章 提交用户注册信息到 LeanCloud

在设计好用户注册页面的 UI 和本地功能后，本章我们需要将用户所填写的信息提交到 LeanCloud 平台上。

6.1 检验用户输入的数据

在提交数据到 LeanCloud 云端之前，我们必须进行一次本地的数据检验，防止将不合法的数据信息写入到 LeanCloud 云端。其实，LeanCloud 服务本身也会采取一些机制防止错误信息被提交到自身。

步骤 1 当用户单击注册按钮时，控制器视图应该隐藏虚拟键盘，所以在 signUpBtn_click(:) 方法底部添加下面的代码：

```
// 隐藏 keyboard
self.view.endEditing(true)
```

接下来，我们需要判断该控制器视图中所有的 Text Field 是否被输入信息了，这是一段比较大的功能代码。

步骤 2 在隐藏键盘的代码下面添加代码：

```
if usernameTxt.text?.isEmpty || passwordTxt.text?.isEmpty || repeatPasswordTxt.text?.isEmpty || emailTxt.text?.isEmpty || fullnameTxt.text?.isEmpty || bioTxt.text?.isEmpty || webTxt.text?.isEmpty {

}
```

上面这段 if 语句我想大家都明白它的作用,如果这 7 个 Text Field 当中有 1 个内容为空则执行 if 语句中的代码,但此时它无情地报错了,问题出现在哪里呢?

6.2　if 语句中对可选链的处理

通过初步分析,问题应该是出在可选链上面。单独拿出一个 Text Field 的判断代码,以 usernameTxt 为例,它本身是 UITextField 类型的对象,这是再正常不过的了。但是它有一个可选字符串属性 text,实际就是 Text Field 中所输入的文本内容。我们直接通过可选链 text?.isEmpty 判断 text 是否有文本信息,这就是问题所在。

此时 text?.isEmpty 的值是可选布尔类型,if 语句中的所有判断必须是非可选的布尔,所以修复此问题的方法为将 text? 改为 text! 即可(保证 text 属性是存在于 Text Field 中的,所以强制拆包)。这样,usernameTxt.text!.isEmpty 就是布尔类型了。

步骤　修改 if 语句的代码为:

```
if usernameTxt.text!.isEmpty || passwordTxt.text!.isEmpty || repeatPasswordTxt.text!.isEmpty || emailTxt.text!.isEmpty || fullnameTxt.text!.isEmpty || bioTxt.text!.isEmpty || webTxt.text!.isEmpty {

}
```

通过在 text 属性后面添加 ! 让其强制拆包,现在的 usernameTxt.text! 已经是非可选的 String 类型,因此 usernameTxt.text!.isEmpty 就是非可选的布尔类型对象。

6.3　使用 UIAlertController 显示警告信息

当 Text Field 中有空缺的时候,除了在当前控制器不能提交以外,还应该弹出一个警告对话框,告知用户现在是什么状态。

步骤 1　在 if 语句中添加下面的代码:

```
if usernameTxt.text!.isEmpty || passwordTxt.text!.isEmpty || repeatPasswordTxt.text!.isEmpty || emailTxt.text!.isEmpty || fullnameTxt.text!.isEmpty || bioTxt.text!.isEmpty || webTxt.text!.isEmpty {
    
    // 弹出提示对话框
    let alert = UIAlertController(title: "请注意", message: "请填写好所有的字段", preferredStyle: .alert)
    let ok = UIAlertAction(title: "OK", style: .cancel, handler: nil)
    alert.addAction(ok)
    self.present(alert, animated: true, completion: nil)
    
    return
}
```

这里我们使用了从 iOS 8 开始引入的 UIAlertController 类，它可以显示一个对话框并带有选项按钮供用户选择。

在创建 UIAlertController 对象的时候，title 是对话框的标题，message 是对话框中显示的警告内容，preferredStyle 是 .alert，它是 UIAlertControllerStyle 枚举中的一种情况，该枚举一共有两种模式：

❑ alert——警告对话框模式，弹出一个覆盖住整个屏幕的消息框。
❑ actionSheet——在呈现它的控制器视图底部滑出一个对话框，如图 6-1 所示。

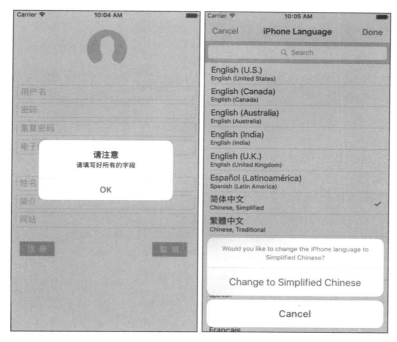

图 6-1　Alert 和 ActionSheet 模式

这两种模式类似，但是苹果推荐我们使用 .alert 模式来告诉用户情况即将发生变化。而 actionSheet 一般是让用户做出一个选择。

下面一行使用 UIAlertAction 类添加一个 OK 按钮到警告对话框中，它的风格是 .cancel。一共有三种风格可供选择：

❑ .Default——默认按钮风格。
❑ .Cancel——单击按钮后对话框消失。
❑ .Destructive——你的选择是不可逆的。

这三种风格的样式依赖于 iOS。

接下来，我们将 UIAlertAction 对象添加到 UIAlertController 控制器中，这样对话框就包含了指定风格的按钮。

最后，我们调用了 present 方法，它包含三个参数：要呈现的控制器（警告对话框），是否使用动画方式，当呈现动画结束以后可以执行代码的闭包。在上面的代码中，我们将 alert 作为第一个参数，将第二个参数设置为 true（使用动画方式），第三个参数设置为 nil，意思是出现对话框后不做任何操作。

步骤 2 在 signUpBtn_click 中继续添加判断代码：

```
// 如果两次输入的密码不同
if passwordTxt.text != repeatPasswordTxt.text {
    let alert = UIAlertController(title: "请注意", message: "两次输入的密码不一致", preferredStyle: .alert)
    let ok = UIAlertAction(title: "OK", style: .cancel, handler: nil)
    alert.addAction(ok)
    self.present(alert, animated: true, completion: nil)

    return
}
```

构建并运行项目，故意在两次输入密码时不一致，单击注册按钮后会弹出新的警告对话框，如图 6-2 所示。

6.4 提交数据到 LeanCloud 平台

在进行了必要的数据校验以后，就可以将数据提交到 LeanCloud 平台上了。

步骤 1 在第二个 if 语句段的下面添加如下代码。

```
@IBAction func signUpBtn_click(_ sender: AnyObject) {
    // 之前添加的代码
    ……

    // 发送注册数据到服务器相关的列
    let user = AVUser()
    user.username = usernameTxt.text?.lowercased()
    user.email = emailTxt.text?.lowercased()
    user.password = passwordTxt.text
}
```

图 6-2　密码输入错误时的警告对话框

在代码中，我们创建了 AVUser 类型的对象。用户系统几乎是每款应用都要加入的功能，最基本的应该包含注册、登录和密码重置功能。AVUser 类是用来描述一个用户的特殊对象，与之相关的数据都保存在 LeanCloud 平台 Instagram 应用的 _User 数据表中。

AVUser 类中包含 username、email 和 password 三个关键属性，直接将 Text Field 中的文本赋值即可，lowercased 方法是将字符串小写。

这里一共有 7 个 Text Field，如果通过 user.fullname 继续赋值的话，Xcode 就会报错了，因为 AVUser 类中根本就没有类似于 fullname、bio 和 web 这样的属性。所以要通过下面的方式将相关信息添加到 AVUser 对象中。

步骤 2　继续添加下面的代码：

```
user["fullname"] = fullnameTxt.text?.lowercased()
user["bio"] = bioTxt.text
user["web"] = webTxt.text?.lowercased()
user["gender"] = ""
```

AVUser 类定义了脚标，可以通过上面的方式添加特定的个人用户信息。这四个脚标代表用户的非通用信息。

除了 Text Field 的文字信息以外，还需要向 LeanCloud 提交头像照片信息。

步骤 3　继续添加下面的代码：

```
// 转换头像数据并发送到服务器
let avaData = UIImageJPEGRepresentation(avaImg.image!, 0.5)
let avaFile = AVFile(name: "ava.jpg", data: avaData)
user["ava"] = avaFile
```

UIImageJPEGRepresentation(_:, _:) 方法可以将指定的 image 转换为 JPEG 格式，第二个参数是 JPEG 图像的压缩质量，范围是 0.0 ~ 1.0，其中 1.0 代表最高质量。

AVFile 是 LeanCloud SDK 提供的类，利用 AVFile 可以将多种类型（图像、音频、视频、通用文件等）的文件存储在 LeanCloud 之中，这些文件需要被单独封装成一个 AVFile 来实现文件的上传、下载等操作。AVFile 支持图片、视频、音乐等常见的文件类型，以及其他任何二进制数据。

 提示　不用担心文件名的冲突问题，因为每个上传的文件都有唯一的 ID，所以即使上传多个文件名相同的文件也不会有问题。另外，给文件添加扩展名也非常重要。LeanCloud 云端会通过扩展名来判断文件类型，以便正确处理文件。所以要将一张 JPG 图片存到 AVFile 中，要确保使用 .jpg 扩展名。

当用户数据全部准备好以后，就可以在后台进行数据提交了。

步骤 4　继续添加下面的代码：

```
user.signUpInBackground { (success:Bool, error:Error?) in
  if success {
    print("用户注册成功！")
  }else {
    print(error?.localizedDescription)
  }
}
```

上面的代码使用用户名 + 密码的方式注册，需要注意：密码是以明文方式通过 HTTPS

加密传输给云端，云端会以密文存储密码，并且加密算法是无法通过其他方式获取的。换言之，用户的密码只可能用户本人知道，开发者不论是通过控制台还是 API 都是无法获取的。另外需要强调的是，在客户端上，切勿再次对密码加密，这会导致重置密码等功能失效。

通过 AVUser 的 signUpInBackground 方法，我们在后台（非主线程的其他线程）进行用户个人数据的提交。后台提交数据是 iOS 开发中经常会用到的技术，因为 UI 相关的东西只能在主线程中，如果我们把后台数据提交这样的事情也放在主线程中，就可能会出现卡死现象。

当数据在后台提交以后，我们就可以通过该方法的闭包得到反馈信息。该闭包带有两个参数：success 是布尔类型，指明用户数据信息是否提交成功；当提交失败的时候，可以通过第二个参数 error 获取到错误信息。error?.localizedDescription 是获取到本地化的错误信息描述。

构建并运行项目，在注册页面中正确填写注册用户信息，然后单击注册按钮。如果在调试控制台中看到"用户注册成功！"的信息，则代表用户注册成功，如图 6-3 所示，否则会看到错误信息。

图 6-3　用户信息成功提交到 LeanCloud 云端

6.5　在 LeanCloud 云端查看提交的信息

除了在 iOS 客户端得到反馈结果以外，我们还可以在 LeanCloud 云端查看提交的信息。

登录 LeanCloud.cn 并进入到控制台。进入 Instagram 的存储功能，在左侧的数据列表中选择 _User，此时 _User 的右侧显示 1，代表该表中已经有 1 个数据信息了，如图 6-4 所示。

图 6-4　在 LeanCloud 云端查看提交的信息

本章小结

本章我们在应用程序中使用 UIAlertController 创建了警告对话框。警告对话框一共有两种形式：Alert 和 Actionsheet。其中，Alert 更适合向用户显示警告信息，而 ActionSheet 更适合让用户做出选择。

当我们提交用户注册信息到 LeanCloud 云端的 _User 数据表时，需要先进行数据校验，if 判断语句只能接受布尔型类型的表达式，如果是可选布尔类型则需要进行强制拆包。

Chapter 7 第 7 章

用户登录

在实现了 Instagram 项目的用户注册功能以后,本章我们要实现用户的登录问题,现在的 LeanCloud 云端已经有了注册用户的数据,我们随时可以在客户端进行登录。当然,大家也都应该清楚登录的相关代码会在 SignInVC 类中完成,因为该控制器是处理用户登录的。

7.1 利用 UserDefaults 存储用户信息

步骤 1 在 SignUpVC 类中的 signUpBtn_click() 方法里面,找到调用 user 的 signUpIn-Background() 方法,在该方法的闭包中添加下面的代码:

```
if success {
  print("用户注册成功!")

  //记住登录的用户
  UserDefaults.standard.set(user.username, forKey: "username")
  UserDefaults.standard.synchronize()

}else {
  print(error?.localizedDescription)
}
```

在闭包的 if 语句中,如果用户注册成功,则会借助 UserDefaults 类记住登录的用户信息,因为注册成功后 LeanCloud SDK 就直接视其为成功登录。

如果你之前有过 iOS 开发经验的话,你会觉得很熟悉,没错,UserDefaults 就是之前的 NSUserDefaults 类,这又是一个去掉了 NS 前缀的类。我们可以使用 UserDefaults 类存储任何基本数据类型，比如 Bool、Float、Double、Int、String 和 NSURL，除此以外，还可以存储复杂的数据类型，比如数组、字典、NSDate 甚至是 NSData。

> **提示** 从 Xcode 8 beta 2 版本开始，UserDefaults 类取消了 standard() 方法，而使用 standard 类属性替代。

当我们将数据写入 UserDefaults 以后，在 App 运行的时候可以再次将其载入进来。这使得数据的存储操作非常简单，但是需要清楚的是：使用 UserDefaults 存储大量的数据绝对不是一个明智的选择，因为它会拖慢 App 的载入速度。如果你想存储的数据超过 100Kb，使用 UserDefaults 绝对是错误的选择。

在新添加的第一行代码中，通过类属性 standard 获取到 UserDefaults 的实例，然后就可以利用 set() 方法随心所欲地设置各种各样的值了，我们只需要为每一个值设置一个唯一的 Key，便于之后可以访问到这个值。

新添加的第二行代码使用 synchronize() 方法立即将改动存储到本地磁盘上，虽然不调用 synchronize() 方法，iOS 在未来的某个时刻也可以自动同步这些数据到 UserDefaults，但是在有较高需求的环境下，使用 synchronize() 是非常必要的。

步骤 2 在项目导航中打开 AppDelegate.swift 文件，在 AppDelegate 类的内部添加 login() 方法。

```
func login() {
    // 获取 UserDefaults 中存储的 Key 为 username 的值
    let username: String? = UserDefaults.standard.string(forKey: "username")
}
```

通过 string(forKey:) 方法，可以获取到指定 Key 的值，因为该值是 String 类型，所以使用的是这个方法。除了该方法以外，还可以通过下列方法获取到其他类型的值，如表 7-1 所示。

表 7-1 各种 UserDefaults 的存储方法

值的类型	获取该类型值的方法
[AnyObject]?	array(forKey:)
Bool	bool(forKey:)
Data?	data(forKey:)
Dictionary?	dictionary(forKey:)
Float	float(forKey:)
Int	integer(forKey:)
AnyObject?	object(forKey:)
[String]?	stringArray(forKey:)
String?	string(forKey:)
Double	double(forKey:)
URL?	url(forKey:)

注意，除了 Bool、Float、Int 和 Double 以外，其他方法都返回的是可选类型，所以在判断基本类型的时候就不能使用 nil 了，否则 Xcode 会报错！另外，如果通过 integer(forKey:) 方法获取到一个不存的 Key 的值，那该值为 0。

如果用户名存在，就可以从故事板中载入相应的控制器了。

步骤 3　在 let username: String? = UserDefaults.standard.string(forKey: "username") 语句的下面添加这段代码：

```
// 如果之前成功登录过
if username != nil {
  let storyboard: UIStoryboard = UIStoryboard(name: "Main", bundle: nil)
  let myTabBar = storyboard.instantiateViewController(withIdentifier: "TabBar") as! UITabBarController
  window?.rootViewController = myTabBar
}
```

在上面的代码中，如果 username 不为空，则代表用户之前已经使用该设备成功登录过，并且还没有退出。

在 if 语句中，创建了 UIStoryboard 类型的对象，利用它可以载入项目中的故事板，name 参数是故事板的文件名，这里为 Main，与项目中的 Main.storyboard 一致。bundle 参数为 nil，代表使用当前 App 的 bundle。

之后，我们通过 instantiateViewController(withIdentifier:) 方法传递给它一个故事板中定义好的 storyboard ID，这样就可以从故事板中载入该控制器了。这里，我们从 Main.storyboard 中载入一个 storyboard ID 为 TabBar 的标签栏控制器（现在故事板中还没有这个控制器），并且将它作为整个应用程序的根视图控制器（Root View Controller）。

步骤 4　打开 Main.storyboard 故事板，从对象库中拖曳一个 Tab Bar Controller 到故事板中，如图 7-1 所示。

步骤 5　选中和 Tab Bar Controller 具有关联关系的 Item 2 控制器，按 delete 键将其删除，此时 Tab Bar Controller 中只有一个标签，如图 7-2 所示。

我们将来会为 Tab Bar Controller 添加更多的子控制器，目前只需要一个，而且该控制器将会负责 Instagram 的个人主页功能。

步骤 6　选中 Tab Bar Controller，在 Identity Inspector 中设置 storyboard ID 为 TabBar。

这一部分非常关键，如果忘记在故事板中设置 Tab Bar Controller 的 storyboard ID，Xcode 照样会编译通过，但是在运行时会发生崩溃。

接下来，当用户在注册页面成功注册以后，自动跳转到 Tab Bar Controller 中的个人主页控制器。

步骤 7　项目导航中打开 SignUpVC.swift 文件，在 UserDefaults 语句的下面添加这段代码：

```
UserDefaults.standard().synchronize() // 之前的代码

// 从 AppDelegate 类中调用 login 方法
```

```
let appDelegate: AppDelegate = UIApplication.shared.delegate as! AppDelegate
appDelegate.login()
```

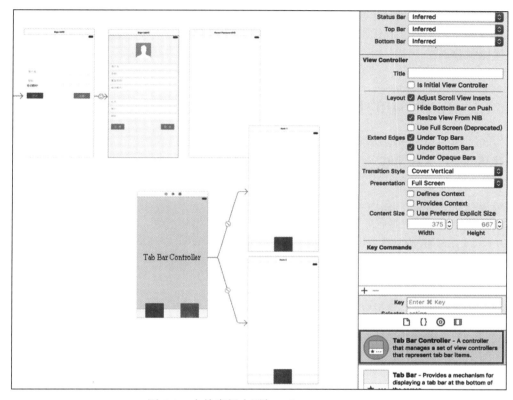

图 7-1　在故事板中添加 Tab Bar Controller

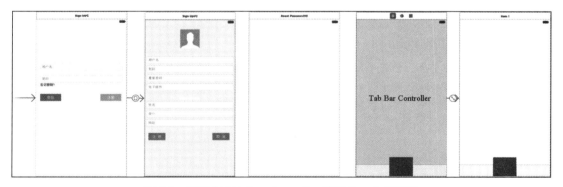

图 7-2　删除与 Tab Bar Controller 关联的一个控制器

其实，我们只是想在用户注册成功以后调用 AppDelegate 类的 login 方法，通过该方法可以设置应用程序的根视图控制器，也就是屏幕上应该显示哪个控制器视图。

我们需要使用 UIApplication 的类属性 shared 获取当前应用程序对象的引用，再通过该 UIApplication 对象的 delegate 属性，就可以得到 AppDelegate 类的实例，这样执行之前在 AppDelegate 类中定义的 login() 方法就顺理成章了。

构建并运行项目，在注册页面中再次注册一个全新的用户，当注册成功以后会直接进入标签栏控制器。

7.2 SignInVC 中的用户登录

SignInVC 类主要负责用户的登录。

步骤 1 在项目导航中打开 SignInVC.swift 文件，在 signInBtn_click() 方法中添加下面的代码：

```
@IBAction func signInBtn_click(_ sender: UIButton) {
  print("登录按钮被单击")

  // 隐藏键盘
  self.view.endEditing(true)

  if usernameTxt.text!.isEmpty || passwordTxt.text!.isEmpty {
     let alert = UIAlertController(title: "请注意", message: "请填写好所有的字段", preferredStyle: .alert)
     let ok = UIAlertAction(title: "OK", style: .cancel, handler: nil)
     alert.addAction(ok)
     self.present(alert, animated: true, completion: nil)
     return
  }
}
```

在新添加的代码中，首先让登录控制器的视图退出编辑状态，实际上就是让虚拟键盘消失，然后再判断用户名和密码是否都输入了。

步骤 2 接着在 if 语句段的下面添加这段代码：

```
// 实现用户登录功能
AVUser.logInWithUsername(inBackground: usernameTxt.text!, password: passwordTxt.text!) { (user:AVUser?, error:Error?) in
    if error == nil {
       // 记住用户
       UserDefaults.standard.set(user!.username, forKey: "username")
       UserDefaults.standard.synchronize()

       // 调用 AppDelegate 类的 login 方法
       let appDelegate: AppDelegate = UIApplication.shared.delegate as! AppDelegate
       appDelegate.login()
    }
}
```

这段代码是登录控制器中的精华，但是所涉及的知识点在之前已经全部介绍过了。通过 AVUser 的类方法 logInWithUsername(inBackground: password: block:) 传递用户名和密码，当 LeanCloud 云端处理完登录后，会在闭包中执行相关的代码。

该闭包也带有两个参数，第一个参数是成功登录后的 AVUser 对象，第二个参数是如果登录失败，被封装的错误信息。如果成功登录，还是先利用 UserDefaults 存储 username，然后再调用 AppDelegate 类的 login() 方法。

步骤 3 在 viewDidLoad() 方法中添加隐藏虚拟键盘的手势识别代码：

```
let hideTap = UITapGestureRecognizer(target: self, action: #selector(hideKeyboard))
hideTap.numberOfTapsRequired = 1
self.view.isUserInteractionEnabled = true
self.view.addGestureRecognizer(hideTap)
```

步骤 4 添加 hideKeyboard 方法：

```
func hideKeyboard(recognizer: UITapGestureRecognizer) {
  self.view.endEditing(true)
}
```

步骤 5 项目导航中打开 AppDelegate.swift 文件，在 application(_:didFinishLaunchingWithOptions:) 方法中 return 语句的上面添加对 login 方法的调用。

```
func application(_ application: UIApplication, didFinishLaunchingWithOptions launchOptions: [NSObject: AnyObject]?) -> Bool {
    AVOSCloud.setApplicationId("2NL5pkgYfnrMXkbf17w5rU62-gzGzoHsz",
                    clientKey: "6Sl5rQaIyXh90CE0i26b2gaJ")

    // 如果想跟踪统计应用的打开情况，可以添加下面一行代码
    AVAnalytics.trackAppOpened(launchOptions: launchOptions)

    login()

    return true
}
```

构建并运行项目，因为有了之前的用户注册操作，所以 App 一启动就直接进入到了 Tab Bar Controller。

本章小结

本章我们使用 UserDefaults 类进行登录后的数据存储，利用 UserDefaults 类可以存储少量的数据到应用程序的本地磁盘空间。但如果数据量超过 100K 的话，则需要采用其他方式。

另外，通过代码的方式将故事板中的视图显示到手机屏幕上，我们需要在故事板中指定视图的 Storyboard ID，否则在运行的时候会出现崩溃的情况。

第 8 章

创建项目并集成 LeanCloud SDK

前面的实战操作已经完美实现了用户注册和登录的相关功能。在本章的实战学习中，我们将会完成 Instagram 的密码重置功能。

就目前这个项目来说，不管我们重新构建并运行项目多少次，都会直接进入到 Tab Bar Controller 控制器，因为 UserDefaults 类已经记住了 username 的值。因此，要想进入到密码重置功能的页面，就需要删除已经安装到模拟器中的 Instagram 应用。

8.1 删除已经安装到模拟器中的 App

删除 App 的操作与真机的操作相同，只不过真机是通过手指操作，模拟器中是通过鼠标操作。

打开项目以后，command+R 构建并运行项目，然后直接单击 Stop 按钮停止在模拟器中运行。此时的模拟器屏幕会显示 iOS 10 的 Home 页面，从中找到 Instagram 应用，鼠标按住 Instagram 应用的图标，直到它不停地左右抖动为止，此时 Instagram 图标的左上角也会出现一个小叉子，单击小叉子以后应用在模拟器中会被真正删除，如图 8-1 所示。

图 8-1　在模拟器中删除安装好的应用

8.2 创建密码重置页面的视图

在登录界面中,如果用户单击忘记密码?按钮以后会跳转到密码重置控制器,所以在故事板中创建该过渡(Segue)。

步骤 1 在项目导航中打开 Main.storyboard 故事板,在大纲导览视图中展开 Sign InVC Scene 中的 View,找到其中的 Forgot Btn。

步骤 2 按住 Control 键将 Forgot Btn 拖曳到 Reset PasswordVC 控制器上面,然后松开鼠标,如图 8-2 所示。

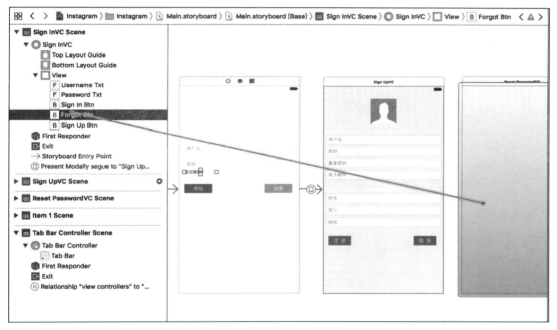

图 8-2 通过大纲视图创建 Segue

步骤 3 在弹出的 Segue 快捷菜单中选择 Present Modally,如图 8-3 所示。

步骤 4 在 Reset PasswordVC 视图中添加一个 Text Field 和两个 Button,将 Text Field 的 Placeholder 设置为电子邮件,将两个按钮的 Title 分别设置为密码重置和取消。设置两个按钮的 Text Color 都为 White Color,设置密码重置按钮的背景色为蓝色,取消按钮的背景色为 Light Gray Color,如图 8-4 所示。

接下来是为该视图中的 UI 元素创建 Outlet 和 Action 关联。

步骤 5 将 Xcode 切换到助手编辑器模式,选择大纲导览视图中的 Reset PasswordVC Scene → View →电子邮件并拖曳鼠标到 ResetPasswordVC 类中,创建 Outlet 关联,如图 8-5 所示,将 Name 设置为 emailTxt。

图 8-3　为 Segue 设置呈现方式

图 8-4　密码重置页面

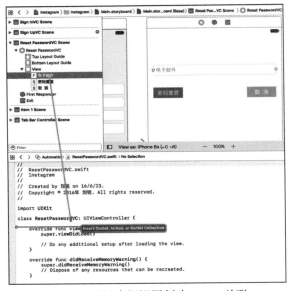

图 8-5　通过大纲视图创建 Outlet 关联

步骤 6　通过大纲导览视图再为两个 Button 分别创建 Outlet 关联，Name 分别设置为 resetBtn 和 cancelBtn。

步骤 7　再为两个 Button 创建 Action 关联，Name 分别设置为 resetBtn_clicked 和 cancelBtn_clicked。创建好以后的代码如下：

```swift
class ResetPasswordVC: UIViewController {

  @IBOutlet weak var emailTxt: UITextField!
  @IBOutlet weak var resetBtn: UIButton!
  @IBOutlet weak var cancelBtn: UIButton!

  override func viewDidLoad() {
    super.viewDidLoad()
  }

  @IBAction func resetBtn_clicked(_ sender: AnyObject) {
```

```
    }
    @IBAction func cancelBtn_clicked(_ sender: AnyObject) {
    }
}
```

8.3 完成重置控制器代码

首先实现用户单击取消按钮操作的代码。

步骤 1 在 cancelBtn_clicked(_:) 方法中添加下面的代码：

```
@IBAction func cancelBtn_clicked(_ sender: AnyObject) {
  self.dismiss(animated: true, completion: nil)
}
```

步骤 2 在 resetBtn_clicked(_:) 方法中添加下面的代码：

```
@IBAction func resetBtn_clicked(_ sender: AnyObject) {
  // 隐藏键盘
  self.view.endEditing(true)

  if emailTxt.text!.isEmpty {
     let alert = UIAlertController(title: "请注意", message: "电子邮件不能为空", preferredStyle: .alert)
     let ok = UIAlertAction(title: "OK", style: .cancel, handler: nil)
     alert.addAction(ok)
     self.present(alert, animated: true, completion: nil)

     return
  }
}
```

上面的代码首先取消视图的编辑状态，然后判断 Text Field 是否为空，为空的话弹出警告对话框，并退出该方法。

步骤 3 在 resetBtn_clicked(_:) 方法中，继续添加下面的代码到 if 语句的后面：

```
AVUser.requestPasswordResetForEmail(inBackground: emailTxt.text) { (success: Bool, error:Error?) in
    if success {
       let alert = UIAlertController(title: "请注意", message: "重置密码连接已经发送到您的电子邮件！", preferredStyle: .alert)
       let ok = UIAlertAction(title: "OK", style: .default, handler: { (_) in
         self.dismiss(animated: true, completion: nil) })
       alert.addAction(ok)
       self.present(alert, animated: true, completion: nil)
    }else {
       print(error?.localizedDescription)
    }
}
```

在上面的代码中通过 AVUser 的 requestPasswordResetForEmail(inBackground: block:) 方法向 LeanCloud 云端发送密码重置请求，当云端处理完成以后会通过闭包反馈回来。该闭包有两个参数，success 代表重置连接是否成功发送到填写的电子邮箱，error 封装了错误信息。

如果重置连接发送成功，则会通过警告对话框显示一条消息，提示用户到邮箱中去修改密码。在初始化 UIAlertAction 类的时候，我们将 style 设置为 Default 风格，并且使用了闭包。意思是当用户单击警告对话框中的 OK 按钮以后，关闭当前的 ResetPasswordVC 控制器，回到之前的控制器。

构建并运行项目，在密码重置页面输入注册用户时的电子邮箱地址，再单击密码重置按钮，如果正确无误就会弹出警告对话框，如图 8-6 所示。

此时，我们可以登录到邮箱，查看密码重置的连接，如图 8-7 所示。

图 8-6　测试密码重置功能

单击连接以后就直接进入到密码重置页面，如图 8-8 所示。

图 8-7　接收密码重置邮件

图 8-8　在浏览器中单击连接后看到的页面

本章小结

本章我们借助 AVUser 类的 requestPasswordResetForEmail(inBackground: block:) 方法重置用户的密码，该方式是通过向 Email 发送地址链接来修改用户密码的。

第 9 章　Chapter 9

调整注册和登录界面的布局

通过前面的实战练习，我们已经搭建好用户注册、登录和密码重置功能的页面以及实现了相关的逻辑代码。虽然，目前这个项目在模拟器中可以运行，但如果你更换另外一种 iOS 设备在模拟器中运行的话，就会发现此时的界面布局是存在问题的。

9.1　通过 Size Classes 查看界面布局在不同设备上的效果

如果你有过 Xcode 7 开发经验的话，就会清楚当时的 Size Classes 特性是通过九宫格来设置的，不同的格子选择会包含不同的设备。

Size Classes 在 Xcode 8 中可以说是焕然一新。在故事板中我们只需单击左下角的 View as：XXX 设备，就可以打开设备选择和方向选择面板，从中选取不同尺寸的屏幕。这些屏幕尺寸包括：4 英寸、4.7 英寸、5 英寸与 5.5 英寸的 iPhone 以及 9.7 英寸与 12.9 英寸的 iPad，除此以外还有设备屏幕的方向，如图 9-1 所示。另外需要大家注意的是：在这些设备中并没有 iPad mini 设备，它应该被划归在了 9.7 英寸的 iPad 设备中。

如果此时，我们将 Size Classes 设备选为 iPhone SE 的话（项目开始的时候我设置的默

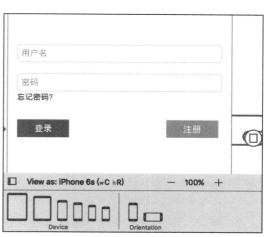

图 9-1　故事板中开启 Size Classes 面板

认设备是 iPhone 6），就会看到屏幕尺寸变小，但是视图中的 UI 元素并没有相应的发生变化，因此导致界面布局的问题，如图 9-2 所示。

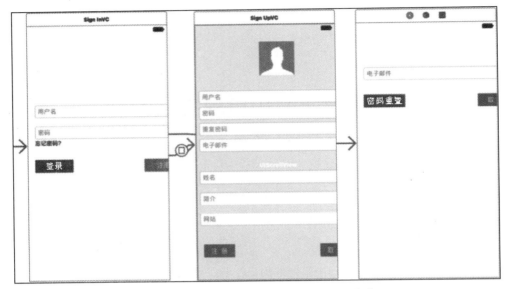

图 9-2　选择不同设备后视图大小发生的变化

如何处理这个棘手的问题呢？解决方案有两种：一是通过代码的方式，在各个控制器的类中编写布局代码设置每个 UI 元素的位置与大小；二是通过自动布局约束，在故事板中完成对 UI 元素的位置与大小的约束设置。前者的好处在于对故事板的操作少，在视图中 UI 元素比较少的情况下适用。后者的好处是可以进行复杂的布局约束，甚至可以根据不同设备不同方向进行个性化的布局约束——如果是同样的复杂效果，利用代码实现的话有可能会有上千行的代码量。

这里我们选择第一种方式，当然，随着后面不断深入实践，也会接触到自动布局。

9.2　对登录界面布局

步骤 1　在故事板中向注册视图添加一个 Label 控件，在 Size Inspector 中将其高度设置为 50。在 Attributes Inspector 中设置字号为 25，Text 为 Instagram，对齐方式为居中，如图 9-3 所示。

图 9-3　设置 Label 的属性

步骤 2　将 Xcode 切换为助手编辑器模式，为这个 Label 添加 Outlet 关联，Name 设置为 label 即可。

步骤 3 在项目导航中打开 SignInVC.swift 文件，在 viewDidLoad() 方法中添加下面的代码：

```
override func viewDidLoad() {
  super.viewDidLoad()

  label.frame = CGRect(x: 10, y: 80, width: self.view.frame.width - 20, height: 50)

  usernameTxt.frame = CGRect(x: 10, y: label.frame.origin.y + 70, width: self.view.frame.width - 20, height: 30)
  passwordTxt.frame = CGRect(x: 10, y: usernameTxt.frame.origin.y + 40, width: self.view.frame.width - 20, height: 30)
}
```

在该方法中，将 UI 元素按照从上至下的顺序依次编写布局代码。第一个是 label，通过 CGRect 结构，将它的位置设置为离屏幕左上角（10，80）点——在 2xRetina 屏设备上是（20，160）像素。只有在 iPhone Plus 系列是 3xRetina 屏幕，也就是（30，240）像素。label 的宽度是屏幕视图宽度减 20 点，因为 label 离屏幕左侧边缘有 10 点的距离，所以这里要减去 20 点，以保证 label 与右侧边缘有 10 点的距离。

以此类推，usernameTxt 的位置在 y 方向上是 label 的原始 y 加上 70 点，label 的 origin.y 是它在 y 方向上顶部的位置，通过高度设置（label 的高度是 50 点）我们可以推算出 label 的底部与 usernameTxt 的顶部有 20 点的距离。passwordTxt 的设置类似。

步骤 4 在 passwordTxt.frame 代码的下方继续添加对按钮的设置：

```
forgotBtn.frame = CGRect(x: 10, y: passwordTxt.frame.origin.y + 30, width: self.view.frame.width - 20, height: 30)

signInBtn.frame = CGRect(x: 20, y: forgotBtn.frame.origin.y + 40, width: self.view.frame.width / 4, height: 30)

signUpBtn.frame = CGRect(x: self.view.frame.width - signInBtn.frame.width - 20, y: signInBtn.frame.origin.y, width: signInBtn.frame.width, height: 30)
```

forgotBtn 在 y 方向上紧贴着 passwordTxt，所以它的 y 参数是 passwordTxt.frame.origin.y + 30。signInBtn 的 x 是 20 点，而将它的宽度设置为屏幕宽度的四分之一。这样的话，在任何屏幕上都会显示一个合适的按钮宽度。signUpBtn 位于 signInBtn 的右侧，y 位置与之前定义的 signInBtn 的 y 相同，所以使用 signInBtn.frame.origin.y 表示。宽度也使用了 signInBtn 的宽度。但是 x 位置稍微复杂了一点，signUpBtn 的 x 位置是：

屏幕宽度 –20（按钮右边与屏幕右边缘的距离）–signInBtn 的宽度。

最后减去的 signInBtn 的宽度实际就是减去按钮的宽度，因为两个按钮宽度一样，并且 signInBtn 是在之前定义好的。

构建并运行项目，我们可以选择不同的设备进行模拟，效果如图 9-4 所示。

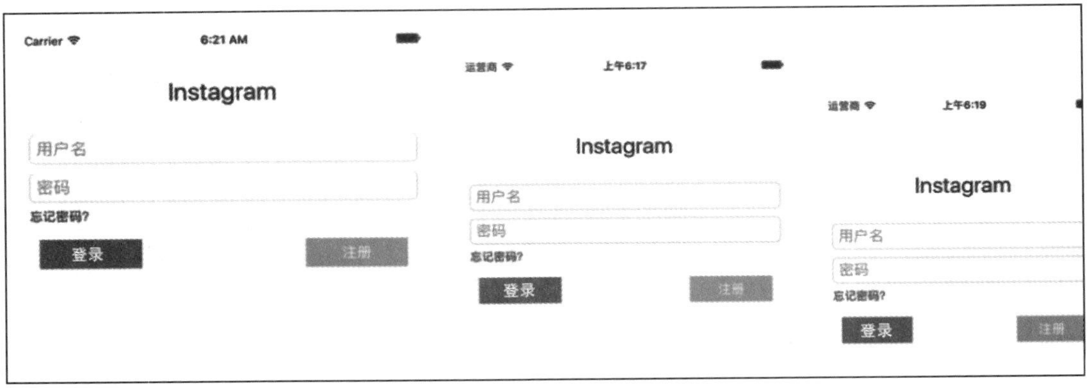

图 9-4　不同设备上的运行效果

9.3　对注册界面布局

步骤 1　与对登录界面的布局方式一样，在项目导航中打开 SignUpVC 类，在 viewDidLoad() 方法的最后添加下面的布局代码：

```
// UI 元素布局
    avaImg.frame = CGRect(x: self.view.frame.width / 2 - 40, y: 40, width: 80, height: 80)
```

用户头像的 Image View 应该位于屏幕水平中间的位置，所以这里将 x 的值设置为 View 宽度的一半，但是这样还不够，因为现在的中间是与 Image View 的左边缘对齐的，所以还要减去 Image View 宽度的一半，它的宽度是 80（参数 width 定义），所以要减去 40。

构建并运行项目，在各个设备中 Image View 的位置是距离顶部 40，水平中间的位置，如图 9-5 所示。

接下来继续对 Text Field 进行布局。

步骤 2　接着添加下面的代码：

```
    let viewWidth = self.view.frame.width
    usernameTxt.frame = CGRect(x: 10, y: avaImg.frame.origin.y + 90, width: viewWidth - 20, height: 30)
    passwordTxt.frame = CGRect(x: 10, y: usernameTxt.frame.origin.y + 40, width: viewWidth - 20, height: 30)
    repeatPasswordTxt.frame = CGRect(x: 10, y: passwordTxt.frame.origin.y + 40, width: viewWidth - 20, height: 30)
```

因为在布局中经常要用到屏幕的宽度，所以这里创建了一个常量 viewWidth 来存储屏幕的宽度值。

步骤 3　继续添加下面的代码：

```
    emailTxt.frame = CGRect(x: 10, y: repeatPasswordTxt.frame.origin.y + 60, width: viewWidth - 20, height: 30)
```

```
    fullnameTxt.frame = CGRect(x: 10, y: emailTxt.frame.origin.y + 40, width:
viewWidth - 20, height: 30)

    bioTxt.frame = CGRect(x: 10, y: fullnameTxt.frame.origin.y + 40, width:
viewWidth - 20, height: 30)

    webTxt.frame = CGRect(x: 10, y: bioTxt.frame.origin.y + 40, width: viewWidth -
20, height: 30)
```

在这段代码中，我们一共设置了 4 个 Text Field 的位置和大小，其中只有 emailTxt 的 y 值是上一个 TextField 的 y 值加 60，其他都是加 40。因为我们要从 emailTxt 开始划分一个相对完整的部分。

步骤 4 继续添加下面的代码：

```
    signUpBtn.frame = CGRect(x: 20, y: webTxt.frame.origin.y + 50, width: viewWidth / 4,
height: 30)

    cancelBtn.frame = CGRect(x: viewWidth - viewWidth / 4 - 20, y: signUpBtn.frame.
origin.y, width: viewWidth / 4, height: 30)
```

需要说明的是，cancelBtn 的 x 值等于：屏幕宽度 – 按钮的宽度 –20，其实也可以写成 viewWidth/4*3–20，但是这样的可读性会差些。

步骤 5 修改 cancelBtn_clicked(_:) 方法为下面这样：

```
// 取消按钮被单击
@IBAction func cancelBtn_click(_ sender: AnyObject) {
    // 在单击取消按钮的时候隐藏键盘
    self.view.endEditing(true)
    self.dismiss(animated: true, completion: nil)
}
```

这样做是为了保证在用户单击取消按钮以后，虚拟键盘可以马上消失。

构建并运行项目，注册页面的 UI 元素在任何设备上都完美显示，如图 9-6 所示。

图 9-5　定义头像视图的位置和大小 　　　　　图 9-6　注册页面的 UI 布局

9.4 对密码重置界面布局

最后，我们还需要对 ResetPasswordVC 的视图进行布局。

步骤 1 在项目导航中打开 ResetPasswordVC.swift 文件，在 viewDidLoad() 方法中添加如下代码：

```
//UI 元素布局
emailTxt.frame = CGRect(x: 10, y: 120, width: self.view.frame.width, height: 30)

resetBtn.frame = CGRect(x: 20, y: emailTxt.frame.origin.y + 50, width: self.view.frame.width / 4, height: 30)
cancelBtn.frame = CGRect(x: self.view.frame.width / 4 * 3 - 20, y: resetBtn.frame.origin.y, width: self.view.frame.width / 4, height: 30)
```

步骤 2 在 cancelBtn_click(_:) 方法中，将代码修改为如下所示：

```
@IBAction func cancelBtn_click(_ sender: AnyObject) {
  self.view.endEditing(true)
  self.dismiss(animated: true, completion: nil)
}
```

在 viewDidLoad() 方法底部，为控制器视图添加单击的手势识别，用来隐藏虚拟键盘。

步骤 3 在 viewDidLoad() 底部添加下面的代码：

```
// 隐藏虚拟键盘的单击手势
let hideTap = UITapGestureRecognizer(target: self, action: #selector(hideKeyboard))
hideTap.numberOfTapsRequired = 1
self.view.isUserInteractionEnabled = true
self.view.addGestureRecognizer(hideTap)
```

步骤 4 添加一个新的方法 hideKeyboard(_:)。

```
func hideKeyboard(recognizer: UITapGestureRecognizer) {
  self.view.endEditing(true)
}
```

构建并运行项目，效果如图 9-7 所示。

图 9-7 密码重置的 UI 布局

本章小结

本章我们通过代码的方法确定注册、登录和密码重置页面中所有 UI 控件元素的位置和大小。除了确定固定值以外，我们还利用屏幕的宽度动态设置了按钮的宽度，这就使得按钮的宽度与屏幕的宽度成正比，屏幕越大，按钮就越宽。另外，在确定位置的时候还要考虑到控件与屏幕右侧边缘的空间间隔。

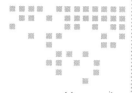

第 10 章

美化 Instagram

本章我们要美化目前所创建的 Instagram 项目，让它显得更专业、更有型。

10.1 添加字体

iOS 系统只提供基础的字体，如果想要使用个性化字体，则需要将其添加到项目中并进行相应的配置。

步骤 1 在百度中搜索 Pacifico 字体，或直接在浏览器中输入 http://zh.fonts2u.com/pacifico 进行下载。将下载的文件解压缩后得到 Pacifico.ttf 字体文件。

步骤 2 将 Pacifico.ttf 文件直接拖曳到项目之中，在弹出的文件选项面板中确定勾选 Copy items if needed 和 Add to targets 的 Instagram，如图 10-1 所示。

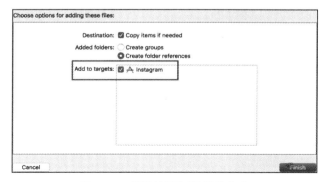

图 10-1　将字体添加到项目之中

在添加字体到项目之后，可以直接单击该文件查看字体的效果。

步骤 3　在项目导航中打开 info.plist 文件，添加一行新的选项 Key 为 Fonts provided by application，Array 类型。因为是 Array 类型，所以会有 Item 0 的子项目，设置它的值为添加到项目的字体文件名称 Pacifico.ttf，如图 10-2 所示。

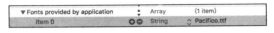

图 10-2　为 info.plist 添加字体相关条目

步骤 4　在项目导航中打开 SignInVC.swift 文件，在 viewDidLoad() 方法中添加下面的代码：

```
override func viewDidLoad() {
  super.viewDidLoad()

  // label 的字体设置
  label.font = UIFont(name: "Pacifico", size: 25)
```

构建并运行项目，效果如图 10-3 所示。

10.2　设置各功能视图的背景图

图 10-3　label 使用 Pacific 字体的效果

接下来，要为登录、注册和密码重置 3 个功能视图设置背景图。

步骤 1　百度中搜索图片，内容为：背景图 1136 640，在众多的图片中选择一张你认为合适的图片，将其下载到本地磁盘，如图 10-4 所示。

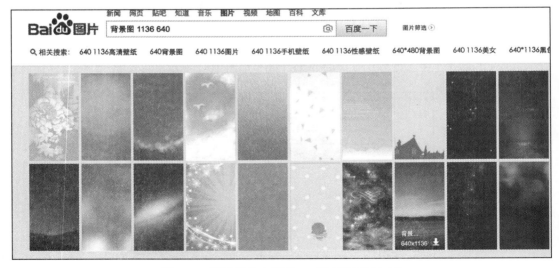

图 10-4　百度图片中搜索——背景图 1136 640

因为是要作为背景图，可以适当地调暗这张背景图的明度。

步骤 2　在 Photoshop 中打开这张背景图，在菜单中选择图像→调整→色相/饱和度中将明度适当调暗，如图 10-5 所示。将调整好的背景图改名为 bg.jpg（扩展名根据图片自身的格式）。调整前后的图像对比如图 10-6 所示。

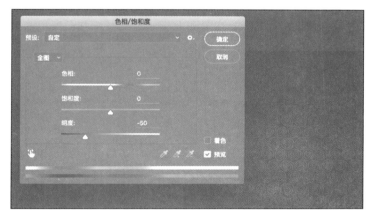

图 10-5　在 Photoshop 中设置图片的明度

图 10-6　调整图像前后的效果

步骤 3　将 bj.jpg 拖曳到项目之中，确保勾选了 Copy items if needed 和 Add to targets 里的 Instagram。

步骤 4　打开 SignInVC.swift 文件，在 viewDidLoad() 方法的最后添加如下代码：

```
// 设置背景图
```

```
    let bg = UIImageView(frame: CGRect(x: 0, y: 0, width: self.view.frame.width, height: 
self.view.frame.height))

    bg.image = UIImage(named: "bg.jpg")
    self.view.addSubview(bg)
```

我们通过编写代码的方式创建了一个 image view 对象，它的大小就是屏幕的尺寸。因为 image view 是视图类，我们需要在这个视图类上面显示背景图片，所以需要设置它的 image 属性为 UIImage 类型的对象。最后，通过 addSubview() 方法将 image view 添加到当前控制器的视图之中。

构建并运行项目，背景图已经载入到视图之中，只不过现在它遮盖住了屏幕上其他的 UI 元素，如图 10-7 所示。

步骤 5　在 addSubview() 方法的上面添加一行代码：

```
    bg.layer.zPosition = -1
    self.view.addSubview(bg)
```

在 UIView 的 layer 中有一个 zPosition 属性，通过它可以设置视图元素在父视图中的层次位置，–1 代表位于最底层。

构建并运行项目，效果如图 10-8 所示。

图 10-7　运行项目后的效果　　　　　　图 10-8　调整 zPosition 后的效果

接下来，我们还需要调整 Instagram 标题和忘记密码按钮的文字颜色，将它修改为白色，这样和背景图就显得和谐了。

步骤 6 在故事板中分别将 Instagram Label 和忘记密码的 Button 的文字颜色设置为 White Color。将 Instagram Label 中的文字全部改为大写，这样显得更加美观，如图 10-9 所示。

继续调整另外两个视图的背景。

步骤 7 在项目导航中打开 SignUpVC.swift 文件，同样是在 viewDidLoad() 方法的底部添加如下代码：

```
//设置背景图
    let bg = UIImageView(frame: CGRect(x: 0, y: 0, width: self.view.frame.width, height: self.view.frame.height))
    
    bg.image = UIImage(named: "bg.jpg")
    bg.layer.zPosition = -1
    self.view.addSubview(bg)
```

可以直接复制之前的背景图设置代码。

步骤 8 以此类推，使用同样的方法在 ResetPasswordVC 的 viewDidLoad() 方法中添加同样的代码，两个视图的最终效果如图 10-10 所示。

图 10-9 调整 Label 的外观属性

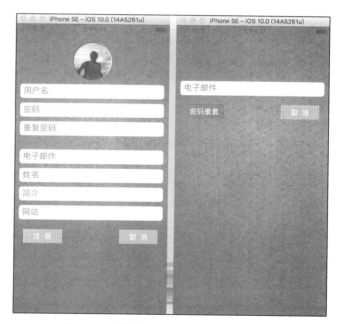

图 10-10 设置 ResetPasswordVC 的外观

10.3 注册用户的邮箱校验

在本章的最后，向大家介绍下 LeanCloud 云端的邮箱校验功能。

打开 LeanCloud 的控制台，在 Instagram 应用的应用选项中可以看到用户账号的相关设置，如图 10-11 所示。

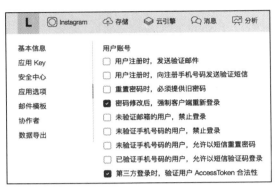

图 10-11　Instagram 应用中的应用选项

如果有需要，我们可以选择用户注册时，发送验证邮件。这样的话，LeanCloud 可以帮助你方便地完成邮箱校验功能。

打开邮件模板来自定义验证邮件的内容，如图 10-12 所示，我们可以根据实际情况进行修改。

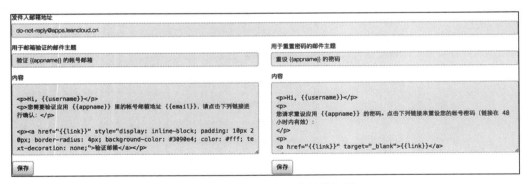

图 10-12　Instagram 应用中的模板设置

本章小结

本章我们通过编写代码的方式为登录页面的 Label 控件设置了字体和字号，借助百度从互联网中下载了适合的图片作为 Instagram 应用程序页面视图的背景。注意，在设置背景图的时候适当调暗图片的亮度，便于突出文字效果。

第二部分 Part 2

- 第 11 章　创建 Home Page 用户界面
- 第 12 章　从云端读取当前用户信息
- 第 13 章　在个人主页中显示帖子信息
- 第 14 章　获取用户的帖子及关注数
- 第 15 章　与统计数据之间的交互
- 第 16 章　从云端载入关注人员信息
- 第 17 章　创建访客的相关功能
- 第 18 章　设置访客页面的布局

Chapter 11 第 11 章

创建 Home Page 用户界面

当用户成功登录以后,就会进入到 Tab Bar Controller 控制器。目前,在该控制器中只有一个 UIViewController 类型的控制器,并且还没有搭建用户界面。最终,我们要制作一个类似如图 11-1 所示的用户界面。为了满足展示大量照片的需求,显然我们需要使用一种全新的视图控制器类来支持,这就是集合视图控制器(UICollectionViewController)。

11.1 在故事板中搭建集合视图

步骤 1 在项目导航中打开故事板,删除与 Tab Bar Controller 关联的唯一一个 View Controller,然后从对象库中拖曳一个 Collection View Controller(集合视图控制器)到 Tab Bar Controller 的右侧,如图 11-2 所示。

相信大家对表格视图都非常了解,邮件、通讯录和设置应用都使用了表格视图(Table View)。但表格视图中的每一行只能显示一个单元格(Cell),因此会有一定的局限性。在 iOS 的照片应用中,每一行都会显示多张照片,这就用到了集合视图(Collection View),但它绝不仅限于显示类似表格或网格的布局,它具有高度的可定制特性。可以使用 Circle、Cover-Flow、Pulse news 等

图 11-1 利用集合视图控制器呈现用户个人信息

布局，甚至是任何你能想到的布局。

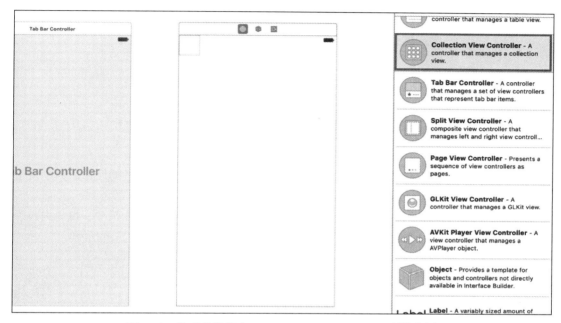

图 11-2　从对象库拖曳 Collection View Controller 到故事板

通过观察图 11-1 的集合视图，在照片集合列表的上方显示着用户名、个人头像和相关数据等信息，这部分并不属于集合视图的单元格（Collection Cell）范畴，而是集合视图的每个 Section 的头部分（Header）。

步骤 2　在大纲视图中选择 Collection View Controller 中的集合视图标签，在 Attributes Inspector 中勾选 Section Header，如图 11-3 所示。接着，将 Header 的高度调整为 240。

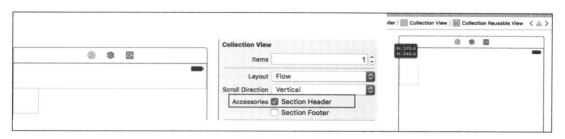

图 11-3　在集合视图中创建 Header 部分

步骤 3　在 Header 部分，从对象库中拖曳一个 Image View。在 Size Inspector 中设置 X 和 Y 为 20，Width 和 Height 为 80，如图 11-4 所示。在 Attributes Inspector 中将 Image 设置为 pp.jpg。

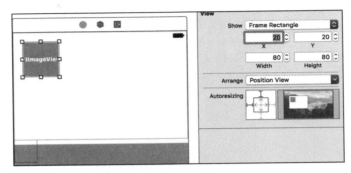

图 11-4 在 Header 中添加 Image View

步骤 4 将一个 Label 拖曳到 Image View 的下面,设置其长度到合适的尺寸,为了便于区分,将 Label 的内容设置为用户名称,如图 11-5 所示。

步骤 5 将一个 Text View 拖曳到 Label 的下面,设置其长宽到合适的尺寸,填写内容为你自己的主页地址,我们将利用 Text View 显示个人主页链接地址,如图 11-6 所示。

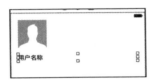   

图 11-5 在 Header 中添加 Label   图 11-6 在 Header 中添加 Text View

> **提示** 使用 Label 同样可以显示个人主页地址链接,但是在 Text View 中,可以对网址链接进行格式识别。

步骤 6 复制用户名称的 Label 到 Text View 的下面,拖曳其长宽到合适的位置,在 Attributes Inspector 中将 Lines 设置为 0,如图 11-7 所示。

将 Label 的 Lines 属性设置为 0,允许 Label 可以显示任意行数的文字内容。如果设置为大于 0 的数,则只能显示指定的行数。

步骤 7 添加 3 个 Label 到 Image View 的右侧,文字居中,宽度和位置如图 11-8 所示。

   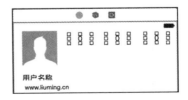

图 11-7 在 Header 中添加另一个 Label   图 11-8 在 Header 中添加 3 个 Label

步骤 8 再添加 3 个 Label 到刚才 3 个 Label 的下面,文字居中,字号 12。分别设置内容为：帖子、关注者、关注，如图 11-9 所示。

在步骤 7、8 中所添加的 6 个 Label 用于显示当前用户一共发了多少张照片（帖子），有多少位关注我的人（粉丝）和有多少位我关注的人（关注）。

步骤 9 添加 1 个 Button 到 Label 的下面，调整好大小和位置以后，在 Size Inspector 中将 Height 设置为 25，在 Attributes Inspector 中将 Text Color 和 Shadow Color 设置为 Black Color，字号 13，Background Color 设置为 Group Table View Background Color，Title 设置为编辑个人主页，如图 11-10 所示。。

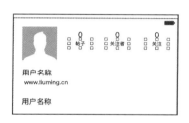

图 11-9　在 Header 中添加 3 个 Label

图 11-10　在 Header 中添加 Button

> **提示**　如果在设置用户界面的时候发现 Text View 与上面 Label 发生相互遮盖的情况，则可以将 Text View 的背景色设置为空（Clear Color）。

11.2　为集合视图创建代码类

在搭建好集合视图中 Header 部分的用户界面以后，接下来我们要在项目中添加相应的代码类文件。

步骤 1　在 Instagram 组（黄色文件夹）中添加新的文件，从新文件模板中选择 iOS → Source → Cocoa Touch Class，Subclass of 设置为 UICollectionViewController，Class 设置为 HomeVC，Language 确保为 Swift。

步骤 2　重复步骤 1 的操作添加一个新的类文件，Subclass of 设置为 UICollection-ReusableView，Class 设置为 HeaderView，Language 确保为 Swift。

现在，已经为项目添加了两个新的类文件，第一个类文件与故事板中的集合控制器相关联，第二个类文件则与集合视图中的 Header 视图相关联。

UICollectionReusableView 类为集合视图提供了补充视图（Header View 或 Footer View）的行为定义。从它的命名我们可以知道，可复用视图（Reusable View）是被放置在了集合视图的可复用队列中，它并不会在 Header View 被用户移出手机屏幕范围以外后就被立即删除，而是放在了集合视图的可复用队列中。之所以这样做，完全是出于性能的考虑。因为我们可以通过检索，重新启用它来显示内容不同而外形一样的内容。

步骤 3 回到故事板，选中 Collection View Controller，在 Identity Inspector 中将 Class 设置为 HomeVC。然后从大纲视图中选择 Collection Reusable View，将它的 Class 设置为 Header View，如图 11-11 所示。

图 11-11 设置 Header View 的类文件

步骤 4 保持故事板中选中 Collection Reusable View 的状态，在 Attributes Inspector 中将 Identifier 设置为 Header。

这样做的目的是，当在代码中载入故事板中的控制器或视图的时候，以此作为标识。

11.3 添加 Outlet 和 Action

接下来，我们需要为 Collection Reusable View 添加 Outlet 和 Action。

将 Xcode 切换到助手编辑器模式，确定下面的窗口打开的是 Header View.swift 文件。为 Collection Reusable View 中的 UI 元素添加下面的 Outlet 属性，如图 11-12 所示。

```
class HeaderView: UICollectionReusableView {
    @IBOutlet weak var avaImg: UIImageView!        //用户头像
    @IBOutlet weak var fullnameLbl: UILabel!       //用户名称
    @IBOutlet weak var webTxt: UITextView!         //个人主页地址
    @IBOutlet weak var bioLbl: UILabel!            //个人简介

    @IBOutlet weak var posts: UILabel!             //帖子数
    @IBOutlet weak var followers: UILabel!         //关注者数
    @IBOutlet weak var followings: UILabel!        //关注数

    @IBOutlet weak var postTitle: UILabel!         //帖子的 Label
    @IBOutlet weak var followersTitle: UILabel!    //关注者的 Label
    @IBOutlet weak var followingsTitle: UILabel!   //关注的 Label
```

```
    @IBOutlet weak var button: UIButton!           // 编辑个人主页按钮
}
```

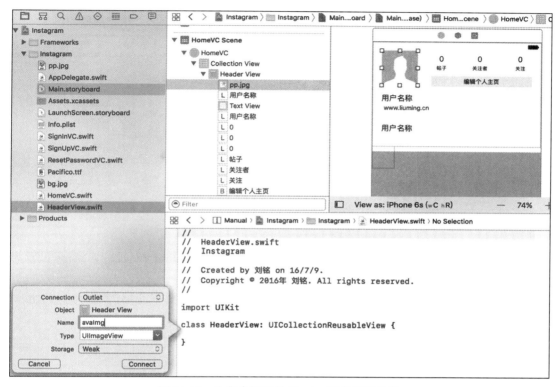

图 11-12　为集合视图的 Header 部分创建关联

> **提示** 如果底部窗口没有切换到 HeaderView.swift，可以手动选择该文件，或者在项目导航中按住 option 键后再单击相应文件，便会在底部窗口打开相应文件。

可能此时你会有这样的想法：明明是在集合视图中创建的 Label、Image View 和 Text View，为什么不在 HomeVC（继承于 UICollectionViewController）类中创建这些 Outlet 关联呢？因为在本章我们是将这些 UI 元素放在了集合视图的 Header 部分，并且为它设置了相应的 HeaderView（继承于 UICollectionReusableView）类，所以要在这里建立 Outlet 关联。

11.4　调整集合单元格

在本章我们已经调整了集合视图和可复用视图，接下来还要调整集合视图单元格（Collection View Cell）。

步骤 1 在故事板中选中集合视图，然后在 Size Inspector 中将单元格的大小设置为 106×106，如图 11-13 所示。

图 11-13 设置集合单元格的大小

步骤 2 创建一个新的类文件，Subclass of 设置为 UICollectionViewCell，Name 设置为 PictureCell。

步骤 3 回到故事板，在 Identity Inspector 中设置集合视图单元格的 Class 为 PictureCell，如图 11-14 所示。在 Attributes Inspector 中将 Identifier 设置为 Cell。

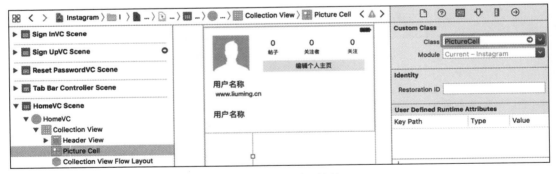

图 11-14 设置集合单元格的 Class

步骤 4 从对象库中拖曳 Image View 到集合视图的单元格中，在 Size Inspector 中将 X 和 Y 设置为 0，Width 和 Height 设置为 106，使 Image View 充满整个单元格。

步骤 5 将 Xcode 切换到助手编辑器模式，在 PictureCell 类中创建与故事板中 Image View 的 Outlet 关联，Name 设置为 picImg。

```
class PictureCell: UICollectionViewCell {
    @IBOutlet weak var picImg: UIImageView!
}
```

本章小结

本章我们创建了全新的视图控制器——集合视图控制器，它与表格视图控制器最大的区别就是它可以在一行中显示多个单元格，而表格视图在一行之中只能显示一个单元格。集合视图与表格视图的实现非常类似，它们都继承于 Scroll View。

我们在集合视图中还定义了可复用视图，利用该视图可以定义集合视图中每个部分（Section）的头部空间视图（Header View）或者是尾部空间视图（Footer View），这是一种非常常用的做法。

Chapter 12 第 12 章

从云端读取当前用户信息

当我们创建好个人主页界面以后就可以从 LeanCloud 云端读取相关数据了，然后再将其呈现到相应的 UI 元素中。但在此之前，我们需要先创建关联。

12.1 创建个人主页与标签控制器的关联

最终的 Instagram 应用将包含多个功能，而个人主页只是其中的一项，所以需要使用标签控制器进行管理。如果你仔细观察会发现个人主页控制器是包含在导航控制器之中的，如图 12-1 所示。因此这些控制器的层级关系是：标签控制器包含导航控制器，导航控制器包含 HomeVC 控制器。

步骤 1 在故事板中选中 HomeVC，在 Xcode 菜单中选择 Editor → Embed In → Navigation Controller，此时 HomeVC 出现了导航栏。

步骤 2 在标签控制器上按住 control 键，拖曳鼠标到新创建的导航控制器上，快捷菜单中选择 Relationship Segue 中的 view controllers，当关联创建完成以后，导航控制器将作为标签控制器的子视图，如图 12-2 所示。

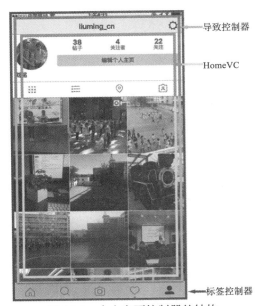

图 12-1 个人主页控制器的结构

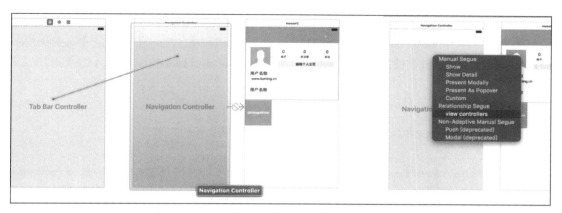

图 12-2　为标签控制器与导航控制器建立联系

步骤 3　选中 HomeVC 控制器，在 Identity Inspector 中将 Storyboard ID 设置为 HomeVC。其实，在很多应用程序中我们都会看到标签控制器和导航控制器的组合。最著名的要数微信，它的标签控制器中包含四个子控制器，每个子控制器都是以导航控制器开始的。另外，新浪微博和 iOS 的电话应用都是这样的。一般情况下，我们都是在标签控制器中关联导航控制器，很少将它们反过来。在导航控制器的控制器堆栈中插入一个标签控制器似乎显得有些别扭。

12.2　修改 HomeVC 的代码

接下来，我们需要对 HomeVC 的代码进行修改，利用集合视图相关的委托协议在 Header 部分中显示用户数据。

在当前的 HomeVC 类的声明中，我们并没有发现集合视图委托协议（UICollectionViewDelegate 和 UICollectionViewDataSource），这是因为 HomeVC 直接继承于 UICollectionViewController，在其父类的声明中已经完成了这步操作。在 HomeVC 中按住 command 键后单击 HomeVC 声明时所继承的 UICollectionViewController 类，此时编辑窗口会跳转到 UICollectionViewController 的声明文件：

```
public class UICollectionViewController : UIViewController, UICollectionViewDelegate, UICollectionViewDataSource {
    ……
}
```

与表格的相关协议类似，UICollectionViewDelegate 协议定义的方法允许我们去管理集合视图的交互选择和高亮，以及实现单元格在交互单击后的动作，这个协议中的方法都是可选的。另外，凡是符合 UICollectionViewDataSource 协议的对象（例如 HomeVC 类），必须为集合视图提供必要的数据和视图。通过该协议对象（HomeVC），除了将数据模型或相关的数据提供给集合视图以外,它还要负责创建和配置单元格以及附属视图(Header View)的数据显示。

步骤 1　在 HomeVC.swift 文件中删除 import UIKit 语句下面的私有常量 reuseIdentifier 的定义,因为之前已经在故事板中为集合视图的单元格定义了 Identifier 属性为 Cell。

```
import UIKit
private let reuseIdentifier = "Cell"
```

步骤 2　删除 viewDidLoad() 方法中对单元格注册的方法:

```
// Register cell classes
self.collectionView!.register(UICollectionViewCell.self, forCellWithReuseIdentifier: reuseIdentifier)
```

实际上,该方法会为在集合视图中所创建的新的单元格注册一个类。在调用 dequeueReusableCell(withReuseIdentifier:for:) 方法获取可复用单元格之前我们必须先执行它。或者直接使用 register(_:forCellWithReuseIdentifier:) 方法创建一个新的单元格类,如果当前指定的单元格类型没有在可复用队列中,则会自动创建一个全新的单元格对象。因为要使用后者的方法,所以在这里直接删除该方法的调用代码。

步骤 3　使用 /* */ 暂时注释掉 collectionView(_ collectionView: UICollectionView, cellForItemAt indexPath: IndexPath) 方法的全部代码。

```
/*
override func collectionView(_ collectionView: UICollectionView, cellForItemAt indexPath: IndexPath) -> UICollectionViewCell {
    let cell = collectionView.dequeueReusableCell(withReuseIdentifier: reuseIdentifier, for: indexPath)

    // Configure the cell
    return cell
}
*/
```

该方法是 UICollectionViewDataSource 协议所定义的方法,用于为集合提供指定的单元格对象。本章我们的任务是完成附属视图(Header View)中数据的显示,所以暂时将该方法注释掉。

步骤 4　在 HomeVC 类中添加新的方法 collectionView(_:, viewForSupplementaryElementOfKind:, at:),并实现下面的代码:

```
override func collectionView(_ collectionView: UICollectionView, viewForSupplementaryElementOfKind kind: String, at indexPath: IndexPath) -> UICollectionReusableView {
    
    let header = self.collectionView?.dequeueReusableSupplementaryView(ofKind: UICollectionElementKindSectionHeader, withReuseIdentifier: "Header", for: indexPath) as! HeaderView
    
}
```

当集合视图需要在屏幕上显示附属视图的时候会调用该方法，向 HomeVC 对象索要相关的视图对象。在上面的方法中，通过集合视图的 dequeueReusableSupplementaryView() 方法，从可复用队列中索要参数 withReuseIdentifier 指定的视图对象，这个 Identifier 就是之前章节中，我们在故事板中为 Header View 定义的 Identifier，如图 12-3 所示。

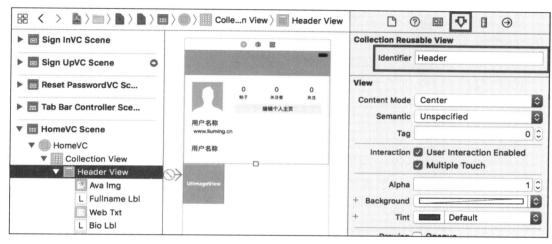

图 12-3　在故事板中定义的 Header View 的 Identifier

接下来，我们需要将当前用户的信息显示到附属视图中。

步骤 5　在之前添加的 collectionView(_:, viewForSupplementaryElementOfKind:, at:) 方法中，添加下面的代码：

```
header.fullnameLbl.text = (AVUser.current().object(forKey: "fullname") as? String)?.uppercased()
header.webTxt.text = AVUser.current().object(forKey: "web") as? String
header.webTxt.sizeToFit()
header.bioLbl.text = AVUser.current().object(forKey: "bio") as? String
header.bioLbl.sizeToFit()
```

在这段代码中，以 fullnameLbl 为例，我们先通过 AVUser 类获取到当前用户的信息，然后再通过 object(forkey:) 方法获取用户 fullname 字段的信息，fullname 字段的信息是我们在用户注册的时候填写的。

因为以字典的 Key 方式获取到的数据是可选类型，所以获取到的这个数据是可选类型。因为通过 object(forkey:) 方法得到的是 Any 类型的数据，所以需要使用 as? 将其转换到 String 类型。因为转换成 String 类型后依然是可选类型，所以在将其转换成大写的时候依然需要使用 ? 作为后缀。

sizeToFit() 方法的用途是调整视图的大小，让它正好包裹住所显示的文字内容。

步骤 6　在之前的代码下面继续添加用户头像的相关代码：

```
    let avaQuery = AVUser.current().object(forKey: "ava") as! AVFile
    avaQuery.getDataInBackground { (data:Data?, error:Error?) in
      header.avaImg.image = UIImage(data: data!)
    }
    
    return header
```

继续通过 object(forKey:) 方法获取 LeanCloud 云端 ava 字段的数据，之前在注册时 ava 字段存储的是 AVFile 类型的数据，因此在获取的时候也要将其转换为 AVFile 类型。

当我们获取到 AVFile 类型的数据后并不能将它直接作为文件使用，而是需要执行一段闭包代码。通过 AVFile 类的 getDataInBackground(_:) 方法在后台线程中从 LeanCloud 云端下载数据，当下载完成以后会执行一个闭包，它包含两个参数：data 是下载的数据，error 是当发生错误时所存储的错误信息。

构建并运行项目，按照正常的逻辑来说，当用户在 Instagram 中登录成功后会显示 HomeVC 的界面，即显示附属视图中的用户信息。但是想法很美好，现实却很残酷。在当前的导航控制器中我们不会看到任何内容。如果你在 collectionView(_:, viewForSupplementaryElementOfKind:, at:) 方法上添加断点的话，就会发现程序根本不会调用该方法，这是为什么呢？

问题出现在 numberOfSections(in:) 方法上，该方法会通过返回值告诉集合视图需要多少个部分。因为每个部分都包含 Header、Footer 和单元格列表。当它的返回值为 0 时，也就代表当前的集合视图不会显示任何内容了。因此，解决问题的办法是将返回值设置为 1，或者是直接删除 numberOfSections(in:) 方法，因为默认情况下集合视图的 Section 是 1。

步骤 7 在 HomeVC.swift 文件中直接删除 numberOfSections(in:) 方法。

再次构建并运行项目，残酷的现实又摆在我们面前，此时应用程序是崩溃的，如图 12-4 所示。

图 12-4 项目运行报错

通过观察调试控制台中的信息可以发现，苹果的 App Transport Security 特性禁止了明文 HTTP 资源下载。在 2015 年的 WWDC 大会上苹果使用了一个新特性来提高操作系统的安全性，这就是应用程序传输安全协议（App Transport Security，ATS）。

12.3 应用程序传输安全协议

ATS 的目标是提高苹果操作系统的安全性，以及在此系统上运行的任何应用程序的安全性。

基于 HTTP 传输数据的网络请求都是明文的，这明显会引起相当大的安全风险。苹果强调每个开发者都应该致力于保证客户的数据是安全的，尽管那些数据可能看起来并不是很重要或者敏感。

ATS 通过强力推行一系列最好的安全实际操作来积极地促进安全性，最重要的一个就是要求网络请求必须在一个安全的链接上传输。开启 ATS 以后，网络传输自动通过 HTTPS 传输而不是 HTTP。

有了上面的知识储备我们就明白之前应用程序为什么崩溃了，但是如何解决呢？因为不知道 LeanCloud SDK 会访问哪些域名，我们不可能指明哪些域名支持 ATS 要求且在 HTTPS 上传输。在这种情况下，除了全部撤销 ATS 没有其他办法。此外，因为 ATS 是系统默认强制执行的，所以需要显性撤销它。

在 Instagram 应用的 Info.plist 文件中，为 NSAppTransportSecurity 关键值添加一个字典（Dictionary），这个字典应该包括一个关键字——NSAllowsArbitraryLoads，以及它的值要设置为 YES。图 12-5 显示的就是 Instagram 应用的 Info.plist 文件所呈现的内容：

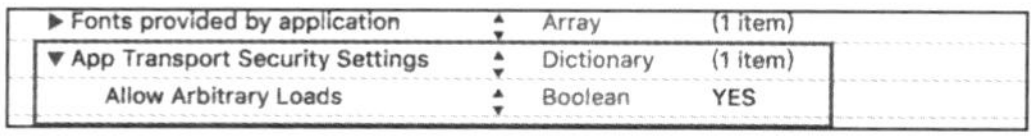

图 12-5　在 info.plist 配置文件中添加选项

最后，在故事板中将 HomeVC 的集合视图背景色设置为白色，否则整个界面会很难看。

构建并运行项目，此时 Instagram 终于在模拟器中正常显示了，如图 12-6 所示。

如果此时单击个人主页地址（webTxt），会发现它是可以编辑的，我们需要修改这个问题。

故事板中选中 webTxt，在 Attributes Inspector 中去掉勾选 Behavior 中的 Editable，并将 Data Detectors 中的 Link 勾选上，如图 12-7 所示。

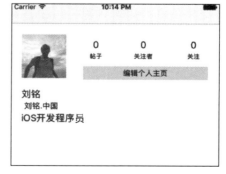

图 12-6　个人用户信息

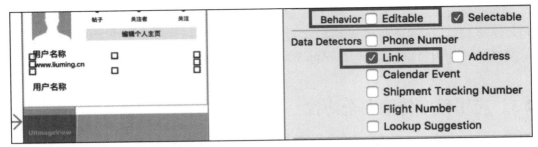

图 12-7　设置 webTxt 的 Behavior 和数据检测

12.4　设置导航栏标题

在 HomeVC 类中的 viewDidLoad() 方法里面，需要设置导航栏的标题为当前用户的用户名。

```
override func viewDidLoad() {
  super.viewDidLoad()

  //导航栏中的 Title 设置
  self.navigationItem.title = AVUser.current().username.uppercased()
}
```

这里的 UINavigationItem 对象管理着呈现在导航栏上的按钮和视图，如图 12-8 所示。在一个导航控制器的界面中，每个压入导航栈中的视图控制器都需要一个 navigation item，它包含了展示在导航栏上的按钮和视图。导航控制器利用最顶层（当前显示在屏幕上的导航栈中的控制器）的两个视图控制器的 navigation item 来提供导航栏的内容。

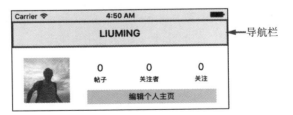

图 12-8　设置导航栏的 Title

> **提示**　为什么导航栏的内容需要最顶层的两个视图控制器的 navigation item 信息呢？因为一般在导航栏的左侧会有一个返回按钮（UIBarButtonItem 类型），在默认情况下，它会自动显示之前一个控制器的 title，如图 12-9 所示。导航栏中的隐私就是当前控制器栈中位于顶层控制器的 navigation item 的 title 信息。而它左侧的设置则是前一个控制器的 navigation item 的 title 信息。

实际上，navigationItem 是 UIViewController 的直接属性，我们可以对任何类型视图控制器设置这个属性。如果该控制器被压入到导航控制器的控制器栈中，会将 navigationItem 属性中的信息呈现到导航栏中，如果该控制器没有被压入到控制器栈中，设置它则没有任何的意义。

如果把导航控制器比作一台电视，那导航栏就相当于液晶显示屏，显示屏必然是属于电视的，所以导航栏是导航控制器的一个属性。视图控制器（UIViewController）就相当于一个个电视台（湖南卫视、浙江卫视等），而导航项（navigation item）就相当于每个电视台的台标，呈现在电视显示屏的左上角，负责让观众知道当前放的是哪个台的节目。显然，导航项应该是视图控制器的一个属性。

图 12-9　设置应用的导航栏

虽然导航栏和导航项都在做与导航相关的事情，但是它们的从属是不同的。

本章小结

本章我们从 LeanCloud 云端下载图片数据的时候遇到了苹果的 App Transport Security（ATS）策略，它是一个提升 App 网络服务连接安全性的特性，默认网络连接必须执行安全链接，运行在 iOS 9 及 OS X 10.11 以上版本。我们可以在 info.plist 配置文件中关闭安全传输特性。

第 13 章

在个人主页中显示帖子信息

要想从 LeanCloud 云端接收用户所发布的帖子并显示到集合视图中，我们首先需要在 LeanCloud 的 Instagram 应用中创建一个数据表——Posts，它负责存储用户的帖子。

如果你具有数据库（MySql、SQL Server 等）开发经验，那么对数据表以及 SQL 语句就不会陌生。因为在进行数据库相关的应用程序开发过程中，我们必须要操作数据表，并使用 SQL 语句对数据表进行增删改查的操作。当然，如果你不熟悉也没有关系，因为在 LeanCloud 中，我们所面向的数据表都是数据类，不管结果多少，属性具体含义如何，它们都可以抽象成统一的对象来处理。LeanCloud 支持存储任意类型的对象，支持对象的增、删、改、查等多种操作，并且开发者无须担心数据规模的大小和访问流量的多少，直接将 LeanCloud 云端看成是一个面向对象的海量数据库来使用即可。

13.1 在 LeanCloud 云端创建数据类

步骤 1 登录 LeanCloud 控制台，进入到 Instagram 应用，单击页面左侧数据表列表中的小齿轮图标，如图 13-1 所示，从快捷菜单中选择创建 Class。

步骤 2 将 Class 名称设置为 Posts，其他选项默认即可，单击创建 Class 按钮，如图 13-2 所示。

当创建好 Posts 类以后，可以发现它目前只包含四个字段：

❑ objectId——该数据行的唯一 Id 标识。

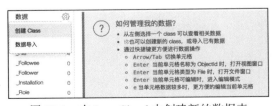

图 13-1 在 LeanCloud 中创建新的数据表

第 13 章　在个人主页中显示帖子信息　❖❖　97

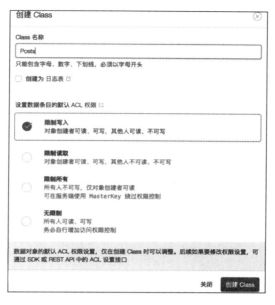

图 13-2　设置 Class 名称为 Posts

❑ ACL——访问控制列表，用于设置当前行的访问控制权限。
❑ createdAt 和 updatedAt——数据行被创建和修改的时间。
我们还需要添加更多的字段到 Posts 类中。

步骤 3　在 Posts 类中单击添加列，将列名称设置为 pic，列类型设置为 File，单击创建按钮。该字段是 AVFile 类型，用于在云端存储应用程序中的照片，如图 13-3 所示。

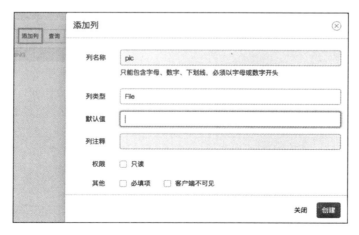

图 13-3　在 Posts 数据表中创建 AVFile 类型的 pic 字段

除了应用内数据存储之外，LeanCloud 云端也支持文件（AVFile）类数据的存储。这里的文件指的是图片、音乐、视频等常见的文件类型，以及其他任何二进制数据。因为 AVObject（数据表中的记录对象）有大小限制，所以超过 128KB 的数据不能直接存储到 AVObject 中；而且更重要的是，对于图片、音乐、视频类数据，因为它们的体积太大，为了终端用户有快捷的下载体验，都需要额外的 CDN 加速服务，这时候就需要使用特别的 AVFile 类型来存储文件。

> **提示** CDN 的全称是 Content Delivery Network，即内容分发网络。其基本思路是尽可能避开互联网上有可能影响数据传输速度和稳定性的瓶颈和环节，使内容传输得更快、更稳定。通过在网络各处放置节点服务器所构成的在现有互联网基础上的一层智能虚拟网络，CDN 系统能够实时地根据网络流量和各节点的连接、负载状况以及到用户的距离和响应时间等综合信息将用户的请求重新导向离用户最近的服务节点上。其目的是使用户可就近取得所需内容，解决 Internet 网络拥挤的状况，提高用户访问网站的响应速度。

步骤 4 继续添加列，包括：String 类型的 username，String 类型的 title，String 类型 puuid（作为帖子的唯一标识），File 类型的 ava（存储用户头像）。

大家可能会疑惑：我们已经在两个数据表（_User 和 Posts）中定义 ava 字段来存储用户头像，这样不会产生数据冗余吗？其实，不管是在哪个数据表中的 ava 字段，它里面并没有存储真正的文件，而只是文件的链接，我们根本不用关心实际文件的位置，只要通过 AVFile 类的 getDataInBackground(_:) 方法就可以获取到文件的数据。

对于数据表中的字段，它必须是由字母、数字或下划线组成的字符串；开发者自定义的键，不能以 __（双下划线）开头。字段的类型可以是字符串、数字、布尔值，或是数组和字典。在云端的内部，LeanCloud 将数据存储为 JSON 格式，因此所有能被转换成 JSON 的数据类型都可以保存在 LeanCloud 云端。总结来说，字段所允许的类型包括：String 字符串、Number 数字、Boolean 布尔类型、Array 数组、Object 对象、Date 日期、Bytes base64 编码的二进制数据、File 文件和 Null 空值。

在我们开始编写代码从云端接收帖子信息之前，还需要为 Posts 类添加一些帖子信息。

> **注意** 在编写本书时，笔者想用 uuid 作为帖子的唯一标识，虽然在 LeanCloud 云端的数据表中可以成功创建该字段，但是在执行代码的时候只要设置 uuid 字段的值，应用程序就会崩溃，可见 uuid 是 LeanCloud 数据表的保留关键字。

步骤 5 在 Posts 数据表中单击添加行创建一行数据，username 设置为 _User 表中已有的 username，title 可以设置为这是我的第一个帖子！好激动，puuid 设置为 1，单击 pic 字段的上传按钮上传一张图片，同样单击 ava 字段的上传按钮上传一张用户头像，如图 13-4 所示。

图 13-4　在 Posts 数据表中添加一行记录

13.2　编写接收数据的代码

当 LeanCloud 云端的 Posts 数据表准备好数据以后，我们就可以在 Instagram 项目中读取它们了。

步骤 1　在 HomeVC 类中添加下面几个属性。

```
class HomeVC: UICollectionViewController {

    // 刷新控件
    var refresher: UIRefreshControl!

    // 每页载入帖子（图片）的数量
    var page: Int = 12

    var puuidArray = [String]()
    var picArray = [AVFile]()
    ……
}
```

在代码中，我们定义了一个 UIRefreshControl 类型的对象 refresher，它是一个标准的刷新控件，用于在表格视图或集合视图上处理网络数据的刷新。而 page 则代表每次从云端载入的帖子数量，因为我们不可能一次载入用户所有的帖子，所以这里设置为每次显示 12 条帖子信息，设置 12 是因为在集合视图中每行呈现三个单元格。

另外，我们还创建了两个数组（puuidArray 和 picArray），它们分别存储帖子的 puuid 和 pic 信息。

步骤 2　在 viewDidLoad() 方法的底部，添加下面的代码：

```
// 设置 refresher 控件到集合视图之中
refresher = UIRefreshControl()
refresher.addTarget(self, action: #selector(refresh),
         for: UIControlEvents.valueChanged)
collectionView?.addSubview(refresher)
```

在上面的代码中，我们首先创建 UIRefreshControl 对象，然后执行 addTarget(_:action:for:) 方法，这样，当用户在集合视图中进行拉曳操作时会触发 refresher 的 valueChanged 事件，进而会执行 refresh() 方法，最后一行代码是将 refresher 添加到集合视图之中。

步骤 3　在 HomeVC 中添加 refresh() 方法。

```
func refresh() {
  collectionView?.reloadData()
}
```

在该方法中让集合视图重新载入数据。

步骤 4 在 refresh() 方法的下面,添加 loadPosts() 方法。

```
func loadPosts() {
  let query = AVQuery(className: "Posts")
  query?.whereKey("username", equalTo: AVUser.current().username)
  query?.limit = page
  query?.findObjectsInBackground({ (objects:[Any]?, error:Error?) in

  })
}
```

在该方法中,首先创建了 AVQuery 类型的对象,通过该类我们可以进行数据的查询。将参数 className 设置为 Posts,意味着本次查询是针对云端的 Posts 数据表。

通过 AVQuery 类的 whereKey(_:, equalTo:) 方法,可以查询 Posts 数据类中 username 字段中等于字符串为当前用户名称字符串的数据行。该方法的第二个参数名称为 equalTo,代表等于。该 query 对象的意思是:查找 Posts 数据表中 username 字段等于当前用户 username 属性值的记录,并且先找出前 10 条。除了 equalTo 以外还有其他类似的方法,如表 13-1 所示。

表 13-1 AVQuery 类中不同情况的查询方法

逻辑操作	AVQuery 方法
等于	whereKey(_:, equalTo:)
不等于	whereKey(_:, notEqualTo:)
大于	whereKey(_:, greaterThan:)
大于等于	whereKey(_:, greaterThanOrEqualTo:)
小于	whereKey(_:, lessThan:)
小于等于	whereKey(_:, lessThanOrEqualTo:)
包含	whereKey(_:, contains:)
前缀	whereKey(_:, hasPrefix:)
后缀	whereKey(_:, hasSuffix:)

如果你之前有使用过 MySQL 数据库的经验,就能轻而易举地将上面的代码转化为下面这样的 SQL 语句。

```
select * from Posts where username = AVUser.current().username
```

AVQuery 在后台也是执行类似的操作,只不过 LeanCloud 为了防止查询出来的结果太多,默认针对查询结果有一个数量限制,即 limit,它的默认值是 100。比如一个查询会得到 10 000 个对象,那么一次查询只会返回符合条件的 100 个结果。limit 允许取值范围是 1 ~ 1000。在上面的代码中设置 limit 返回 10 条结果。

最后，我们通过 AVQuery 类的 findObjectsInBackground(_:) 方法，在后台线程中从 LeanCloud 云端查询 Posts 数据表中符合条件的记录。如果查询结束则会执行闭包中的代码，它包含两个参数。第一个是 [Any]?——Any 类型的可选数组。因为可能会返回多条记录，所以需要使用数组；又因为有可能没有查询到记录，所以需要使用可选。第二个参数是 Error?，如果查询中出错了，错误信息将封装到这里。

步骤 5 在 findObjectsInBackground(_:) 闭包中继续添加代码：

```
query?.findObjectsInBackground({ (objects:[Any]?, error:Error?) in
  //查询成功
  if error == nil {
    //清空两个数组
    self.puuidArray.removeAll(keepingCapacity: false)
    self.picArray.removeAll(keepingCapacity: false)
  }
})
```

在闭包中，如果 error 等于 nil 代表查询成功，我们先清空两个数组。清空数组的方法有很多，这里使用集合的 removeAll(keepingCapacity:) 方法。它包含一个参数，当参数值为 true 的时候，并不会释放集合（数组、字典和 Set 统称为集合）中的数据，也就意味着数据对象虽然从集合数组中被清除了，但不会在内存中被释放，这是出于性能的考虑。如果参数值为 false 则直接释放。

步骤 6 在清空两个数组以后，继续添加下面的代码：

```
......
self.picArray.removeAll(keepingCapacity: false)

for object in objects! {
  //将查询到的数据添加到数组中
  self.puuidArray.append((object as AnyObject).value(forKey: "puuid") as! String)
  self.picArray.append((object as AnyObject).value(forKey: "pic") as! AVFile)
}

self.collectionView?.reloadData()
```

通过 for 循环我们迭代出每条 Any 类型的对象，但是 Any 类型是非常"干净"的类型，我们几乎不能对它做任何事情，所以使用 as 将其转换为 AnyObject 类型，这样我们就可以使用 value(_:) 方法获取记录的值。

通过循环将每条记录的 puuid 添加到 puuidArray 数组中，将 pic 添加到 picArray 数组中。当这些数据准备好以后就可以让集合视图重新载入数据了。

> **注意** 我们在类中编写代码的时候，往往会忽略 self.，例如，self.collectionView 和 collectionView 指的是同一个对象。但是如果想在闭包中调用类的方法或访问属性，必须加上 self.，因为闭包实际上是脱离类之外的一段代码，或者说是一段临时代码

块，它不属于任何类，所以在闭包中必须显性调用类中的方法或访问类中的属性。

步骤7 修改 collectionView(_:, numberOfItemsInSection:) 方法：

```
override func collectionView(_ collectionView: UICollectionView, numberOfItems-
InSection section: Int) -> Int {
    return picArray.count
}
```

在该方法中，根据 picArray 数组的元素个数确定集合视图需要显示多少个单元格。

13.3 创建单元格相关代码

本章之前的修改目的在于从 LeanCloud 云端接收 Posts 数据，在数据准备好以后就可以将其呈现到单元格之中了。

步骤1 在 HomeVC 中找到之前被注释掉的 collectionView(_:, cellForItemAt:) 方法，修改为下面这样：

```
override func collectionView(_ collectionView: UICollectionView, cellForItemAt indexPath: IndexPath) -> UICollectionViewCell {
    // 从集合视图的可复用队列中获取单元格对象
    let cell = collectionView.dequeueReusableCell(withReuseIdentifier: "Cell", for: indexPath) as! PictureCell

    return cell
}
```

当集合视图初始化，收到 reloadData() 方法调用，或者是出现在屏幕上时，会调用 collectionView(_:, cellForItemAt:) 方法。该方法用于为集合视图提供指定位置的单元格对象。

在该方法中，我们首先通过集合视图的 dequeueReusableCell(withReuseIdentifier:, for:) 方法从可复用队列中获取可以复用的单元格对象，如果队列中没有，该方法会为我们新创建一个单元格对象。

该方法的第一个参数用于指明从队列中获取哪种标识的单元格对象，在之前的实战中，我们在故事板里将集合视图单元格的 Identifier（Attributes Inspector 中）设置为 Cell，如图 13-5 所示，它与当前代码中 withReuseIdentifier 参数指明的字符串一致，代表从队列中获取该类型的单元格。

当获取到单元格以后，使用 as! 将其强制转换为 PictureCell 类型，因为它本身就是 PictureCell 类型的单元格，如图 13-6 所示，只不过在通过 dequeueReusableCell(withReuseIdentifier:, for:) 方法获取的时候默认是 UICollectionViewCell 类型。

第 13 章　在个人主页中显示帖子信息　　103

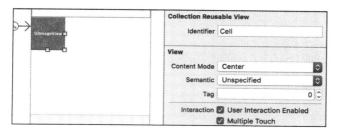

图 13-5　设置单元格的 Identifier 为 Cell

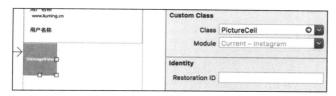

图 13-6　单元格的 Class 为 PictureCell

步骤 2　在 let cell 语句的下面继续添加代码：

```
// 从 picArray 数组中获取图片
picArray[indexPath.row].getDataInBackground { (data:Data?, error:Error?) in
  if error == nil {
    cell.picImg.image = UIImage(data: data!)
  }
}
```

IndexPath 是一个结构体，用于指明 section（部分）和 row（行或是索引数），我们经常会在表格视图和集合视图中见到它。这里，当集合视图需要显示第 N 个单元格的时候，就会通过 IndexPath 传递进 collectionView(_:, cellForItemAt:) 方法，在创建 PictureCell 对象的时候，通过 picArray[indexPath.row] 得到需要显示的是第几张图片，然后再通过 AVFile 类的 getDataInBackground(_:) 方法将图片数据下载到本地。

步骤 3　继续在闭包中添加下面的代码，当 error 不为空时则打印错误信息到控制台。

```
if error == nil {
  cell.picImg.image = UIImage(data: data!)
}else{
  print(error?.localizedDescription)
}
```

步骤 4　回到 loadPosts() 方法中，为闭包中的 if 语句添加 else 部分的代码，当查询出现问题的时候我们可以知道错误的原因。

```
if error == nil {
  ......
  self.collectionView?.reloadData()
}else {
```

```
    print(error?.localizedDescription)
}
```

步骤 5 在 viewDidLoad() 方法的底部添加对 loadPosts() 方法的调用。

```
override func viewDidLoad() {
……
  loadPosts()
}
```

构建并运行项目，此时在集合视图中已经出现了之前添加到 LeanCloud 云端的 Posts 数据，如图 13-7 所示。

> **技巧** 虽然云端只有一条记录，但是我们可以使用一种投机的方式显示指定数量的单元格。将 collectionView(_:, numberOfItemsInSection:) 方法的返回代码设置为：`return picArray.count == 0 ? 0 : 30`。再将 collectionView(_:, cellForItemAt:) 方法中的 picArray[indexPath.row].getDataInBackground 代码修改为 picArray[0].getDataInBackground。
> 通过这样的设置，告诉集合视图一共要显示 30 个单元格，在创建这些单元格的时候，让它们全部显示 picArray 数组中索引 0 的照片，效果如图 13-8 所示。

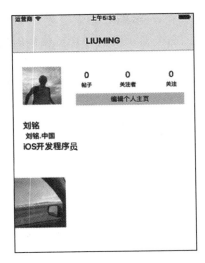

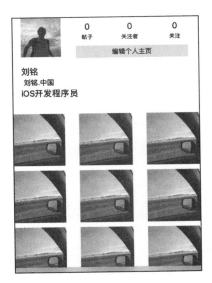

图 13-7　在 Instagram 中显示用户上传的照片　　图 13-8　在个人主页中显示 30 个相同帖子的照片

此时，当我们向下拖曳集合视图的时候，会出现刷新图标。但是现在这个图标在数据完成刷新以后还在转圈圈，如图 13-9 所示，接下来就修改这个 Bug。

步骤6 在 refresh() 方法中添加新的代码：

```
func refresh() {
  collectionView?.reloadData()

  // 停止刷新动画
  refresher.endRefreshing()
}
```

图 13-9　修改拖曳刷新的 Bug

构建并运行项目，当刷新以后，圈圈消失。
当一切测试成功以后，将之前的测试用代码还原。

步骤7 将 collectionView(_:, numberOfItemsInSection:) 方法的返回代码还原为

```
return picArray.count
```

步骤8 将 collectionView(_:, cellForItemAt:) 方法中的代码还原为：

```
picArray[indexPath.row].getDataInBackground { (data:Data?, error:Error?) in
```

本章小结

本章我们在 LeanCloud 云端创建了用于存储用户帖子的 Posts 数据表，并且手工添加了一行记录；利用 AVQuery 类，我们在项目中读取了数据表中的帖子记录；并利用 AVFile 类的 getDataInBackground(_:) 方法从云端下载图像数据。

第 14 章

获取用户的帖子及关注数

本章我们将解决个人主页中三个统计数据的获取和显示问题。在个人主页的顶部，有 3 个 Label 分别负责显示用户发布的帖子总数，关注自己的用户（粉丝）数和自己关注他人的人数，如图 14-1 所示。

14.1 注册后的用户登录

为了能够产生足够的用户测试账号，我们需要在 iOS 模拟器中创建至少 5 个用户账号。以现有的代码情况来说，我们必须先在模拟器中删除现有的 Instagram 应用，再重新编译运行，模拟器会安装一个新的 Instagram 应用，这样才能够重新进入到注册页面。

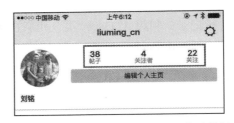

图 14-1　Instagram 个人主页中的统计数据

步骤 1　在 Xcode 菜单中选择 Xcode → Open Developer Tool → Simulate，在模拟器中删除现有的 Instagram 应用。

步骤 2　重新构建并运行项目，在注册页面中输入新注册用户的信息，单击注册按钮，此时应用程序会崩溃，如图 14-2 所示，问题出现在哪里呢？

仔细观察调试控制台，在 SignUpVC 类中已经成功注册了用户，但是到了 HomeVC 类中 data 的值却是 nil，所以在使用 data! 获取用户头像的时候出现了错误！总而言之，当前用户的信息没有被正确的获取。

产生崩溃的原因是这样的：当用户注册的时候会执行 SignUpVC 类的 signUpBtn_clicked(_:) 方法。注册成功以后，在 signUpInBackground(_:) 方法的闭包中，会通过 UserDefaults 类存储相关信息到本地磁盘。接着再执行 AppDelegate 类中的 login() 方法，并根据情况显示指定的视图控制器。从注册成功到载入当前的用户数据，这个期间缺少了一步关键的操作——用户登录，因为还没有执行登录的操作，所以在 HeaderView 类中调用 AVUser.current() 方法的时候，才获取不到用户头像的地址，导致闭包中的 data 数据是 nil。

图 14-2 应用程序在注册成功以后崩溃

了解了产生问题的原因，下面我们就解决这个问题。

步骤 1 找到 SignUpVC 类的 signUpBtn_clicked() 方法，删除之前的 UserDefaults 语句，并将代码修改为如下所示：

```
UserDefaults.standard.set(user.username, forKey: "username")
UserDefaults.standard.synchronize()
user.signUpInBackground { (success:Bool, error:Error?) in
  if success {
    print("用户注册成功！")
    AVUser.logInWithUsername(inBackground: user.username, password: user.password,
block: { (user:AVUser?, error:Error?) in
        if let user = user {
            // 记住登录的用户
            UserDefaults.standard.set(user.username, forKey: "username")
            UserDefaults.standard.synchronize()
            
            // 从 AppDelegate 类中调用 login 方法
            let appDelegate: AppDelegate = UIApplication.shared.delegate as! AppDelegate
            appDelegate.login()
        }
    })
  }else {
    print(error?.localizedDescription)
  }
}
```

在新用户注册成功以后，立即执行 logInWithUsername(inBackground:, password:, block:) 方法进行登录操作。如果登录成功，则利用 UserDefaults 类将 username 存储到本地，最后调用 AppDelegate 类的 login() 方法。

在 logInWithUsername(inBackground:, password:, block:) 方法的闭包中，我们利用 if let user = user 代码进行可选值的判断。这里使用了一个"优雅"的拆包方式，if 语句中位于右边的 user 是闭包所提供的参数（第一个参数），当登录成功后 user 就是一个 AVUser 类型的对象，而位于左侧的 user 则是一个在闭包中新定义的常量。这也就意味着，如果闭包参数（可选的 AVUser 类型的）user 在拆包后不为 nil 的话，则将其赋值给一个常量 user，并且执行 if 中的代码。注意，在 if 代码中引用到的 user 都是这个常量 user。

步骤 2 在 HomeVC 类的 collectionView(_:, viewForSupplementaryElementOfKind:, at:) 方法中，修改闭包中的代码：

```
avaQuery.getDataInBackground { (data:Data?, error:Error?) in
  if data == nil {
    print(error?.localizedDescription)
  }else {
    header.avaImg.image = UIImage(data: data!)
  }
}
```

修改后的代码可以防止 ava 头像的崩溃问题，如果还有其他特殊情况，则会显示默认的 pp.jpg 图片。

14.2 在云端创建关注记录

当我们在 Instagram 中创建了足够多的用户以后，就可以尝试创建他们之间的关系了。LeanCloud 提供了应用内社交（又称为事件流），它包括用户间关注（好友）、朋友圈（时间线）、状态、互动（点赞）、私信等常用功能。

在 Instagram 的列表中可以发现有两张表：_Follower 和 _Followee，它们分别对应着关注我的人（粉丝）和我所关注的人。其实很简单，只要在某个需要添加关注的地方添加下面的代码就可以了：

```
// 添加我关注的用户
AVUser.current().follow("578581d2165abd0062b7f8bb") { (success:Bool, error:Error?) in
    if success {
      // 关注成功后需要处理的代码
    }else {
      // 关注失败后需要处理的代码
    }
}
```

在上面的代码中，follow(_:) 方法用于为当前登录用户添加所关注的人。如果当前登录的用户为 A，follow(_:) 方法的参数是用户 B 的 objectId。则在 _Followee 表中，就会多一行 user 字段为 A 的 objectId 和 followee 字段为 B 的 objectId 的记录。我们可以在 _User 表中查到用户的 objectId 信息，如图 14-3 所示，或者是在程序中通过 AVUser 对象的 id 属性获取到它。

如果此时点开 _Followers 表的话，也会发现多了一行 user 字段为 B 的 objectId 和 follower 字段为 A 的 objectId 的记录，代表用户 B 有一位关注者为 A 的用户。

就目前的情况来说，项目中还没有任何一个合适的地方运行添加关注的代码，本章的目的是统计相关的数量信息，所以需要修改项目的现有代码，为其添加一些测试用的数据。

图 14-3　从 _User 数据表中获取注册用户的 objectId

步骤 1　在 AppDelegate 的 login() 方法中，注释掉 if 语句中的代码。

步骤 2　在 LeanCloud 云端的 _User 表中，拷贝相关人的 objectId 作为当前用户的关注者。

步骤 3　添加下面的代码到 if 语句之中：

```
// 如果之前成功登录过
AVUser.current().follow("578581d2165abd0062b7f8bb") { (success:Bool, error:Error?) in
    if success {
      print("为当前用户添加关注者成功！")
    }else {
      print("为当前用户添加关注者失败！")
    }
}
```

其中，follow(_:) 方法中的参数就是上面所说的用户 B 的 objectId，代表当前用户是 B 的关注者（粉丝）。

构建并运行项目，在用户登录界面中填写用户的账号和密码，当成功登录以后便会执行 follow(_:) 方法，其中 objectId 所代表的用户便成为当前用户的关注者。

再次复制另一个用户的 objectId 替换之前的 objectId，运行项目以添加更多的关注者。需要注意的是：follow(_:) 方法中不能将当前登录用户的 objectId 作为参数，这样会导致添加关注者失败，因为当前用户是不能自己关注自己的。

步骤 4　查看 LeanCloud 云端的 _Follower 和 _Followee 数据表，发现此时已经多个几条记录，如图 14-4 所示。

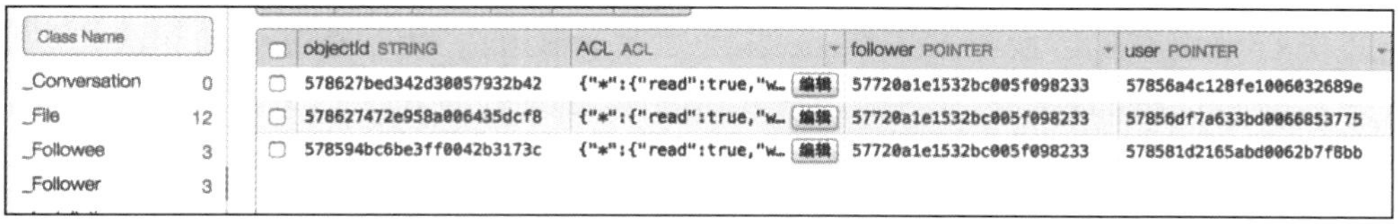

图 14-4　添加关注后 _Follower 数据表所增加的记录

接下来，我们需要让其他一些用户关注用户 A，所以复制用户 A 的 objectId，将其作为 follow(_:) 方法的参数，并重新运行项目。在登录的时候，请用除用户 A 以外的其他账号登录,这样就添加了用户 A 的关注者。

14.3 获取用户相关数据信息

在用于测试的数据准备好以后,我们就可以获取用户的相关数据了。

步骤 1 在 AppDelegate 类中,将添加关注者的临时代码注释掉,恢复之前原有的代码。

```
// 如果之前成功登录过
if username != nil {
  let storyboard: UIStoryboard = UIStoryboard(name: "Main", bundle: nil)
  let myTabBar = storyboard.instantiateViewController(withIdentifier: "tabBar") as! UITabBarController
  window?.rootViewController = myTabBar

  /* 注释掉这段临时代码
  AVUser.current().follow("57720a1e1532bc005f098233") { (success:Bool, error: Error?) in
    if success {
      print("为当前用户添加关注者成功!")
    }else {
      print("为当前用户添加关注者失败!")
    }
  }*/
```

步骤 2 在 HomeVC 类 collectionView(_:, viewForSupplementaryElementOfKind:, at:) 方法中 return 语句的上面,添加下面的代码:

```
let currentUser: AVUser = AVUser.current()

let postsQuery = AVQuery(className: "Posts")
postsQuery?.whereKey("username", equalTo: currentUser.username)
postsQuery?.countObjectsInBackground({ (count:Int, error:Error?) in
  if error == nil {
    header.posts.text = String(count)
  }
})
```

在上面的代码中,首先初始化一个 AVQuery 类型的对象,我们用它来对云端的 Posts 表进行数据查询,所以 className 参数设置为 Posts。然后通过 whereKey 方法设置查询条件——username 字段为当前用户的 username 的所有记录。最后通过 AVQuery 的 countObjectsInBackground() 方法,获取符合条件的记录数量。当查询结束以后,我们可以通过闭包提供的参数 count 获取到记录数量,或者是发生错误的错误信息。

> **提示** 在闭包中我们会通过 header.posts.text 显示当前用户的帖子总数,那为什么在这里直接用 header,而不像之前章节中使用 self.header 呢?这与生存期有关,我们是在当前

方法中通过 dequeueReusableSupplementaryView(ofKind:, withReuseIdentifier:, for:) 方法创建的 header，因此这个 header 并不是当前类（HomeVC 类）的一个属性，所以就不能加 self.。

步骤 3 在 Posts 的查询语句下继续添加代码：

```
let followersQuery = AVQuery(className: "_Follower")
followersQuery?.whereKey("user", equalTo: currentUser)
followersQuery?.countObjectsInBackground({ (count:Int, error:Error?) in
  if error == nil {
    header.followers.text = String(count)
  }
})
```

与上面的代码类似，只不过这里载入的是 _Follower 表，whereKey(_:, equalTo:) 方法的 equalTo 参数是当前的用户，通过这段代码我们可以查询出关注当前用户的总人数。

步骤 4 继续添加下面的代码，查询出当前用户所关注的总人数。

```
let followeesQuery = AVQuery(className: "_Followee")
followeesQuery?.whereKey("user", equalTo: currentUser)
followeesQuery?.countObjectsInBackground({ (count:Int, error:Error?) in
  if error == nil {
    header.followings.text = String(count)
  }
})
```

构建并运行项目，在 HomeVC 界面中可以看到帖子、关注者和关注的对应数据，如图 14-5 所示。

到目前为止，HomeVC 类的 collectionView(_:,viewForSupplementaryElementOfKind:, at:) 方法所要完成的任务比较多，让我们划分一下它的功能，这样就清楚它都干了什么。

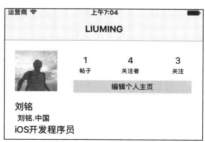

图 14-5　Header 中显示当前用户的统计数据

首先是从集合视图的可复用队列中获取到 HeaderView 对象，然后再从云端获取用户的相关数据（头像、用户名、bio 等），最后是本章所解决的三个重要数量信息（帖子总数、关注者和关注）。

本章小结

在本章中，我们首先修改了一个 Bug，也就是在新用户注册成功以后的闭包中还要进行用户登录的操作，否则在之后的操作中就会遇到问题。另外，我们还通过 AVUser 类的 follow(_:) 方法，为当前用户添加关注。需要注意关注者（粉丝）和关注的区别，即谁关注谁的问题，如果逻辑关系不清楚的话则会造成很严重的错误。

第 15 章 与统计数据之间的交互

本章我们需要实现当用户单击相关统计数据后的代码。例如，当用户单击关注者或关注的数量 Label 之后，应该跳转到一个表格视图，显示具体的用户数据信息。

15.1 在故事板中创建表格视图控制器

步骤 1 在故事板中从对象库拖曳一个 Table View Controller 到 Home VC 的右侧。

步骤 2 在 Instagram Group 中添加一个 Cocoa Touch Class 文件，SubClass 为 UITableViewController，Class 为 FollowersVC。

步骤 3 再次添加一个 Cocoa Touch Class 文件，Subclass 为 UITableViewCell，Class 为 FollowersCell。

步骤 4 在故事板中选中新创建的表格视图控制器，在 Identity Inspector 中将 Class 设置为 FollowersVC，将 FollowersVC 类与故事板中的表格视图建立关联，再将 Storyboard ID 也同样设置为 FollowersVC。

步骤 5 选中表格视图中的 Prototype Cells，拖曳底部控制点将其高度设置为 80，如图 15-1 所示。在 Identity Inspector 中将 Class 设置为 FollowersCell，并且在 Attributes Inspector 中将 Identifier 设置为 Cell。

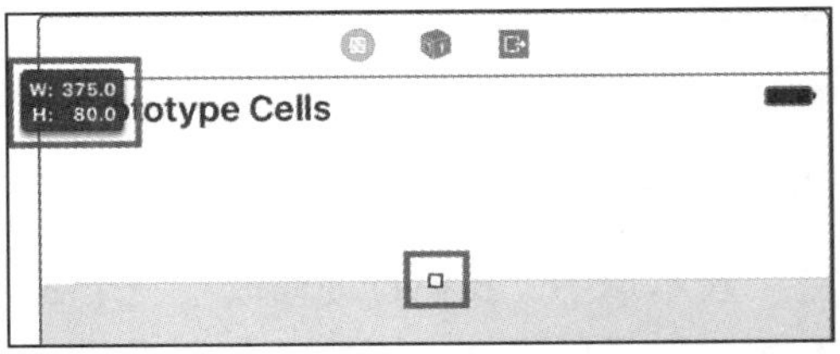

图 15-1 设置表格视图中单元格的高度

本操作会将 FollowersCell 类与表格视图中的单元建立关联，并且将该单元格的可复用标识设置为了 Cell，在相关方法中我们可以利用该标识获取该类型的单元格。

步骤 6 从对象库拖曳一个 Image View 到新调整的单元格（Cell）中，在 Size Inspector 中将其 X 和 Y 均设置为 10，Width 和 Height 均设置为 60，如图 15-2 所示。在 Attributes Inspector 中将 Image 设置为 pp.jpg。

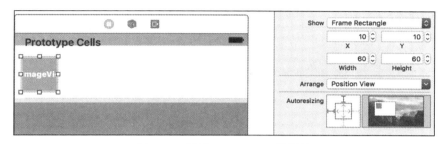

图 15-2　设置 Image View 的属性

步骤 7 拖曳一个 Label 到 Image View 的右侧，将 Label 内容设置为 username。再拖曳一个 Button 到 Label 的右侧，将其 Title 设置为关注，字号设置为 13，Text Color 设置为 Dark Text Color，Background 设置为 Light Gray Color，如图 15-3 所示。

图 15-3　设置单元格中的 Label 和 Button

15.2　创建 Outlet 关联

接下来，我们要为表格视图中的单元格和 FollowersCell 类建立必要的 Outlet 关联。

步骤 1 将 Xcode 切换到助手编辑器模式，确保下面的窗口打开的是 FollowersCell.swift 文件。

步骤 2 为 Image View，Label 和 Button 创建 3 个 Outlet 关联，Name 分别设置为：avaImg、usernameLbl 和 followBtn，如图 15-4 所示。

下面，需要做的事情是当用户单击 HomeVC 界面的关注者数和关注数 Label 时，跳转到 FollowersVC 控制器，以显示具体的关注人员信息。因为不管是关注者还是关注，所显示的界面是完全一样，所以统一用 FollowersVC 控制器。

步骤 3 打开 FollowersVC.swift 文件，为该类声明两个字符串类型的属性：

```
class FollowersVC: UITableViewController {
    var show = String()
    var user = String()
……
```

show 用于在导航栏标题处显示内容，user 用于在返回按钮上显示用户名称。

步骤 4 再次回到我们非常熟悉的 HomeVC 类的 collectionView(_:, viewForSupplementary

ElementOfKind:, at:) 方法，在 return 语句的上方添加处理单击统计数据 Label 的交互代码：

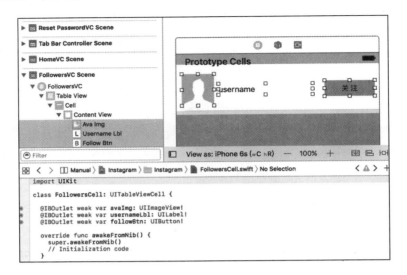

图 15-4   在单元格中创建 Outlet 关联

```
// STEP 3．实现单击手势
// 单击帖子数
    let postsTap = UITapGestureRecognizer(target: self, action: #selector(posts-
Tap(_:)))
    postsTap.numberOfTapsRequired = 1
    header.posts.isUserInteractionEnabled = true
    header.posts.addGestureRecognizer(postsTap)
```

通过 UITapGestureRecognizer 创建了一个单击手势，设置当发生单击事件后调用 postsTap(_:) 方法。接下来是设置单击的次数为 1 次。Label 在默认的情况下与 Image View 一样是不允许交互的，所以需要使用 isUserInteractionEnabled 将交互打开，最后将 postsTap 手势添加到 Label 控件上。

步骤5   继续添加下面的代码，为另外两个 Label 添加单击手势响应：

```
// 单击关注者数
    let followersTap = UITapGestureRecognizer(target: self, action: #selector(followers-
Tap(_:)))
    followersTap.numberOfTapsRequired = 1
    header.followers.isUserInteractionEnabled = true
    header.followers.addGestureRecognizer(followersTap)

// 单击关注数
    let followingsTap = UITapGestureRecognizer(target: self, action: #selector(followings-
Tap(_:)))
    followingsTap.numberOfTapsRequired = 1
```

```
header.followings.isUserInteractionEnabled = true
header.followings.addGestureRecognizer(followingsTap)
```

步骤 6 在 HomeVC 类中添加三个新的方法，用以响应之前三个单击方法的调用。

```
// 单击帖子数后调用的方法
func postsTap(_ recognizer:UITapGestureRecognizer) {  }
// 单击关注者数后调用的方法
func followersTap(_ recognizer:UITapGestureRecognizer) {  }
// 单击关注数后调用的方法
func followingsTap(_ recognizer:UITapGestureRecognizer) {  }
```

15.3 统计数据被单击后的实现代码

在 Instagram 应用中，当用户单击帖子数以后，集合视图会立即向上滑动到照片列表部分，如图 15-5 所示。

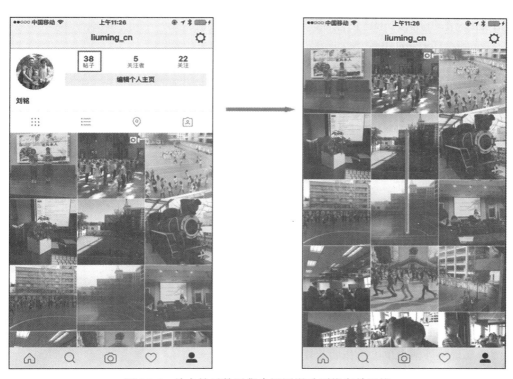

图 15-5　单击帖子数后集合视图滑动到指定单元格

步骤 1 在 postsTap(_:) 方法中添加下面的代码：

```
func postsTap(_ recognizer:UITapGestureRecognizer) {
  if !picArray.isEmpty {
```

```
        let index = IndexPath(item: 0, section: 0)
        self.collectionView?.scrollToItem(at: index, at: UICollectionViewScrollPosition.top, animated: true)
    }
}
```

在上面的代码中，首先判断 picArray 数组是否有值，如果有，则让集合视图滚动到视图的第一个 section 的第一个 item（单元格）上。

UICollectionView 的 scrollToItem(at:at:animated:) 方法用于显示指定位置的单元格。第一个参数是 IndexPath 类型，我们指定了第一个 section 的第一个 item。第二个参数是 UICollectionViewScrollPosition 类型的结构体，它指明了在滚动结束后 item 的停留位置。它包含以下这些选项：

- top：滚动停留在 item 的顶部。
- centeredVertically：滚动停留在 item 的垂直中央位置。
- bottom：滚动停留在 item 的底部。
- left：滚动停留在 item 的左侧。
- centeredHorizontally：滚动停留在 item 的水平中央位置。
- right：滚动停留在 item 的右侧。

其中，前三个选项用于处理垂直滚动的集合视图，后三个则用于处理水平滚动的集合视图。为了能够测试集合视图的滚动效果，我们需要手动修改两个方法中的代码。

步骤 2 在 collectionView(_:, numberOfItemsInSection:) 方法中修改 return 语句。

```
override func collectionView(_ collectionView: UICollectionView, numberOfItemsInSection section: Int) -> Int {
    //返回 20 个单元格
    return picArray.count * 20
}
```

步骤 3 在 collectionView(_:, cellForItemAt:) 方法中，将 picArray[indexPath.row] 修改为 indexPath[0]。

```
// 从 picArray 数组中获取图片
picArray[0].getDataInBackground { (data:Data?, error:Error?) in
```

构建并运行项目，当单击帖子数的时候，集合视图会滚动到理想的位置，如图 15-6 所示。继续实现另外两个单击操作后的代码。

步骤 4 在 followersTap(_:) 方法中，添加下面的代码：

```
func followersTap(_ recognizer:UITapGestureRecognizer) {
    // 从故事板载入 FollowersVC 的视图
    let followers = self.storyboard?.instantiateViewController(withIdentifier: "FollowersVC") as! FollowersVC
```

```
        followers.user = AVUser.current().username
        followers.show = "关注者"

        self.navigationController?.pushViewController(followers, animated: true)
    }
```

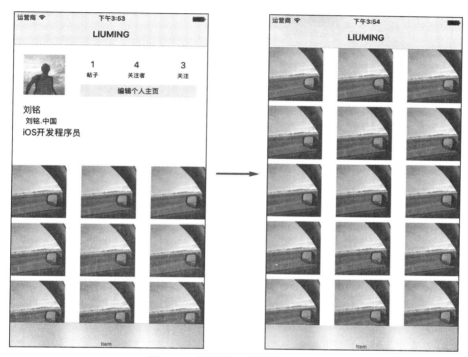

图 15-6　测试单击帖子数的事件

在该方法中，首先载入故事板中的 FollowersVC 视图控制器，因为 instantiateViewController(withIdentifier:) 方法的返回值是 UIViewController 类型，所以需要使用 as! 将其转换为 FollowersVC 类型。然后为 FollowersVC 的 user 和 show 属性赋值，这两个属性用于在 FollowersVC 中显示用户名和标题内容。最后，通过导航控制器将 FollowersVC 的视图推送到屏幕上。

步骤 5　在 followingsTap(_:) 方法中，添加下面的代码：

```
    func followingsTap(_ recognizer:UITapGestureRecognizer) {
        // 从故事板载入 FollowersVC 的视图
        let followings = self.storyboard?.instantiateViewController(withIdentifier: "FollowersVC") as! FollowersVC

        followings.user = AVUser.current().username
        followings.show = "关注"

        self.navigationController?.pushViewController(followings, animated: true)
    }
```

与之前方法的代码类似,只是这里所创建的控制器用于显示当前用户所关注的人员列表。

还记得之前在故事板中将 FollowersVC 控制器的 Storyboard ID 设置为 FollowersVC 吗?因为只有这样,我们才能通过 instantiateViewController(withIdentifier:) 方法成功获取到指定 ID 的视图控制器对象。

构建并运行项目,不管是单击关注者还是关注的数字 Label,导航控制器都会推送出一个全新的控制器到屏幕上,这个控制器就是 FollowersVC 控制器,只是现在这个控制器还没有任何内容。

在本章的最后,还要为 FollowersVC 的导航栏添加必要的显示信息。

步骤 6 项目导航中打开 FollowersVC.swift 文件,在 viewDidLoad() 方法中添加下面的代码:

```
override func viewDidLoad() {
  super.viewDidLoad()

  self.navigationItem.title = show
}
```

构建并运行项目,如果此时单击关注者或关注数字的话,在新控制器视图的导航栏上会出现相应的信息,如图 15-7 所示。

图 15-7 FollowersVC 的显示效果

本章小结

在本章中我们创建了全新的表格视图控制器,用于显示关注者(粉丝)和关注的人员信息。因为只是需要显示的数据信息不同,所以这里使用了同一个控制器——FollowersVC。这是在应用程序开发时经常会用到的方法,不仅节省了程序员的代码量,还提高了程序的可读性及性能。

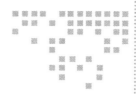

第 16 章　Chapter 16

从云端载入关注人员信息

本章我们将会从 LeanCloud 云端下载相关人员信息，并将这些信息显示到 FollowersVC 控制器的视图之中。

16.1　从云端获取关注人员信息

步骤 1　在 FollowersVC 类中添加一个属性：

```
class FollowersVC: UITableViewController {
  var show = String()
  var user = String()

  var followerArray = [AVUser]()
```

该属性用于存储从云端下载的关注人信息，是 AVUser 类型的数组。

步骤 2　在 FollowersVC 类中新建一个方法：

```
func loadFollowers() {
  AVUser.current().getFollowers { (followers:[Any]?, error:Error?) in
    if error == nil && followers != nil {
      self.followerArray = followers! as! [AVUser]
    }else {
      print(error?.localizedDescription)
    }
  }
}
```

通过 AVUser 类的 getFollowers(_:) 方法，可以从 LeanCloud 云端获取当前用户的关注者信息。当获取操作完成以后，会通过闭包的形式传回来。如果 error 为空，并且 followers 不为空的话，则将闭包参数 followers 的值赋值给 followerArray 数组。

之所以赋值时在 followers 的后面添加"！"，是因为 followerArray 属性是非可选的，在赋值的时候必须对 followers 强制拆包。

步骤 3 在 FollowersVC 类中再新建一个方法：

```
func loadFollowings() {
  AVUser.current().getFollowees { (followings:[Any]?, error:Error?) in
    if error == nil && followings != nil {
      self.followerArray = followings! as! [AVUser]
    }else {
      print(error?.localizedDescription)
    }
  }
}
```

与之前 loadFollowers(_:) 方法的代码类似，只不过这里调用的是 getFollowees(_:) 方法，获取的是当前用户所关注的人员信息。

步骤 4 修改 tableView(_:, numberOfRowsInSection:) 方法的返回值。

```
override func tableView(_ tableView: UITableView, numberOfRowsInSection section: Int) -> Int {
  return followerArray.count
}
```

步骤 5 删除 numberOfSections(in:) 方法，默认情况下表格视图会显示 1 个 Section。

步骤 6 在 viewDidLoad() 方法中，添加下面的代码：

```
override func viewDidLoad() {
  super.viewDidLoad()

  self.navigationItem.title = show

  if show == "关注者" {
    loadFollowers()
  }else {
    loadFollowings()
  }
}
```

在该方法中，将会根据 show 的字符串内容从 LeanCloud 云端获取相应的人员数据。

16.2 创建表格视图的单元格

当成功获取到关注人员数据信息以后，就可以创建相关的单元格对象了。

步骤 1 找到 FollowersVC 类的 tableView(_:cellForRowAt:) 方法，添加下面的代码：

```
override func tableView(_ tableView: UITableView, cellForRowAt indexPath: IndexPath) ->
UITableViewCell {
    let cell = tableView.dequeueReusableCell(withIdentifier: "Cell", for: indexPath)
as! FollowersCell

    cell.usernameLbl.text = followerArray[indexPath.row].username
    let ava = followerArray[indexPath.row].object(forKey: "ava") as! AVFile
    return cell
}
```

在该方法中，首先通过 tableView 的可复用队列获取到单元格对象，并且将其转换为 FollowersCell 类型。然后利用 indexPath.row 获取 followerArray 数组中对应的 AVUser 对象，并将 AVUser 对象中的 username 赋值给单元格的 Label。最后，通过 AVUser 的 object(forKey:) 方法获取到用户的头像信息，接下来我们要利用这个 AVFile 对象，从 LeanCloud 云端下载对应的图像数据。

步骤 2 在 let ava 语句的下面继续添加代码：

```
ava.getDataInBackground({ (data:Data?, error:Error?) in
  if error == nil {
    cell.avaImg.image = UIImage(data: data!)
  }else {
    print(error?.localizedDescription)
  }
})
```

通过 AVUser 的 getDataInBackground(_:) 方法从 LeanCloud 云端下载 AVFile 类型的数据，如果没有错误，则将该数据初始化为 UIImage 类型的对象，并将其赋值给单元格的 avaImg 的 image 属性。

如果此时构建并运行项目，在表格视图中并不会出现任何真正有意义的单元格数据，这与之前所查询到的统计数据是有出入的，为什么呢？

我们可以仔细想想 FollowersVC 控制器的执行流程：首先，控制器会执行 viewDidLoad() 方法，在该方法中程序会根据 show 属性来判断执行 loadFollowers() 方法还是 loadFollowings() 方法。不管是这两个方法中的哪一个，都需要在后台线程中获取相关的 AVUser 对象的信息。注意，此时的这个操作是在后台线程中运行的。因此，主线程会继续向下运行代码，表格视图会通过协议方法 tableView(_:numberOfRowsInSection:) 从控制器中获取要显示的单元格数量。请再次注意，当程序执行到这一步的时候，loadFollowers() 或 loadFollowings() 方法还在后台运行，还没有从云端获取到关注人员的信息，因此 followerArray 数组的元素个数此时还是 0，所以不管之后 followerArray 数组获得了多少数据，都不会执行 tableView(_:, cellForRowAt:) 来创建单元格，也就无法显示相应的数据了。

其实，解决这个问题的方法很简单，利用 tableView 的 reloadData() 方法即可。

步骤 3 在 loadFollowers() 和 loadFollowings() 方法中，在 followerArray 数组的赋值语句的下面添加对 tableView 的 reloadData() 方法调用。

```
func loadFollowers() {
  AVUser.current().getFollowers { (followers:[Any]?, error:Error?) in
    if error == nil && followers != nil {
      self.followerArray = followers! as! [AVUser]
      // 刷新表格视图
      self.tableView.reloadData()
    }else {
      print(error?.localizedDescription)
    }
  }
}

func loadFollowings() {
  AVUser.current().getFollowees { (followings:[Any]?, error:Error?) in
    if error == nil && followings != nil {
      self.followerArray = followings! as! [AVUser]
      // 刷新表格视图
      self.tableView.reloadData()
    }else {
      print(error?.localizedDescription)
    }
  }
}
```

在调用了 reloadData() 方法以后，表格视图会刷新单元格，此时 followerArray 数组中的数据已经准备完毕，可以正常显示所需数据，如图 16-1 所示。

图 16-1 FollowersVC 中显示的关注人员信息

16.3　设置关注按钮的状态

当 FollowersVC 显示关注人员信息的时候，每个单元格右侧的关注按钮状态可能是不同的。这里列出的应该都是关注当前用户的人，但是不见得是我所关注的人，这样就会出现两种不同的状态：我已经关注的和我没有关注的，对于这两种状态，应该从按钮的 Title 和外观上加以区分。

步骤 1 找到 FollowersVC 类的 tableView(_:, cellForRowAt:) 方法，在 return 语句的上方添加下面的代码：

```
// 利用按钮外观区分当前用户关注或未关注状态
let query = followerArray[indexPath.row].followeeQuery()
query?.whereKey("user", equalTo: AVUser.current())
query?.whereKey("followee", equalTo: followerArray[indexPath.row])
query?.countObjectsInBackground({ (count:Int, error:Error?) in
    // 根据数量设置按钮的风格
})
```

在这段代码中，利用 AVUser 的 followeeQuery() 方法获取到云端 _Followee 表的数据查询类。然后查询在该表中 user 字段等于当前用户（用 A 代表）而 followee 字段等于指定单元格的人员对象（用 B 代表）的记录，即我们要查询 followee 表中是否存在当前用户 A 关注指定单元格中的人员 B 的记录。接下来执行 countObjectsInBackground(_:) 方法，根据返回的数量设置按钮的风格。

步骤 2 在 countObjectsInBackground(_:) 方法的闭包中添加下面的代码：

```
if error == nil {
  if count == 0 {
    cell.followBtn.setTitle("关 注", for: .normal)
    cell.followBtn.backgroundColor = .lightGray
  }else {
    cell.followBtn.setTitle("√ 已关注", for: .normal)
    cell.followBtn.backgroundColor = .green
  }
}
```

如果没有记录（count 为 0）则代表 A 没有关注过 B，需要显示关注按钮。如果有记录（count 不为 0）则代表 A 已经关注了 B，需要显示√已关注按钮。

构建并运行项目，根据实际情况可以看到相应的按钮状态，如图 16-2 所示。

从图 16-2 中我们发现，lele 是当前用户的关注者，同时当前用户也关注了 lele。

单击关注 Label，在列出的单元格中，所有的按钮都是已关注，这是非常正常的表现，如图 16-3 所示。因为此时表格视图列出的就是所有当前用户关注的人。这些按钮存在的唯一原因就是，为当前用户取消关注提供途径。

步骤 3 在新添加的代码下方继续添加代码：

```
// 为当前用户隐藏关注按钮
if cell.usernameLbl.text == AVUser.current().username {
  cell.followBtn.isHidden = true
}
```

图 16-2　显示关注者的关注状态

图 16-3　显示关注人员的关注状态

为什么要添加这段代码呢？Instagram 程序在列出相关人员（假设是 A）信息以后是可以单击该人员的，在单击 A 人员单元格以后屏幕就会推出 A 人员的个人主页，进而可以单击 A 人员的统计数据，这样就可以进入到 A 人员的关注者列表，里面有可能就会出现当前用户的信息，并且这个关注按钮也存在。

可以想象，在 _Followee 表中根本不可能存在 followee 和 user 都为同一个人的记录，所以在单击这个按钮以后可能会导致程序混乱，我们一定要避免这个 Bug 出现。

为了让程序更完美，在下面几个地方做下小修改：

步骤 4　故事板中删除单元格中 followBtn 按钮的 Title 内容，因为在刷新单元格的时候会直接为其赋值。

步骤 5　在故事板中将 followBtn 按钮的 Text Color 设置为 White Color。从大纲视图中选中 Table View 的 Cell，然后在 Attributes Inspector 中将 Selection 设置为 None，如图 16-4 所示。这样，当用户单击单元格的时候就不会出现高亮显示了。

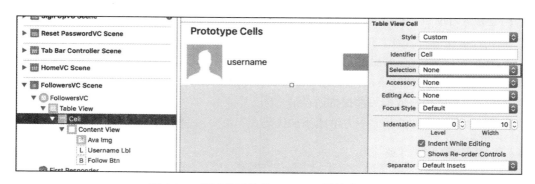

图 16-4　设置单元格的 Selection 属性为 None

步骤 6　在 FollowersCell 类中的 awakeFromNib() 方法里面，添加下面两行代码：

```
override func awakeFromNib() {
  super.awakeFromNib()
  // 将头像制作成圆形
  avaImg.layer.cornerRadius = avaImg.frame.width / 2
  avaImg.clipsToBounds = true
}
```

构建并运行项目，效果如图 16-5 所示。

16.4　添加关注和取消关注

接下来，我们需要处理用户在单击关注按钮后的实现代码。

步骤 1　将 Xcode 切换到助手编辑器模式，确保故事板中选中的是 FollowersVC 的单元格，下面的窗口打开的是 FollowersCell.swift 文件。

步骤 2　为单元格中的 Button 创建 Action 关联，Name 设置为 followBtn_clicked。

图 16-5　将头像设置为圆形

```
// 单击后关注或取消关注
@IBAction func followBtn_clicked(_ sender: AnyObject) { }
```

步骤 3　在 followBtn_clicked(_:) 方法中添加下面的代码：

```
@IBAction func followBtn_clicked(_ sender: AnyObject) {
  let title = followBtn.title(for: .normal)

  if title == "关 注" {
    guard user != nil else { return }
    AVUser.current().follow(user.objectId, andCallback: { (success:Bool, error: Error?) in
        if success {
          self.followBtn.setTitle("√ 已关注", for: .normal)
          self.followBtn.backgroundColor = .green
        }else {
          print(error?.localizedDescription)
        }
    })
  }
}
```

在该方法中，首先会获取单元格中当前按钮的 title，如果当前的 title 是关注，则意味着当前用户欲关注单元格中显示的人，因此在 if 语句中调用 follow() 方法。注意，follow() 方法的第一个参数是被关注人的 objectId，当前还没有对该属性进行定义，所以会出现语法错误。当关注在云端设置成功以后，我们还需要修改按钮的状态为已关注。

步骤 4 在 FollowersCell 中添加一个 AVUser 类型的 user 属性。

```
class FollowersCell: UITableViewCell {
   ......
   @IBOutlet weak var followBtn: UIButton!

   var user: AVUser!
```

步骤 5 在 FollowersVC 的 tableView(_:, cellForRowAt:) 方法中添加一行代码（见加粗代码）：

```
override func tableView(_ tableView: UIView, cellForRowAt indexPath: IndexPath) -> UITableViewCell {
    ......
    // 将关注人对象传递给 FollowersCell 对象
    cell.user = followerArray[indexPath.row]

    // 为当前用户隐藏关注按钮
    if cell.usernameLbl.text == AVUser.current().username {
      cell.followBtn.isHidden = true
    }

    return cell
}
```

步骤 6 回到 FollowersCell 类，在 followBtn_clicked(_:) 方法中的 if 语句下面添加 else 语句代码：

```
if title == "关 注" {
    ......
}else {
    guard user != nil else { return }

    AVUser.current().unfollow(user.objectId, andCallback: { (success:Bool, error: Error?) in
        if success {
            self.followBtn.setTitle("关 注", for: .normal)
            self.followBtn.backgroundColor = .lightGray
        }else {
            print(error?.localizedDescription)
        }
    })
}
```

else 语句中的代码与之前 if 语句中的类似，只不过这里是取消对单元格中人员的关注，并且修改按钮的外观。

构建并运行项目，不管是关注者还是关注的人员列表，当单击按钮以后会有相应的状态变化。例如当前的这个实例，在关注者人员列表中关注了 xiaomei，此时 xiaomei 的状态变为了√已关注，进入到关注人员列表，可以看到 xiaomei 已经在列表之中了，如图 16-6 所示。

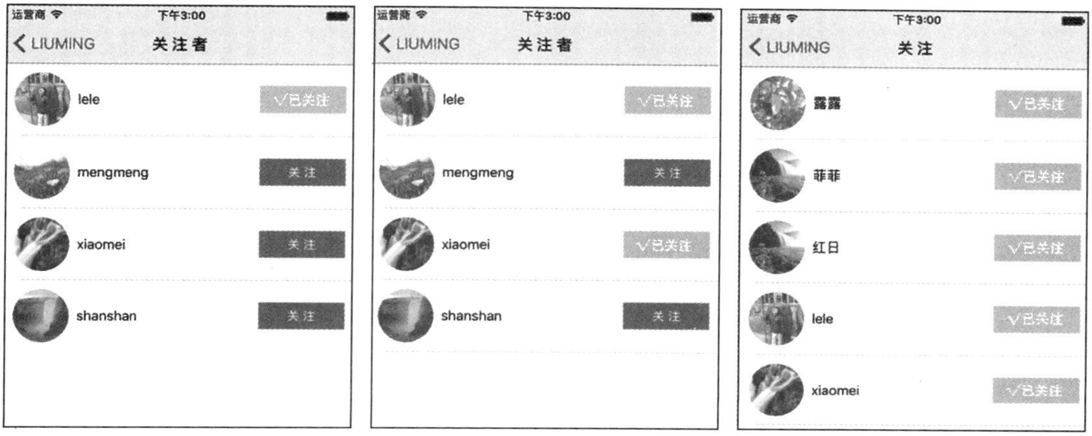

图 16-6　单击按钮后的关注状态

本章小结

在本章中，我们利用 AVUser 类提供的 getFollowers()、getFollowees() 两个方法查询关注者和关注人员的数量及相关信息。我们需要始终保持清楚的一点就是：getFollowers() 或者与 Followers 有关的操作都是针对关注者的；getFollowees() 或者与 Followees 有关的操作都是针对关注的。前者是关注当前用户人，后者是当前用户关注的人。

Chapter 17 第 17 章

创建访客的相关功能

在真正的 Instagram 应用程序中,当前用户可以浏览其他用户(访客)的个人主页,如图 17-1 所示。在接下来的两章中我们会实现这个功能。

17.1 在故事板中创建用户界面

其实,访客个人主页的用户界面与当前用户的个人主页界面(HomeVC 的视图)非常类似,只不过没有编辑个人主页的按钮,取而代之的是关注或√已关注的交互按钮。

步骤 1 在 HomeVC 类的 viewDidLoad() 方法中,添加下面一行代码:

```
override func viewDidLoad() {
  super.viewDidLoad()
  //设置集合视图在垂直方向上有反弹的效果
  self.collectionView?.alwaysBounceVertical = true
  ……
}
```

通过将集合视图的 alwaysBounceVertical 属性设置为 true,让集合视图在垂直方向上有反弹的效果,即便是集合视图 contentSize 的高度小于集合视图的高度,当用户上拉或下拉刷新视图的时候也还是会有滚动效果。

图 17-1 Instagram 中浏览访客的主页

像 UIScrollView、UICollectionView 和 UITableView 这三种基于滚动视图的对象，它们都具有三个属性：bounces、alwaysBounceVertical 和 alwaysBounceHorizontal。

这三个属性都是用来控制滚动视图在用户上拉或下拉的时候是否发生反弹效果。bounces 在系统中默认是 true，当它为 false 的时候，其他两个属性值无效，滚动视图无法反弹；只有当 bounces 为 true，其他两个属性设置才有效，alwaysBounceVertical 设置垂直方向的反弹是否有效，alwaysBounceHorizontal 设置水平方向的反弹是否有效；

UITableView 默认情况下 alwaysBounceVertical 是 true，alwaysBounceHorizontal 是 false；UIScrollView 和 UICollectionView 默认情况下 alwaysBounceVertical 和 alwaysBounceHorizontal 都是 false；只有当内容的尺寸超过了自己 bounds 的尺寸时，相应方向上反弹属性才会自动设置为 true；

在实际编程的过程中，实现滚动视图的下拉和上拉刷新时，就要设置 alwaysBounceVertical 属性值为 true，这样才能实现滚动视图的下拉和上拉功能；例如，集合视图页面只有一条数据，内容视图没用占据到集合视图的整个 bounds 尺寸，当前就无法滚动，这个时候我们就要设置 alwaysBounceVertical 为 true，才能在垂直方向实现反弹进而实现上下拉刷新功能。

接下来，我们需要在故事板中再次创建一个类似于 HomeVC 的控制器视图。

步骤 2　在故事板的大纲视图中选中 HomeVC 控制器，通过 Command+C 和 Command+V 的复制粘贴操作，成功复制另一个 HomeVC 控制器，如图 17-2 所示。将新创建的视图控制器移动到 FollowersVC 的右侧。

如果仔细观察新创建的视图控制器我们可以发现，控制器的 Class 还是 HomeVC，我们将会为它重新关联一个新的 UICollectionViewController 类，所以在故事板中先选中这个刚刚复制好的控制器，在 Identity Inspector 中删除 Class 和 Storyboard ID 的值。

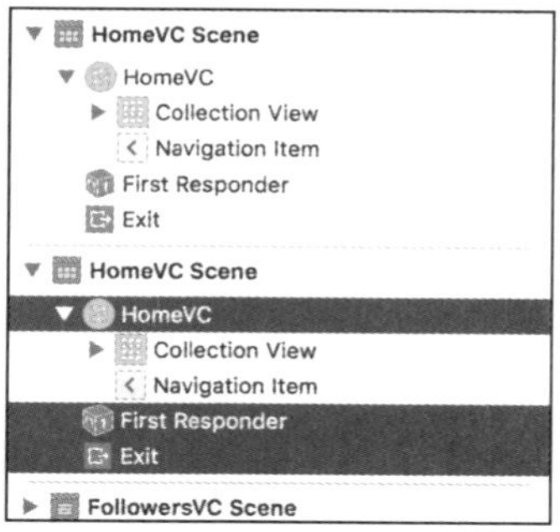

查看集合视图的 Header 部分的属性，Class 还是 HeaderView，Identifier 还是 Header，继续保持这两个设置。因为对于控制器中的视图和相关的视图类，我们可以有效地对它进行复用。

最后一个是集合视图中的单元格，保持它的 Class 为 PictureCell，Identifier 为 Cell 即可。

图 17-2　故事板中复制 HomeVC 控制器

步骤 3　将新的集合视图的 Header 部分中的按钮的 Title 设置为关 注。

17.2　实现 GuestVC 类的代码

步骤 1　在项目导航中新建一个 Cocoa Touch Class，Subclass of 为 UICollectionViewController，Class 为 GuestVC。

步骤 2 调整 GuestVC.swift 中代码为如下所示代码：

```swift
import UIKit

class GuestVC: UICollectionViewController {
  override func viewDidLoad() {
    super.viewDidLoad()
  }
}
```

在该类中，我们需要删除多余或暂时不用的方法和属性，最后整个类如上述代码所示。

步骤 3 在 GuestVC.swift 文件的顶部定义一个全局变量 AVUser 类型的数组 guestArray。

```swift
var guestArray = [AVUser]()
class GuestVC: UICollectionViewController {
```

全局变量 guestArray 用于存储当前用户所浏览的关注人员队列。

举例来说，当前用户会通过 HomeVC 进入到 FollowersVC，在 FollowersVC 中可以看到各个关注者（或所关注人）的信息，在单击某个关注者以后就会进入到他的访客主页，也就是 GuestVC。如果再单击访客的数据统计 Label，又会进入到访客的关注人信息列表。如果不停地单击下去，就需要我们维护一个 AVUser 类型的数组——guestArray，最新的人员信息会存储于该数组的最后，方便信息显示。

步骤 4 在 GuestVC 类中添加下面几个属性。

```swift
// 从云端获取数据并存储到数组
var puuidArray = [String]()
var picArray = [AVFile]()

// 界面对象
var refresher: UIRefreshControl!
let page: Int = 12
```

其中，puuidArray 用于存储用户所发布的帖子的 id，picArray 用于存储用户上传的照片引用。refresher 是 UIRefreshControl 类型的对象，负责滚动视图拉曳的刷新动画，属于 UI 对象，page 是每次从云端下载照片引用的数量。

步骤 5 在 viewDidLoad() 方法中添加下面的代码，并在类中添加 back(_:) 方法。

```swift
override func viewDidLoad() {
  super.viewDidLoad()

  // 允许垂直的拉曳刷新操作
  self.collectionView?.alwaysBounceVertical = true

  // 导航栏的顶部信息
  self.navigationItem.title = guestArray.last?.username

  // 定义导航栏中新的返回按钮
```

```
    self.navigationItem.hidesBackButton = true
    let backBtn = UIBarButtonItem(title: "返回", style: .plain, target: self, action: #selector(back(_:)))
    self.navigationItem.leftBarButtonItem = backBtn
}

func back(_: UIBarButtonItem) {    }
```

在 viewDidLoad() 方法中，首先允许集合视图的拉曳操作，然后设置导航栏的标题为 guestArray 数组中最新加入的 AVUser 对象的 username。因为在导航栏中默认的返回按钮（左侧的 UIBarButtonItem）标题是前一个用户的 username，严重影响导航栏的外观，所以这里将其隐藏，然后自己定义一个返回按钮，设置其标题为返回。

当单击返回按钮以后，需要执行 back(_:) 方法，所以在 viewDidLoad() 方法结束后我们定义了该方法。该方法有一个参数，会回传被单击的 UI 对象（UIBarButtonItem 按钮），我们不会用到它，所以这里将其忽略。

现在很多导航应用都含有向右划动返回到前一个控制器的特性，下面我们来实现这个功能。

步骤 6 在 viewDidLoad() 方法的底部添加下面的代码：

```
// 实现向右划动返回
let backSwipe = UISwipeGestureRecognizer(target: self, action: #selector(back(_:)))
backSwipe.direction = .right
self.view.addGestureRecognizer(backSwipe)
```

当用户在屏幕上向右划动时，该手势会被激活，并执行 back(_:) 方法。

步骤 7 完成 back(_:) 方法中的程序代码：

```
func back(_: UIBarButtonItem) {
  // 退回到之前的控制器
  self.navigationController?.popViewController(animated: true)

  // 从 guestArray 中移除最后一个 AVUser
  if !guestArray.isEmpty {
    guestArray.removeLast()
  }
}
```

在 Xcode 8 中，popViewController 这句会出现一条警告消息：Expression of type 'UIViewController?' is unused，意思是 popViewController(animated:) 方法有一个 UIViewController 类型的返回值，而这个返回值并没有被使用。解决这个错误，只需将上面的这行代码修改为：_ = self.navigationController?.popViewController(animated: true) 即可，上面的 _ 代表一个在之后绝不会用到的量。

在该方法中，除了从导航控制器中移除当前控制器以外，还移除了 guestArray 数组中最新的一个元素对象。

步骤 8 在 viewDidLoad() 方法的底部添加刷新控件的代码。

```
// 安装 refresh 控件
refresher = UIRefreshControl()
refresher.addTarget(self, action: #selector(refresh), for: .valueChanged)
self.collectionView?.addSubview(refresher)
```

步骤 9 在 GuestVC 中实现 refresh() 方法。

```
// 刷新方法
func refresh() {
  self.collectionView?.reloadData()
  self.refresher.endRefreshing()
}
```

17.3 从云端获取访客的帖子信息

获取访客帖子信息的实现代码与之前在 HomeVC 中获取帖子信息的实现代码类似。需要我们在 GuestVC 类中创建三个方法。

步骤 1 新建 loadPosts() 方法。

```
// 载入访客发布的帖子
func loadPosts() {
  let query = AVQuery(className: "Posts")
  query?.whereKey("username", equalTo: guestArray.last?.username)
  query?.limit = page
  query?.findObjectsInBackground({ (objects:[Any]?, error:Error?) in
    // 查询成功
    if error == nil {
      // 清空两个数组
      self.puuidArray.removeAll(keepingCapacity: false)
      self.picArray.removeAll(keepingCapacity: false)

      for object in objects! {
        // 将查询到的数据添加到数组中
        self.puuidArray.append((object as AnyObject).value(forKey: "puuid") as! String)
        self.picArray.append((object as AnyObject).value(forKey: "pic") as! AVFile)
      }

      self.collectionView?.reloadData()
    }else {
      print(error?.localizedDescription)
    }
  })
}
```

该方法用于从 LeanCloud 云端获取访客的帖子数据，并将其整理到 puuidArray 和 picArray 数组中。

 我们可以从 HomeVC 类中直接复制 loadPosts() 方法到 GuestVC 类里面，唯一有改动的地方是 query?.whereKey("username", equalTo: guestArray.last?.username)，因为当前的访客一定是 guestArray 数组中的最后一个元素，所以通过数组的 last 属性获取该访客的用户名。

步骤 2 在 viewDidLoad() 方法的最后调用 loadPosts() 方法。

```
// 调用 loadPosts 方法
loadPosts()
```

步骤 3 添加 collectionView(_:, numberOfItemsInSection:) 协议方法，用于指定集合视图中单元格的个数。

```
// 有多少单元格
override func collectionView(_ collectionView: UICollectionView, numberOfItemsInSection section: Int) -> Int {
    return picArray.count
}
```

步骤 4 添加 collectionView(_:, cellForItemAt:) 协议方法，用于创建指定的单元格。

```
// 配置单元格
override func collectionView(_ collectionView: UICollectionView, cellForItemAt indexPath: IndexPath) -> UICollectionViewCell {
    
    // 定义 Cell
    let cell = self.collectionView?.dequeueReusableCell(withReuseIdentifier: "Cell", for: indexPath) as! PictureCell
    
    // 从云端载入帖子照片
    picArray[indexPath.row].getDataInBackground { (data:Data?, error:Error?) in
        if error == nil {
            cell.picImg.image = UIImage(data: data!)
        }else {
            print(error?.localizedDescription)
        }
    }
    return cell
}
```

在该方法中从集合视图的可复用队列中获取 PictureCell 类型的单元格对象，然后借助 picArray 数组，从云端获取指定单元格位置的照片数据，并将其显示到单元格的 Image View 中。

17.4 获取访客个人页面的 Header 信息

还记得当初我们是如何获取 HomeVC 的 Header 部分信息的方法吗？在访客页面中我们也需要做同样的工作。

步骤 1　在 GuestVC 类中添加 collectionView(_:, viewForSupplementaryElementOfKind:, at:) 方法。

```
// 配置 header
override func collectionView(_ collectionView: UICollectionView, viewForSupplementaryElementOfKind kind: String, at indexPath: IndexPath) -> UICollectionReusableView {
    // 定义 header
    let header = self.collectionView?.dequeueReusableSupplementaryView(ofKind: UICollectionElementKindSectionHeader, withReuseIdentifier: "Header", for: indexPath) as! HeaderView
    
    // 第 1 步．载入访客的基本数据信息
    let infoQuery = AVQuery(className: "_User")
    infoQuery?.whereKey("username", equalTo: guestArray.last?.username)
    infoQuery?.findObjectsInBackground({ (objects:[Any]?, error:Error?) in
      if error == nil {
        // 判断是否有用户数据
        guard let objects = objects, objects.count > 0 else {
          return
        }
        
        // 找到用户的相关信息
        for object in objects! {
          header.fullnameLbl.text = ((object as AnyObject).object(forKey: "fullname") as? String)?.uppercased()
          header.bioLbl.text = (object as AnyObject).object(forKey: "bio") as? String
          header.bioLbl.sizeToFit()
          header.webTxt.text = (object as AnyObject).object(forKey: "web") as? String
          header.webTxt.sizeToFit()
          
          let avaFile = (object as AnyObject).object(forKey: "ava") as? AVFile
          avaFile?.getDataInBackground({ (data:Data?, error:Error?) in
            header.avaImg.image = UIImage(data: data!)
          })
        }
      }else {
        print(error?.localizedDescription)
      }
    })
    
    return header
}
```

在该方法中，首先通过 AVQuery 类从 _User 表中获取访客的基本信息，利用 guestArray 数组

的 last 属性得到访客的 AVUser 类型的对象。然后在后台线程中进行数据表查询,如果没有 error 则利用 guard 判断是否有用户数据,如果有,则将访客数据显示到 GuestVC 的 Header 部分中。

有两个地方需要注意,具体如下。

第一个地方是在判断是否有访客数据时,程序使用了 guard 语句。guard 与 if 语句类似,它们的相同点是,guard 也是基于一个表达式的布尔值去判断一段代码是否要执行。与 if 语句不同的是,guard 只有在条件不满足的时候才会执行 else 中的代码。我们可以把 guard 近似看作 Assert,但是 guard 可以更优雅地退出而非崩溃。

guard 语句有以下三个特点:

- guard 是对你所期望的条件做检查,而非不符合你期望的。在上面的代码中,如果条件不符合,guard 的 else 语句就运行,从而退出闭包函数。
- 如果通过了条件判断,可选类型的变量在 guard 语句被调用的范围内会自动拆包。

  在上面的代码中,我们通过 guard let objects = objects 语句,将可选对象 objects 拆包,因此在接下来的程序中可以直接使用 objects 而不必加!,且其生存期范围是 findObjectsInBackground() 函数闭包的内部。这是一个重要且有点奇怪的特性,但让 guard 语句非常实用。

  在 guard 语句中我们还进一步判断 objects 数组是否包含元素。
- 对不期望的情况早做检查,使得函数更易读,更易维护。

需要注意的第二个地方是,通过后台线程所获取到的数据是数组形式,所以需要使用 for 语句摘出 AVUser 对象。

接下来,要根据关注情况设置关注按钮的状态。

步骤 2 在 return 语句的上方添加下面的代码:

```
//第 2 步. 设置当前用户和访客之间的关注状态
let followeeQuery = AVUser.current().followeeQuery()
followeeQuery?.whereKey("user", equalTo: AVUser.current())
followeeQuery?.whereKey("followee", equalTo: guestArray.last)
followeeQuery?.countObjectsInBackground({ (count:Int, error:Error?) in
  guard error == nil else { print(error?.localizedDescription); return }
  
  if count == 0 {
    header.button.setTitle("关 注", for: .normal)
    header.button.backgroundColor = .lightGray
  }else {
    header.button.setTitle("√ 已关注", for: .normal)
    header.button.backgroundColor = .green
  }
})
```

在上面的代码中利用 AVUser 的 followeeQuery() 方法获取到云端 _Followee 表的查询对象(AVQuery 类型)。然后查询表中是否含有 user 字段为当前用户,followee 字段为访客的记录,如果有记录则代表当前用户已经关注了访客,否则代表还没有被关注。

步骤 3 在 return 语句的上方继续添加下面的代码：

```
// 第 3 步．计算统计数据
// 访客的帖子数
let posts = AVQuery(className: "Posts")
posts?.whereKey("username", equalTo: guestArray.last?.username)
posts?.countObjectsInBackground({ (count:Int, error:Error?) in
  if error == nil {
    header.posts.text = "\(count)"
  }else {
    print(error?.localizedDescription)
  }
})

// 访客的关注者数
let followers = AVUser.followerQuery(guestArray.last?.objectId)
followers?.countObjectsInBackground({ (count:Int, error:Error?) in
  if error == nil {
    header.followers.text = "\(count)"
  }else {
    print(error?.localizedDescription)
  }
})

// 访客的关注数
let followings = AVUser.followeeQuery(guestArray.last?.objectId)
followings?.countObjectsInBackground({ (count:Int, error:Error?) in
  if error == nil {
    header.followings.text = "\(count)"
  }else {
    print(error?.localizedDescription)
  }
})
```

步骤 3 的代码虽然多，但逻辑还是比较清晰的。通过查询云端的 Posts 表，获取访客的帖子数。通过 AVUser 的 followerQuery(_:) 方法获取指定用户（当前访客）的关注者数，它包含一个参数，我们传递访客的 objectId 给他，进而查询到该访客的关注者总数。通过 followeeQuery(_:) 方法获取访客的关注数，同样需要传递访客的 objectId 作为参数。

17.5 单击访客统计数据后的实现代码

与 HomeVC 一样，当用户单击访客的统计数据以后应该跳转到访客的 FollowersVC 界面，显示访客的关注者或关注人员列表。

步骤 1 在 return 语句的上方继续添加下面的代码：

```
// 第 4 步．实现统计数据的单击手势
// 单击 posts label
```

```
    let postsTap = UITapGestureRecognizer(target: self, action: #selector(postsTap(_:)))
    postsTap.numberOfTapsRequired = 1
    header.posts.isUserInteractionEnabled = true
    header.posts.addGestureRecognizer(postsTap)

    // 单击关注者 label
    let followersTap = UITapGestureRecognizer(target: self, action: #selector(followersTap(_:)))
    followersTap.numberOfTapsRequired = 1
    header.followers.isUserInteractionEnabled = true
    header.followers.addGestureRecognizer(followersTap)

    // 单击关注 label
    let followingsTap = UITapGestureRecognizer(target: self, action: #selector(followingsTap(_:)))
    followingsTap.numberOfTapsRequired = 1
    header.followings.isUserInteractionEnabled = true
    header.followings.addGestureRecognizer(followingsTap)
```

这段代码与 HomeVC 中的类似，可以直接复制并进行简单修改。

步骤 2　在 GuestVC 类中添加 posts label 被单击后的实现方法。

```
    // 单击 posts label
    func postsTap(_ recognizer: UITapGestureRecognizer) {
      if !picArray.isEmpty {
        let index = IndexPath(item: 0, section: 0)
        self.collectionView?.scrollToItem(at: index, at: .top, animated: true)
      }
    }
```

步骤 3　在 GuestVC 类中添加 followers 和 followings label 被单击后的实现方法。

```
    // 单击 followers label
    func followersTap(_ recognizer: UITapGestureRecognizer) {
      // 从故事板载入 FollowersVC 的视图
      let followers = self.storyboard?.instantiateViewController(withIdentifier: "FollowersVC") as! FollowersVC

      followers.user = guestArray.last!.username
      followers.show = "关 注 者"

      self.navigationController?.pushViewController(followers, animated: true)
    }

    // 单击 followings label
    func followingsTap(_ recognizer: UITapGestureRecognizer) {
      // 从故事板载入 FollowersVC 的视图
      let followings = self.storyboard?.instantiateViewController(withIdentifier: "FollowersVC") as! FollowersVC

      followings.user = guestArray.last!.username
```

```
       followings.show = "关注"
       self.navigationController?.pushViewController(followings, animated: true)
   }
```

在上面的两个方法中,都是先从故事板中获取到 FollowersVC 控制器对象,然后将值传递给控制器的 user 和 show 两个字符串变量。最后在导航控制器中 push 该控制器。

> **注意** 在访问 guestArray 的 last 属性的时候必须用!强制拆包,因为 last 属性本身是可选类型,根据可选链原则 username 的值也是可选,而 FollowersVC 类的 user 属性并不是可选,所以必须强制拆包。

17.6 从其他控制器切换到 GuestVC

接下来,我们需要从其他控制器切换到 GuestVC 控制器。一般情况下,我们从 FollowersVC 通过导航控制器推送到 GuestVC。

步骤 1 在项目导航中打开 FollowersVC.swift 文件,添加 tableView(_:, didSelectRowAt:) 方法。

```
override func tableView(_ tableView: UITableView, didSelectRowAt indexPath: IndexPath) {
    // 通过 indexPath 获取用户所单击的单元格的用户对象
    let cell = tableView.cellForRow(at: indexPath) as! FollowersCell

    // 如果用户单击单元格,或者进入 HomeVC 或者进入 GuestVC
    if cell.usernameLbl.text == AVUser.current().username {
        let home = storyboard?.instantiateViewController(withIdentifier: "HomeVC") as! HomeVC
        self.navigationController?.pushViewController(home, animated: true)
    }else {
        guestArray.append(followerArray[indexPath.row])
        let guest = storyboard?.instantiateViewController(withIdentifier: "GuestVC") as! GuestVC
        self.navigationController?.pushViewController(guest, animated: true)
    }
}
```

tableView(_:didSelectRowAt:) 是 UITableViewDelegate 协议方法,当用户单击表格视图某个单元格的时候就会调用该方法,通过 didSelectRowAt 参数我们可以获知用户单击的单元格位置。

所以在上面的代码中,我们首先通过 Table View 的 cellForRow(at:) 方法获取所单击的单元格。然后判断单元格中显示的 username 是否是当前用户,是则推出 HomeVC 控制器,不是则将该访客对象添加到 guestArray 数组中,并推出 GuestVC 控制器。guestArray 数组是全局变量，用于帮助我们定位最新的访客对象。

步骤 2　在故事板中选择用于显示访客页面的集合视图控制器，在 Identity Inspector 中将 Class 设置为 GuestVC，将 Storyboard ID 设置为 GuestVC，如图 17-3 所示。

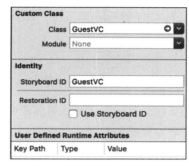

图 17-3　设置新的集合视图控制器与 GuestVC 关联

步骤 3　在 GuestVC 类的 viewDidLoad() 方法中，设置集合视图的背景色为白色。

```
// 设置集合视图的背景色为白色
self.collectionView?.backgroundColor = .white
```

构建并运行项目，在关注者或关注页面中单击用户单元格，将会推出访客页面，如图 17-4 所示。

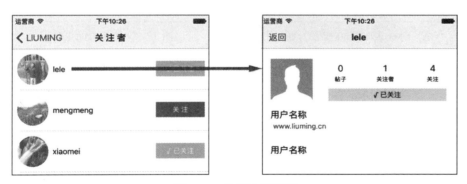

图 17-4　呈现访客页面

如果你仔细观察的话，会发现统计数字是正确的，但是与 _User 表相关的数据都没有显示出来。查询调试控制台或者是在 collectionView(_:, viewForSupplementaryElementOfKind:, at:) 方法中载入访客数据部分添加断点的话，就会发现 error 报错：Optional(" Forbidden to find by class permissions.")。这是 LeanCloud 云端服务的一个报错，它代表在获取用户信息的时候，查找（find）操作的权限被禁止了。所以，我们需要对 LeanCloud 云端的数据表进行权限设置。

步骤 4　在 LeanCloud 云端的控制台中选中 _User 表，然后单击其他菜单中的权限设置，如图 17-5 所示。

图 17-5　设置 _User 表的权限

步骤 5　在设置 _User 权限的面板中选择左侧的 find，然后从右侧的选项中选择登录用户，代表只有登录的用户才可以进行 _User 表的查询操作，如图 17-6 所示。

构建并运行项目，再次单击访客单元格后显示内容正常，如图 17-7 所示。

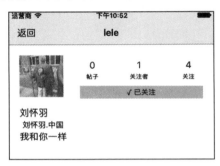

图 17-6　设置 _User 表的 find 权限为登录用户　　　图 17-7　访客页面正常显示

17.7　对于访客的关注和取消关注

接下来，我们要实现 GuestVC 中的 Header 部分在单击关注按钮以后需要实现的代码。

步骤 1　在故事板中删除 GuestVC 中 Header 里面的按钮的 title 文本信息，然后在 Attributes Inspector 中将 Text Color 和 Shadow Color 设置为 White Color，最后为该按钮与 HeaderView 类建立 Action 关联，Action 方法的 Name 设置为 followBtn_clicked。

```
// 从 GuestVC 单击关注按钮
@IBAction func followBtn_clicked(_ sender: AnyObject) {
}
```

我们之前有过对访客添加关注或取消关注相关的代码经验，直接复制并简单修改即可。

步骤 2　在 FollowersCell 类中，将 followBtn_clicked(_:) 方法中代码全部复制到 HeaderView 类中的 followBtn_clicked(_:) 方法里面，并修改为如下所示。

```
let title = button.title(for: .normal)

// 获取当前的访客对象
```

```
    let user = guestArray.last

    if title == "关注" {
      guard let user = user else { return }

      AVUser.current().follow(user?.objectId, andCallback: { (success:Bool, error:
Error?) in
        if success {
          self.button.setTitle("√ 已关注", for: .normal)
          self.button.backgroundColor = .green
        }else {
          print(error?.localizedDescription)
        }
      })
    } else {
      guard let user = user else { return }

      AVUser.current().unfollow(user?.objectId, andCallback: { (success:Bool, error:
Error?) in
        if success {
          self.button.setTitle("关注", for: .normal)
          self.button.backgroundColor = .lightGray
        }else {
          print(error?.localizedDescription)
        }
      })
    }
```

通过关注按钮的 title 文本，判断当前用户是要关注还是要取消对访客的关注。构建并运行项目，效果如图 17-8 所示。

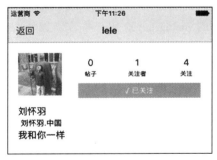
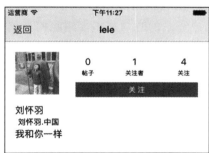

图 17-8　访客页面关注按钮的状态变化

本章小结

　　本章中我们所实现的访客页面功能与之前个人主页的功能相似，虽然篇幅很长，但是复制了很多之前我们所编写的代码。如果你感觉没有完全掌握前面的技能，也可以借助本章再巩固一遍。

第 18 章 设置访客页面的布局

在之前几章的实战练习中，我们新创建了几个新的控制器视图，本章需要设置它们的界面布局。

18.1 用户的退出

我们先为 Instagram 应用添加用户退出功能。因为之前一直没有实现该功能，所以每次在测试新用户登录的时候都需要删除模拟器中的 Instagram 应用，再重新编译并构建项目。下面就来解决这个问题。

步骤 1 在项目导航中打开故事板，从对象库中拖曳一个 Bar Button Item 控件到 HomeVC 视图的导航栏中的右侧位置。选中这个 Item，在 Attributes Inspector 中将 System Item 设置为 Stop，如图 18-1 所示。

图 18-1 在 HomeVC 的导航栏中添加退出按钮

第 18 章　设置访客页面的布局　143

步骤 2　将 Xcode 切换到助手编辑器模式，为刚才新添加的 Bar Button Item 按钮与 HomeVC 类创建 Action 关联，Name 设置为 logout。

步骤 3　在 logout(_:) 方法中，完成下面的代码：

```
// 单击退出登录
@IBAction func logout(_ sender: AnyObject) {
  // 退出用户登录
  AVUser.logOut()

  // 从 UserDefaults 中移除用户登录记录
  UserDefaults.standard.removeObject(forKey: "username")
  UserDefaults.standard.synchronize()

  // 设置应用程序的 rootViewController 为登录控制器
  let signIn = self.storyboard?.instantiateViewController(withIdentifier: "SignInVC")
  let appDelegate = UIApplication.shared.delegate as! AppDelegate
  appDelegate.window?.rootViewController = signIn
}
```

在该方法中，首先退出用户登录，然后再从 UserDefaults 中移除用户登录记录，最后从故事板中载入 Storyboard ID 为 SignInVC 的控制器，并作为应用程序的 root 控制器显示到屏幕上。

步骤 4　在故事板中选择登录页面控制器，在 Identity Inspector 中将 Storyboard ID 设置为 SignInVC。

构建并运行项目，当单击导航栏中的 Stop 按钮以后即会退出已登录状态，并进入登录界面。

18.2　设置 HeaderView 的布局

步骤 1　在 HeaderView 类中，添加对 awakeFromNib() 方法的重写。

```
override func awakeFromNib() {
  super.awakeFromNib()

  // 对齐
  let width = UIScreen.main.bounds.width
}
```

在该方法中，我们首先通过 UIScreen 类获取到用户屏幕的宽度值。

提示　一般情况下，我们对控制器（UIViewController、UITableViewController 或 UICollectionViewController 等）进行一些初始化设定的时候都是通过 viewDidLoad() 方法。对视图（UIView、UICollectionReusableView、UITableViewCell 等）进行初始化设定的时候都是通过 awakeFromNib() 方法。

步骤 2　对 avaImg、posts、followers 和 followings 进行布局，添加下面的代码到 let width

语句的下面：

```
// 对头像进行布局
    avaImg.frame = CGRect(x: width / 16, y: width / 16, width: width / 4, height: width / 4)

// 对三个统计数据进行布局
    posts.frame = CGRect(x: width / 2.5, y: avaImg.frame.origin.y, width: 50, height: 30)
    followers.frame = CGRect(x: width / 1.6, y: avaImg.frame.origin.y, width: 50, height: 30)
    followings.frame = CGRect(x: width / 1.2, y: avaImg.frame.origin.y, width: 50, height: 30)
```

因为要适应不同尺寸的屏幕，所以在设置头像时将它的 x 和 y 的值设置为屏幕宽度的 1/16，width 和 height 为屏幕宽度的 1/4，这样在各种屏幕上都会呈现一个完美的比例。

对于三个统计数据的 Label 来说，他们的 y 位置都是一样的，并且与头像的 y 位置相同。只不过它们的 x 值依次为屏幕宽度的 1/2.5、1/1.6 和 1/1.2，这样做的目的也是为了可以根据屏幕的实际比例来完美定位它们的水平坐标，当然你也可以根据自己的意愿进行微调。

步骤 3 继续添加下面的代码：

```
// 设置三个统计数据 Title 的布局
    postTitle.center = CGPoint(x: posts.center.x, y: posts.center.y + 20)
    followersTitle.center = CGPoint(x: followers.center.x, y: followers.center.y + 20)
    followingsTitle.center = CGPoint(x: followings.center.x, y: followings.center.y + 20)

// 设置按钮的布局
    button.frame = CGRect(x: postTitle.frame.origin.x, y: postTitle.center.y + 20, width: width - postTitle.frame.origin.x - 10, height: 30)

    fullnameLbl.frame = CGRect(x: avaImg.frame.origin.x, y: avaImg.frame.origin.y + avaImg.frame.height, width: width - 30, height: 30)

    webTxt.frame = CGRect(x: avaImg.frame.origin.x - 5, y: fullnameLbl.frame.origin.y + 15, width: width - 30, height: 30)

    bioLbl.frame = CGRect(x: avaImg.frame.origin.x, y: webTxt.frame.origin.y + 30, width: width - 30, height: 30)
```

在这段代码中，我们利用 UIView 的 center 属性定位三个 Label 的位置，因为只要确定 Title 的中心点与其上方的统计 Label 的中心点一致，就可以完美呈现这六个控件了。

在设置 button 宽度时，我们让它 = 屏幕宽度 –postTitle 的 x 值 –10，这样它的宽度正好是从 postTitle 左边缘开始，到屏幕右侧边缘 10 点的距离结束。

构建并运行项目，效果如图 18-2 所示。

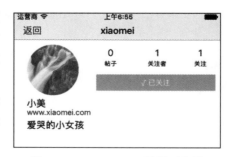

图 18-2　HeaderView 的界面布局

第 18 章 设置访客页面的布局 ❖ 145

提示　如果在模拟器中 Label 和 Text View 的背景色之间发生了相互遮挡的情况，则可以在故事板的 Attributes Inspector 中，将它们的 Background 设置为 Clear Color，如图 18-3 所示。

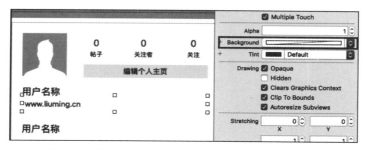

图 18-3　设置 Text View 的 Background 为 Clear Color

18.3　设置集合视图单元格的大小

之前在故事板中，我们为集合视图定义的单元格大小为 106。而针对不同的屏幕设备，需要有不同的单元格大小，所以要在 HomeVC 类中通过程序代码进行设置。

步骤 1　在项目导航中打开 HomeVC.swift 文件，添加一个新的方法 collectionView(_:layout:sizeForItemAt:)。

```
// 设置单元格大小
func collectionView(_ collectionView: UICollectionView, layout collectionViewLayout:
UICollectionViewLayout, sizeForItemAt indexPath: IndexPath) -> CGSize {
    let size = CGSize(width: self.view.frame.width / 3, height: self.view.frame.
width / 3)
    return size
}
```

通过该方法，我们可以单独设置每一个单元格的高度和宽度，只是这里统一设置为控制器视图的 1/3 大小。

如果你此时运行应用程序的话，就会发现程序根本不会运行到该方法，这是为什么呢？通过 Xcode 的帮助文档可以发现，该方法属于集合视图的布局协议（UICollectionViewDelegateFlowLayout），而该协议并没有包含在 UICollectionViewController 的默认协议之中。默认协议有两个，分别是 UICollectionViewDelegate 和 UICollectionViewDataSource。

步骤 2　在 HomeVC 类的声明中，添加 UICollectionViewDelegateFlowLayout 协议。

```
class HomeVC: UICollectionViewController, UICollectionViewDelegateFlowLayout {
```

步骤 3　在项目导航中打开 PictureCell 类，为其添加 awakeFromNib() 方法。

```
override func awakeFromNib() {
```

```
    super.awakeFromNib()

    let width = UIScreen.main.bounds.width
    // 将单元格中 Image View 的尺寸同样设置为屏幕宽度的 1/3
    picImg.frame = CGRect(x: 0, y: 0, width: width / 3, height: width / 3)
}
```

步骤 4 复制上面的 awakeFromNib() 方法，在项目导航中打开 GuestVC.swift 文件，将方法复制到该类中。同时为 GuestVC 类也添加 UICollectionViewDelegateFlowLayout 协议。

构建并运行项目，不管是当前用户页面还是访客页面，集合视图中的单元格及照片尺寸均为屏幕宽度的 1/3，如图 18-4 所示。

图 18-4　设置集合视图的单元格大小为屏幕宽度的 1/3

18.4　关注页面的布局

下面，我们需要对关注页面进行布局。

步骤 1 在项目导航中打开 FollowersVC.swift 文件，添加一个新的协议方法：

```
override func tableView(_ tableView: UITableView, heightForRowAt indexPath: IndexPath) -> CGFloat {

    return self.view.frame.width / 4

}
```

通过该协议方法可以设置指定单元格的行高，这里让行高为屏幕宽度的 1/4，也就意味着屏幕越宽，单元格的高度就会成比例变高。

步骤 2 在项目导航中打开 FollowersCell.swift 文件，在 awakeFromNib() 方法中添加下

面的代码：

```
override func awakeFromNib() {
    super.awakeFromNib()
    
    // 布局设置
    let width = UIScreen.main.bounds.width
    
    avaImg.frame = CGRect(x: 10, y: 10, width: width / 5.3, height: width / 5.3)
    usernameLbl.frame = CGRect(x: avaImg.frame.width + 20, y: 30, width: width / 3.2, height: 30)
    followBtn.frame = CGRect(x: width - width / 3.5 - 20, y: 30, width: width / 3.5, height: 30)
    ……
```

在获取到屏幕的宽度值以后，首先设置用户头像的位置，宽度和高度与屏幕宽度的比例为 1/5.3。usernameLbl 位于 avaImg 的右侧 10 点的位置，所以将其设置为 avaImg 宽度 +20，因为 avaImg 左右两侧各有 10 点的间隔空间。followBtn 位于单元格的最右侧，它的 x 值应为屏幕宽度 –followBtn 按钮宽度（width: width / 3.5）– 与右边缘的间隔空间（20）。

构建并运行项目，关注页面在任何设备上都完美显示，如图 18-5 所示。

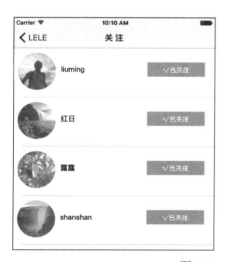

图 18-5　不同屏幕尺寸的关注页面效果

本章小结

本章我们首先为 Instagram 项目添加了用户退出功能，然后利用代码为 HeaderView 进行了页面布局，这里与之前设置登录、注册页面的布局类似，主要是运用 UI 控件的 frame 属性来针对不同尺寸屏幕进行布局。

第三部分 Part 3

- 第 19 章　创建用户配置界面
- 第 20 章　个人配置页面数据的接收与提交
- 第 21 章　实现帖子上传功能
- 第 22 章　实现分页载入功能
- 第 23 章　搭建帖子控制器的界面
- 第 24 章　设置帖子单元格的布局
- 第 25 章　进一步美化程序界面

Chapter 19 第 19 章

创建用户配置界面

本章我们将会为用户创建个人配置界面,当用户在 HomeVC 的 Header 部分中单击编辑个人主页按钮后,就会进入到该页面来修改个人信息。

19.1 在故事板中创建个人配置控制器视图

步骤 1 在故事板中,从对象库中拖曳一个新的 View Controller 到 GuestVC 的右侧,确定选中新创建的控制器,从菜单栏中选择 Editor → Embed In → Navigation Controller,如图 19-1 所示。

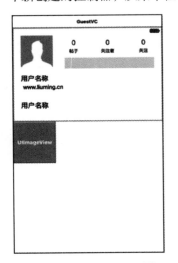
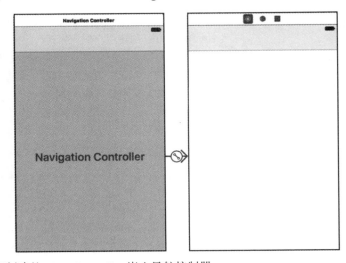

图 19-1 为新创建的 View Controller 嵌入导航控制器

将新创建的视图控制器内嵌到导航控制器中，这样就可以显性地在故事板中为控制器设计导航栏的用户界面，包括两侧的 Bar Button Item 对象和中间的 Title 对象。

> **提示** 即便不在故事板中做 Embed In 操作，当新控制器被推到手机屏幕上时也是带有导航栏的，因为我们后面会在 HomeVC 控制器中根据用户交互将其推出。只不过这样就不能在故事板中通过显性的方式编辑导航栏中的 UI 对象，而只能通过代码的形式定义 UI 对象。

步骤 2 从对象库中拖曳两个 Bar Button Item 对象到导航栏的左右两侧，在 Attributes Inspector 中设置左侧的 Bar Button Item 的 Title 为取消，设置右侧的 Title 为保存。

在该页面中我们将会利用 Text Field 填写各种信息，为了避免在填写信息的时候出现被虚拟键盘遮挡的情况，还需要添加一个滚动视图。

步骤 3 从对象库中拖曳一个 Scroll View 到视图中，如图 19-2 所示。

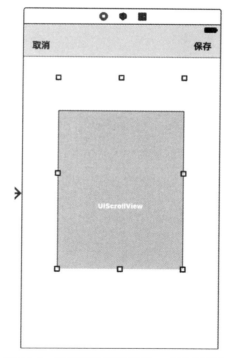

图 19-2　添加滚动视图到 HomeVC 视图中

> **注意** 在 Xcode 8 Beta 2 中，当我们向具有导航栏的控制器拖曳滚动视图的时候，会发生错位的情况，这也说明了在默认状态下滚动视图的 y 属性值与实际位置是错位的，错位

的值正好是导航栏的高度。如果我们不解决这个问题，那么之后所有添加到滚动视图的 UI 控件均有错位的情况，如图 19-3 所示。但如果你使用的是 Beta 6 以上的 Xcode 8，则不会出现这样的问题，可以直接跳到步骤 5。

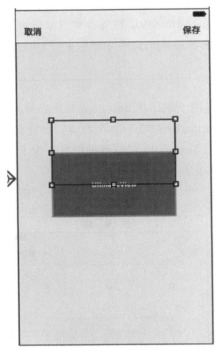

图 19-3　滚动视图中 Image View 的错位

步骤 4　在大纲视图中选择新创建的视图控制器（黄色图标的），在 Attributes Inspector 中的 Simulated Metrics 部分将 Top Bar 设置为 Opaque Navigation bar，如图 19-4 所示。

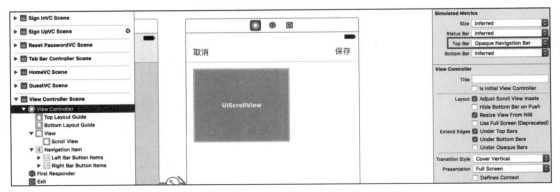

图 19-4　将控制器的 Top Bar 设置为 Opaque Navigation bar

Opaque Navigation Bar 代表该视图控制器的导航栏是不透明的，因此在向视图中添加滚动视图的时候就不会有错位的情况出现。另外，我们也可以使用自动布局（Auto Layout）的约束特性来解决这个问题，但不在本书的讨论范围之内。

步骤 5 选中滚动视图，在 Size Inspector 中设置 x 和 y 的值为 0，并将其宽度和高度调整为屏幕大小，如图 19-5 所示。

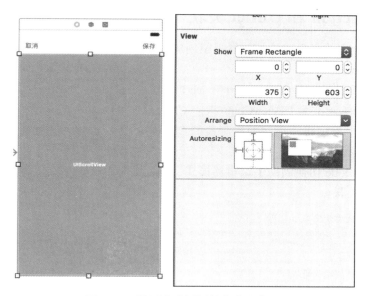

图 19-5　设置滚动视图的大小和位置

步骤 6 从对象库拖曳 1 个 Image View 到滚动视图的右上角，在 Size Inspector 中将宽度和高度均设置为 80，在 Attributes Inspector 中将 Image 设置为 pp.jpg，如图 19-6 所示。

步骤 7 从对象库拖曳 3 个 Text Field 到 Image View 的左侧和下面，分别将其 Placeholder 设置为姓名、用户名和网站，如图 19-7 所示。

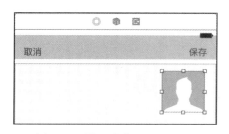

图 19-6　设置头像 Image View

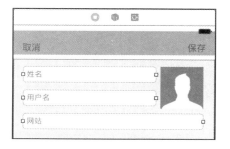

图 19-7　设置个人主页中的 Text Field

步骤 8 从对象库拖曳 1 个 Text View 到网站 Text Field 的下面，删除其文本内容。

步骤 9 从对象库拖曳 1 个 Label 到 Text View 的下面，将 Title 设置为私人信息。

步骤 10 从对象库拖曳 3 个 Text Field 到 Label 的下面，分别将其 Placeholder 设置为电子邮件、移动电话和性别，如图 19-8 所示。

19.2 创建 Action 和 Outlet 关联

接下来，我们要为新创建的控制器视图创建必要的 Action 和 Outlet 关联。

步骤 1 在项目导航中新建 Cocoa Touch Class 类型的文件，Subclass of 为 UIViewController，Class 为 EditVC。在故事板中将新创建的控制器的 Class 设置为 EditVC。

步骤 2 将 Xcode 切换到助手编辑器模式，创建下面的 Action 关联。

图 19-8 设置个人主页中的其他 Text Field

```
// 单击保存按钮的实现代码
@IBAction func save_clicked(_ sender: AnyObject) {
}

// 单击取消按钮的实现代码
@IBAction func cancel_clicked(_ sender: AnyObject) {
    // 隐藏虚拟键盘
    self.view.endEditing(true)
    // 销毁个人信息编辑控制器
    self.dismiss(animated: true, completion: nil)
}
```

其中，save_clicked(_:) 方法与导航栏的保存按钮关联，目前暂时不执行任何代码。cancel_clicked(_:) 方法与导航栏的取消按钮关联，它会先隐藏虚拟键盘，然后销毁当前的 EditVC 控制器。

步骤 3 创建下面的 Outlet 关联。

```
class EditVC: UIViewController {

// UI 对象部分
// 滚动视图
@IBOutlet weak var scrollView: UIScrollView!

// 个人头像
@IBOutlet weak var avaImg: UIImageView!

// 上半部分的信息
@IBOutlet weak var fullnameTxt: UITextField!
```

```
@IBOutlet weak var usernameTxt: UITextField!
@IBOutlet weak var webTxt: UITextField!
@IBOutlet weak var bioTxt: UITextView!

// 私人信息 Label
@IBOutlet weak var titleLbl: UILabel!

// 下半部分的信息
@IBOutlet weak var emailTxt: UITextField!
@IBOutlet weak var telTxt: UITextField!
@IBOutlet weak var genderTxt: UITextField!
```

步骤 4 选择视图中所有的 Text Field，在 Attributes Inspector 中将 Clear Button 设置为 Is always visible。

步骤 5 在故事板选中 webTxt 控件对象，在 Attributes Inspector 中将 Keyboard Type 设置为 URL，如图 19-9 所示。

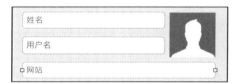 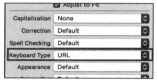

图 19-9　设置 webTxt 的键盘输入类型为 URL

步骤 6 参照步骤 5 的操作，将 emailTxt 的 Keyboard Type 设置为 E-mail Address，telTxt 的设置为 Phone Pad。

19.3　为视图创建布局代码

接下来要为 EditVC 中的 UI 控件对象进行布局。

步骤 1 在 EditVC 类中添加 alignment() 方法，并在 viewDidLoad() 方法中调用该方法。

```
override func viewDidLoad() {
  super.viewDidLoad()

  // 调用布局方法
  alignment()
}

// 界面布局
func alignment() {
}
```

步骤 2 在 alignment() 方法中添加下面的代码：

```
func alignment() {
  let width = self.view.frame.width
```

```
    let height = self.view.frame.height

    scrollView.frame = CGRect(x: 0, y: 0, width: width, height: height)

    avaImg.frame = CGRect(x: width - 68 - 10, y: 15, width: 68, height: 68)
    avaImg.layer.cornerRadius = avaImg.frame.width / 2
    avaImg.clipsToBounds = true
}
```

在上面的代码中，首先获取了控制器视图的宽度和高度，注意，这里的高度值是屏幕的实际高度。然后利用获取到的宽度和高度值设置滚动视图的位置和大小。接着将 avaImg 的位置设置为靠滚动视图右侧 10 个点，顶部 15 个点的位置，它的宽高是 68 个点，并且设置头像为圆形效果显示。

步骤 3 在 alignment() 方法中继续添加如下代码：

```
    fullnameTxt.frame = CGRect(x: 10, y: avaImg.frame.origin.y, width: width - avaImg.frame.width - 30, height: 30)

    usernameTxt.frame = CGRect(x: 10, y: fullnameTxt.frame.origin.y + 40, width: width - avaImg.frame.width - 30, height: 30)

    webTxt.frame = CGRect(x: 10, y: usernameTxt.frame.origin.y + 40, width: width - 20, height: 30)

    bioTxt.frame = CGRect(x: 10, y: webTxt.frame.origin.y + 40, width: width - 20, height: 60)
```

在设置 fullnameTxt 的 y 属性时，让它与 avaImg 齐高，宽度设置为控制器视图宽度 –avaImg 宽度 –30。减 30 是因为 fullnameTxt 的左侧有 10 个点的间隔，fullnameTxt 与 avaImg 有 10 个点的间隔，avaImg 与控制器视图的右侧有 10 个点的间隔，一共 30 个点。

另外，因为 bioTxt 是 Text View 控件，所以将它的高度设置为 60。

步骤 4 在 alignment() 方法中继续添加下面的代码：

```
    titleLbl.frame = CGRect(x: 10, y: bioTxt.frame.origin.y + 100, width: width - 20, height: 30)

    emailTxt.frame = CGRect(x: 10, y: titleLbl.frame.origin.y + 40, width: width - 20, height: 30)

    telTxt.frame = CGRect(x: 10, y: emailTxt.frame.origin.y + 40, width: width - 20, height: 30)

    genderTxt.frame = CGRect(x: 10, y: telTxt.frame.origin.y + 40, width: width - 20, height: 30)
```

步骤 5 在故事板中为 HomeVC 的 HeaderView 部分的 button 与 EditVC 的导航控制器创建关联，在弹出的关联面板中选择 Present Modally，如图 19-10 所示。这样当用户单击编辑个人主页按钮时就会跳转到带有导航栏的 EditVC 控制器。

第 19 章 创建用户配置界面

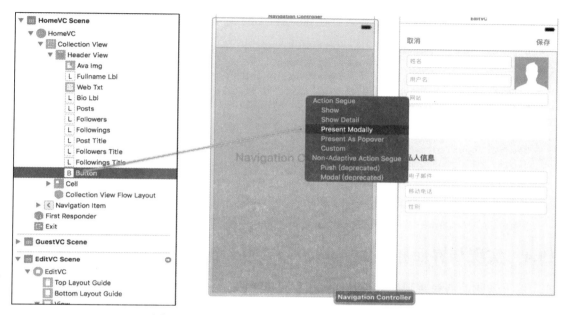

图 19-10　为 HomeVC 和 EditVC 控制器创建关联

步骤 6　在故事板里面选中 EditVC，在 Attributes Inspector 中将 Background 设置为 Group Table View Background Color。

构建并运行项目，效果如图 19-11 所示。

图 19-11　EditVC 控制器的用户界面

步骤 7 为了使 bioTxt 更加美观，在 bioTxt.frame 语句的下面添加如下代码：

```
bioTxt.frame = CGRect(x: 10, y: webTxt.frame.origin.y + 40, width: width - 20, height: 60)
// 为 bioTxt 创建 1 个点的边线，并设置边线的颜色
bioTxt.layer.borderWidth = 1
bioTxt.layer.borderColor = UIColor(red: 230/255.0, green: 230/255.0, blue: 230/255.0, alpha: 1).cgColor
// 设置 bioTxt 为圆角
bioTxt.layer.cornerRadius = bioTxt.frame.width / 50
bioTxt.clipsToBounds = true
......
```

构建并运行项目，效果如图 19-12 所示。

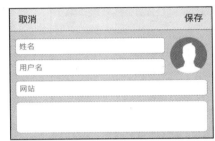

图 19-12　为 bioTxt 设置边线和圆角

19.4　实现与界面相关的代码

接下来我们需要实现的效果是：当用户单击性别 Text Field 的时候，呈现出一个获取器视图（Picker View）供用户选择性别，这要借助 PickerView 类来实现。

步骤 1 在 EditVC 类中添加两个协议声明和三个属性：

```
class EditVC: UIViewController, UIPickerViewDelegate, UIPickerViewDataSource {
    ......
    // PickerView 和 PickerData
    var genderPicker: UIPickerView!
    let genders = ["男", "女"]
    
    var keyboard = CGRect()
```

如果你是第一次使用 UIPickerView（获取器），需要注意：我们不能直接通过它的属性或方法设置可供选择的条目，而要像集合视图或表格视图那样，从数据源中得到相关信息。因此，需要让 EditVC 类符合 UIPickerViewDelegate 和 UIPickerViewDataSource 协议。

在三个属性中：genderPicker 是 UIPickerView 类型的对象；genders 是将要呈现在获取器中的选项内容；而 keyboard 则用于存储虚拟键盘的位置和大小，当键盘出现的时候，需要借助这个数据调整滚动视图中 Content View 的垂直偏移量。

步骤 2 在 EditVC 类中添加与获取器相关的四个协议方法：

```
// 获取器方法
// 设置获取器的组件数量
func numberOfComponents(in pickerView: UIPickerView) -> Int {
    return 1
}

// 设置获取器中选项的数量
```

```
    func pickerView(_ pickerView: UIPickerView, numberOfRowsInComponent component:
Int) -> Int {
        return genders.count
    }

    //设置获取器的选项 Title
    func pickerView(_ pickerView: UIPickerView, titleForRow row: Int, forComponent
component: Int) -> String? {
        return genders[row]
    }

    //从获取器中得到用户选择的 Item
    func pickerView(_ pickerView: UIPickerView, didSelectRow row: Int, inComponent
component: Int) {
        genderTxt.text = genders[row]
        self.view.endEditing(true)
    }
```

在添加的这四个协议方法中，前两个属于 UIPickerViewDataSource 协议方法，后两个则属于 UIPickerViewDelegate 协议方法。

numberOfComponents(in:) 方法用于设置在获取器中显示几列的数据选项，如图 19-13 所示，左侧的获取器只有一个 Component（列），而右侧的获取器有四个 Component。

pickerView(_: numberOfRowsInComponent:) 协议方法用于设置每个 Component 中有多少个选项，类似于集合视图中的 collectionView(_: number-OfItemsInSection:) 方法。

图 19-13　两种不同的获取器

pickerView(_: titleForRow: forComponent:) 是 UIPickerViewDelegate 协议方法，当获取器呈现在屏幕上，需要显示每个选项的内容时会调用该方法，这里让它返回字符串内容：男或女。

当用户选择了获取器中的某个选项后，会执行 pickerView(_: didSelectRow: inComponent:) 协议方法，didSelectRow 代表用户选择的行，inComponent 代表从哪个 Component 中选择的。

步骤 3　在 viewDidLoad() 方法中添加下面的代码：

```
override func viewDidLoad() {
    super.viewDidLoad()

    //在视图中创建 PickerView
    genderPicker = UIPickerView()
    genderPicker.dataSource = self
    genderPicker.delegate = self
    genderPicker.backgroundColor = UIColor.groupTableViewBackground
    genderPicker.showsSelectionIndicator = true
    genderTxt.inputView = genderPicker
    ……
```

在 viewDidLoad() 方法中，将 genderPicker 的 dataSource 和 delegate 属性指向当前控制器对象，这样，获取器对象就知道自己需要的数据向谁要，或者是用户交互的信息传送给谁。

在代码的最后一行是将 genderTxt 的 inputView 属性指向 genderPicker，这样，当用户单击 genderTxt 以后，使得该 Text Field 控件变成了 first responder（首要响应对象），获取器就会从屏幕底部滑出来，如图 19-14 所示。在选择好性别后，选项的 Title 就会呈现到 Text Field 中。

接下来，我们要处理与虚拟键盘相关的问题，这和之前在 SignUpVC 中的代码类似，可以将相关代码复制过来。

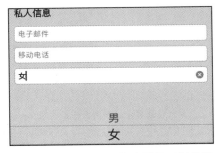

图 19-14　EditVC 中获取器的运行效果

步骤 4　从 SignUpVC 类的 viewDidLoad() 方法中复制下面的代码到 EditVC 类的 viewDidLoad() 方法中。

```
override func viewDidLoad() {
......
    genderTxt.inputView = genderPicker

    //检测键盘出现或消失的状态
    NotificationCenter.default.addObserver(self, selector: #selector(showKeyboard), name: Notification.Name.UIKeyboardWillShow, object: nil)
    NotificationCenter.default.addObserver(self, selector: #selector(hideKeyboard), name: Notification.Name.UIKeyboardWillHide, object: nil)
    //单击控制器视图后让键盘消失
    let hideTap = UITapGestureRecognizer(target: self, action: #selector(hideKeyboardTap))
    hideTap.numberOfTapsRequired = 1
    self.view.isUserInteractionEnabled = true
    self.view.addGestureRecognizer(hideTap)

    //调用布局方法
    alignment()
}
```

步骤 5　在 EditVC 类中添加下面三个方法：

```
//隐藏视图中的虚拟键盘
func hideKeyboardTap(recognizer: UITapGestureRecognizer) {
    self.view.endEditing(true)
}

func showKeyboard(notification: Notification) {
    //定义 keyboard 大小
    let rect = notification.userInfo![UIKeyboardFrameEndUserInfoKey] as! NSValue
    keyboard = rect.cgRectValue
```

//当虚拟键盘出现以后，将滚动视图的内容高度变为控制器视图高度加上键盘高度的一半。

```
    UIView.animate(withDuration: 0.4) {
      self.scrollView.contentSize.height = self.view.frame.height + self.keyboard.height / 2
    }
  }

  func hideKeyboard(notification: Notification) {
    // 当虚拟键盘消失后，将滚动视图的内容高度值改变为0，这样滚动视图会根据实际内容设置大小。
    UIView.animate(withDuration: 0.4) {
      self.scrollView.contentSize.height = 0
    }
  }
```

当用户单击控制器视图时会执行 hideKeyboardTap (recognizer:) 方法，这里会让虚拟键盘消失。

当虚拟键盘消失的时候会执行 hideKeyboard (notification:) 方法，通过动画的方式将滚动视图的 contentSize（内容空间大小）设置为 0，这样，滚动视图会根据实际内容设置大小。

另外，当虚拟键盘出现的时候，首先会获取键盘的高度值，再将滚动视图 contentSize 的高度增加键盘高度值的一半，以显示所有的内容。

在获取键盘高度值的时候，因为 userInfo 是可选，所以先将其强制拆包，然后再将其转换为 NSValue 类型的对象即可。

构建并运行项目，在单击电子邮件的 Text Field 以后便出现了邮件地址的输入键盘，这时可以上下拖曳滚动视图，在单击控制器视图以后，虚拟键盘消失，如图 19-15 所示。

接下来，需要实现在单击 avaImg 时弹出照片获取器，修改用户头像的功能。

图 19-15　滚动视图的运行效果

步骤 1　在 viewDidLoad() 方法中，添加下面的代码：

```
// 单击 image view
let imgTap = UITapGestureRecognizer(target: self, action: #selector(loadImg))
imgTap.numberOfTapsRequired = 1
avaImg.isUserInteractionEnabled = true
avaImg.addGestureRecognizer(imgTap)
```

步骤 2　在 EditVC 的类声明语句中添加两个照片获取器相关的协议。

```
class EditVC: UIViewController, UIPickerViewDelegate, UIPickerViewDataSource, UIImagePickerControllerDelegate, UINavigationControllerDelegate {
```

步骤 3 在 EditVC 中添加下面的方法：

```
// 调出照片获取器选择照片
func loadImg(recognizer: UITapGestureRecognizer) {
  let picker = UIImagePickerController()
  picker.delegate = self
  picker.sourceType = .photoLibrary
  picker.allowsEditing = true
  present(picker, animated: true, completion: nil)
}
```

在该方法中，首先创建照片获取器对象，并设置获取器的 delegate 属性指向当前控制器。设置从照片库中获取照片，并允许编辑照片。最后将获取器显示到屏幕上。

步骤 4 在 EditVC 中添加下面的协议方法：

```
// 关联选择好的照片图像到 image view
  func imagePickerController(_ picker: UIImagePickerController, didFinishPickingMediaWithInfo info: [String : Any]) {
    avaImg.image = info[UIImagePickerControllerEditedImage] as? UIImage
    self.dismiss(animated: true, completion: nil)
  }
```

当从照片获取器中成功得到照片后，会调用 EditVC 中的 imagePickerController(_:, didFinishPickingMediaWithInfo:) 方法，将照片数据赋值给 avaImg 属性。

构建并运行项目，效果如图 19-16 所示。

图 19-16　选择头像后的效果

本章小结

本章我们创建了一个全新的用于修改用户个人配置信息的控制器，从在故事板搭建用户界面，代码设置 UI 控件的布局，到相关功能代码的实现一气呵成，目的是让读者可以再次温习和巩固前面学到的知识，达到融会贯通的效果。

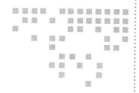

第 20 章　个人配置页面数据的接收与提交

本章我们将处理个人配置页面数据的接收和提交问题。在正常情况下，当用户在 HomeVC 控制器中单击编辑个人主页按钮时，会进入 EditVC 控制器视图，并在该视图中呈现当前用户的信息。

20.1　从云端获取个人用户信息

步骤 1　在 EditVC 类中添加新的方法 information()。

```swift
// 获取用户信息
func information() {
  let ava = AVUser.current().object(forKey: "ava") as! AVFile
  ava.getDataInBackground { (data: Data?, error: Error?) in
    self.avaImg.image = UIImage(data: data!)
  }
}
```

从 AVUser 类中获取到 AVFile 类型的 ava 后，在后台线程中将云端 _User 数据表中的用户头像下载到 avaImg 对象中。

步骤 2　在 ava.getDataInBackground() 方法的后面，添加如下代码：

```swift
// 接收个人用户的文本信息
usernameTxt.text = AVUser.current().username
fullnameTxt.text = AVUser.current().object(forKey: "fullname") as? String
bioTxt.text = AVUser.current().object(forKey: "bio") as? String
webTxt.text = AVUser.current().object(forKey: "web") as? String
```

```
emailTxt.text = AVUser.current().email
telTxt.text = AVUser.current().mobilePhoneNumber
genderTxt.text = AVUser.current().object(forKey: "gender") as? String
```

其中，username、email 和 mobilePhoneNumber 是 AVOSCloud SDK 内置的属性，其他是我们之前通过程序代码手动添加的属性。

步骤 3 在 viewDidLoad() 方法中添加对 information() 方法的调用。

```
override func viewDidLoad() {
  super.viewDidLoad()
  ......
  // 调用布局方法
  alignment()

  // 调用信息载入方法
  information()
}
```

20.2 对 Email 和 Web 进行正则判断

当我们在 EditVC 页面修改好用户信息以后，就应该将信息数据提交到 LeanCloud 云端的 _User 表中，但在此之前，还需要通过正则表达式对关键数据进行有效性判断。

步骤 1 在 save_clicked(_:) 方法的下面添加 validateEmail(email:) 方法。

```
// 正则检查 Email 有效性
func validateEmail(email: String) -> Bool {
  let regex = "\\w[-\\w.+]*@([A-Za-z0-9][-A-Za-z0-9]+\\.)+[A-Za-z]{2,14}"
  let range = email.range(of: regex, options: .regularExpression)
  let result = range != nil ? true : false
  return result
}
```

该方法用于检查 Email 地址是否有效，如果有效则返回 true，否则返回 false。在检查 Email 地址的时候使用了正则表达式，它又称正规表示式、正规表达式（Regular Expression, RE），在代码中常简写为 regex、regexp。正则表达式使用单个字符串来描述、匹配一系列匹配某个句法规则的字符串。在很多文本编辑器里，正则表达式通常被用来检索、替换那些匹配某个模式的文本。

方法中的第一行代码定义了一个规则，\w（w 小写）与任何单词字符匹配，包括 _（下划线），也就相当于匹配所有的字母（大小写）、数字（0-9）和 _。注意，这里千万不能写成 \W（W 大写），这样只会匹配非单词字符。

[ ] 表示匹配所包含的任意一个字符。当前代码中的 [-\\w.+] 代表匹配 \w、-（减号）、.（点号）和 +（加号）中的任何一个字符。[ ]* 代表匹配前一个字符零次或几次。

在之后的规则中继续匹配 @ 符号，这是 Email 的标志。在 @ 的后面是用 () 配一个模式,该模式是一个字母或数字开头,后面可以跟一个或多个 -(减号)、字母、数字和 .(点号)。而这样的一组模式可以是一组或多组,因为在括号的后面跟了一个 +。

在规则的最后 [A-Za-z]{2,14} 代表需要匹配 2 ~ 14 个字母。

在上面代码中的规则字符串里面,我们还使用了 "\\",这是因为 Swift 语言的字符串会自动将双引号中的 \(反斜线)作为转义字符,因此需要使用两个反斜线来代表一个真正字面量上的反斜线字符。

提示 正则表达式被广泛地应用在大多数程序语言中,它可以帮助我们快速匹配需要检查或提取的字符串内容。关于正则表达式的具体操作细节可以利用百度搜索或查阅相关书籍。在网上有很多现成的规则可以直接使用。

接下来,使用字符串的 range(of: options:) 方法进行规则匹配,如果返回值 range 不为空,则代表 email 字符串中有该规则的匹配,即该字符串是一个合格的 Email 地址,返回 true,否则返回 false。方法中的第一个参数是欲搜索的字符串,它不能为空,如果是 nil 的话则会抛出 NSInvalidArgumentException 异常。第二个参数是搜索选项,这里指定使用正则表达式方式。

步骤 2 继续添加一个新的方法,用于检查个人网页的有效性。

```
// 正则检查 Web 有效性
func validateWeb(web: String) -> Bool {
  let regex = "www\\.[A-Za-z0-9._%+-]+\\.[A-Za-z]{2,14}"
  let range = web.range(of: regex, options: .regularExpression)
  let result = range != nil ? true : false
  return result
}
```

与 Email 检查类似,首先匹配 www.,如果 .(点号)直接出现在规则字符串中的话会代表除 "\n" 之外的任何单个字符,所以需要使用反斜线将其转换为字面量。之后通过 [A-Za-z0-9._%+-]+ 匹配任意多的规定字符集,最后要求是 .(点号)加 2 ~ 14 个字母。

步骤 3 继续添加新的方法,用于检查用户的手机号码。

```
// 正则检查手机号码有效性
func validateMobilePhoneNumber(mobilePhoneNumber: String) -> Bool {
  let regex = "0?(13|14|15|18)[0-9]{9}"
  let range = mobilePhoneNumber.range(of: regex, options: .regularExpression)
  let result = range != nil ? true : false
  return result
}
```

规则字符串中,0 后面的 ? 代表匹配前面的子表达式零次或一次。因为在国内使用固话拨打省外手机号码时需要在前面加 0,所以可能会出现号码前面加 0 的情况。

步骤 4 在 save_clicked(_:) 方法中添加下面的代码:

```swift
// 单击保存按钮的实现代码
@IBAction func save_clicked(_ sender: AnyObject) {
  if !validateEmail(email: emailTxt.text!) {
    return
  }

  if !validateWeb(web: webTxt.text!) {
    return
  }

  if !validateMobilePhoneNumber(mobilePhoneNumber: telTxt.text!) {
    return
  }
}
```

如果此时构建并运行项目,我们是得不到任何校验信息反馈的,所以添加下面的方法。

步骤 5 在 EditVC 类中添加 alert(error:, message:) 方法。

```swift
// 消息警告
func alert(error: String, message: String) {
  let alert = UIAlertController(title: error, message: message, preferredStyle: .alert)
  let ok = UIAlertAction(title: "OK", style: .cancel, handler: nil)
  alert.addAction(ok)
  self.present(alert, animated: true, completion: nil)
}
```

还记得之前在 SignInVC 类或 SignUpVC 类中,我们使用上面方法中的代码弹出错误警告对话框吗?这里我们将它封装到一个方法中以便重复使用。

步骤 6 在 save_clicked(_:) 方法中添加对校验失败的错误警告。

```swift
@IBAction func save_clicked(_ sender: AnyObject) {
  // 如果是错误的 Email 地址
  if !validateEmail(email: emailTxt.text!) {
    alert(error: "错误的 Email 地址", message: "请输入正确的电子邮件地址")
    return
  }

  // 如果是错误的网页地址
  if !validateWeb(web: webTxt.text!) {
    alert(error: "错误的网页链接", message: "请输入正确的网址")
    return
  }

  // 如果是错误的手机号码
  if !telTxt.text!.isEmpty {
    if !validateMobilePhoneNumber(mobilePhoneNumber: telTxt.text!) {
      alert(error: "错误的手机号码", message: "请输入正确的手机号码")
```

```
            return
        }
    }
}
```

提示　除了在 EditVC 类中可以复用 alert(error: message:) 方法以外，还可以在 SignInVC 和 SignUpVC 类中添加该方法，然后对代码进行适当修改，从而减少代码量，提高可读性。

20.3　发送信息到服务器

接下来，我们需要将用户修改后的信息发送到 LeanCloud 云端的 _User 数据表中。

步骤 1　在 save_clicked(_:) 方法的结尾处，添加下面的代码：

```
// 保存 Field 信息到服务器中
let user = AVUser.current()
user?.username = usernameTxt.text?.lowercased()
user?.email = emailTxt.text?.lowercased()
user?["fullname"] = fullnameTxt.text?.lowercased()
user?["web"] = webTxt.text?.lowercased()
user?["bio"] = bioTxt.text
```

在这段代码中，我们首先获取了当前用户的数据信息，然后将视图中各个 Field 控件的文本信息赋值到 AVUser 对象的相应属性中。这里有些使用的是下标形式，因为 fullname、web 和 bio 并不是 AVUser 内置的用户属性，但是可以通过下标的形式将信息写到 _User 表的相应字段中。

步骤 2　在步骤 1 代码的下面，继续添加如下代码：

```
// 如果 tel 为空，则发送 "" 给 mobilePhoneNumber 字段，否则传入信息
if telTxt.text!.isEmpty {
    user?.mobilePhoneNumber = ""
}else {
    user?.mobilePhoneNumber = telTxt.text
}

// 如果 gender 为空，则发送 "" 给 gender 字段，否则传入信息
if genderTxt.text!.isEmpty {
    user?["gender"] = ""
}else {
    user?["gender"] = genderTxt.text
}
```

如果 telTxt 中的内容不为空，则将值赋值给 AVUser 对象的 mobilePhoneNumber 属性，否则将其设置为空字符串。注意，这里的 "" 代表是字符串对象，只不过该对象是没有字符的

字符串，它与 nil 有本质的区别。

因为 mobilePhoneNumber 是 AVUser 内置的属性，而 gender 不是，所以在赋值方式上有所区别。

步骤 3　在步骤 2 的代码下面，继续添加如下代码：

```
// 发送用户信息到服务器
user?.saveInBackground({ (success:Bool, error:Error?) in
  if success {
    // 隐藏键盘
    self.view.endEditing(true)
    
    // 退出 EditVC 控制器
    self.dismiss(animated: true, completion: nil)
  }else {
    print(error?.localizedDescription)
  }
})
```

当用户数据准备好以后，就可以利用 AVUser 的 saveInBackground() 方法，在后台线程中将用户数据提交到 LeanCloud 云端的 _User 数据表中。如果提交成功则隐藏键盘，并退出当前控制器，否则在调试控制台中打印错误信息。

> **注意**　从 Xcode 8 beta 4 开始，凡是 AVOSCloud SDK 的 API 方法中涉及闭包中包含 NSError 类型参数的情况，我们都需要将其修改为 Error 类型，否则编译无法通过。

构建并运行项目，当在个人主页单击编辑个人主页以后会进入到新创建的页面，若输入无效的 Email 地址、网址或手机号码，则会弹出警告对话框，如图 20-1 所示。

图 20-1　提交无效用户信息时的警告对话框

20.4 更新个人主页信息

当我们确保用户信息输入无误以后，可以单击保存。但是所修改的内容并没有更新在用户的个人主页界面中，接下来需要解决这个问题。

步骤 1 在 EditVC 类的 save_clicked(_:) 方法中，当用户信息被成功提交到云端服务器以后，利用 NotificationCenter 类发送一个通知。

```
// 发送用户信息到服务器
user?.saveInBackground({ (success:Bool, error:NSError?) in
  if success {
    ......
    NotificationCenter.default.post(name: NSNotification.Name(rawValue: "reload"), object: nil)
  }
```

这里使用 post(name: object:) 方法发送通知。第一个参数是通知名称，它必须是 NSNotification.Name 类型。第二个参数是在发送通知时所携带的参数，使用 nil 即可。

步骤 2 在 HomeVC 类中的 viewDidLoad() 方法中添加下面的代码：

```
override func viewDidLoad() {
  super.viewDidLoad()
  ......
  // 从 EditVC 类接收 Notification
  NotificationCenter.default.addObserver(self, selector: #selector(reload(notification:)), name: NSNotification.Name(rawValue: "reload"), object: nil)
  
  loadPosts()
}
```

当 EditVC 发送 reload 通知以后，需要在 HomeVC 里面接收这个通知，然后刷新集合视图。

步骤 3 在 HomeVC 类中添加新的方法。

```
func reload(notification: Notification) {
  collectionView?.reloadData()
}
```

构建并运行项目，在个人主页编辑界面中修改用户信息，单击保存后便会在 HomeVC 中看到修改后的用户信息，如图 20-2 所示。

本章小结

本章我们实现了个人编辑控制器与 LeanCloud 云端数据的交互功能，其中使用了正则表达式对三个重要的信息（电子邮件、电话号码和网址）进行校验。使用正则表达式可以高效简洁地对关键数据进行有效性检查，这是作为程序员必要掌握的一项技能。

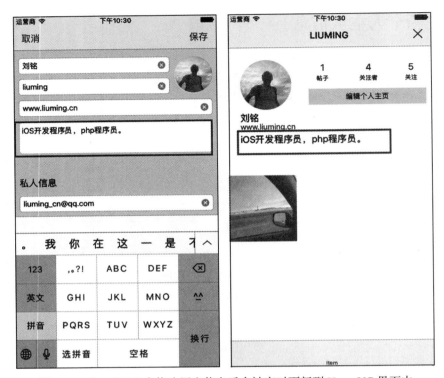

图 20-2　在 EditVC 中修改用户信息后会被实时更新到 HomeVC 界面中

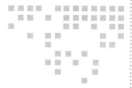

第 21 章

实现帖子上传功能

从本章开始,我们要完成 Instagram 用户的帖子上传功能,这样就可以随时随地将照片保存到 LeanCloud 云端了。

21.1　在故事板中创建上传用户界面

步骤 1　在项目导航中打开 Main.storyboard 故事板,从对象库中拖曳一个新的 View Controller 到 HomeVC 控制器的下方,从菜单中选择 Editor → Embed In → Navigation Controller,如图 21-1 所示。

步骤 2　在故事板中按住 control 键,然后从 TabBarController 拖曳鼠标到新创建的 Navigation Controller。从弹出的选项面板中选择 RelationShip Segue → View Controller,如图 21-2 所示。

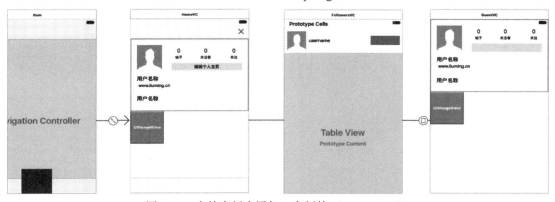

图 21-1　在故事板中添加一个新的 View Controller

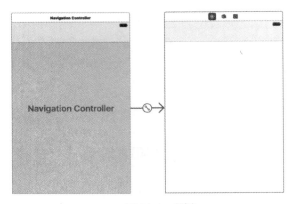

图 21-1 （续）

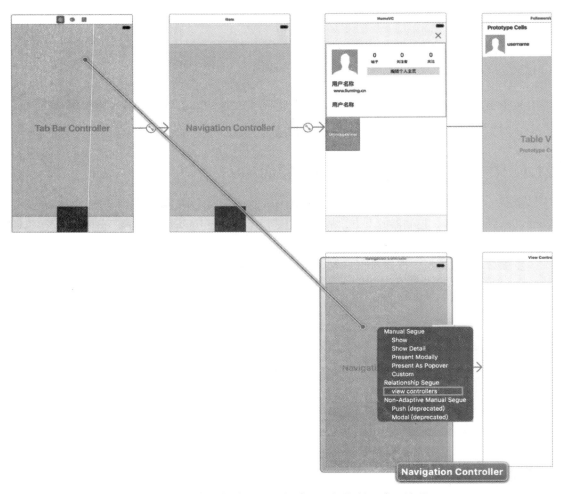

图 21-2 为标签控制器和新创建的导航控制器建立关联

此时，标签栏控制器已经包含了两个子视图控制器，一个用于显示个人主页信息，一个用于帖子的上传。如果你仔细观察 Tab Bar Controller 的话，会发现位于底部的 Item 变成了两个。

步骤 3 拖曳 1 个 Image View 到视图之中，在 Size Inspector 中将 width 和 height 均设置为 90。再拖曳 1 个 Text View 到 Image View 的右侧，高度与 Image View 相等，删除其中的文字内容，并设置 Background 为 Group Table View Background Color，如图 21-3 所示。

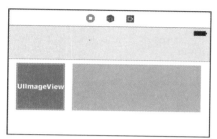

图 21-3　添加 Image View 和 Text View 控件

步骤 4 再拖曳 1 个 Button 到视图的底部，修改其宽度与控制器视图相等，高度为 40。在 Attributes Inspector 中，将 Text Color 和 Shadow Color 均设置为 White Color，将 Background 设置为蓝色，如图 21-4 所示。将按钮的 title 设置为发布。

接下来，我们需要为 Image View 提供一张默认图片。

步骤 5 将资源文件夹中的 pbg.jpg 文件拖曳到项目之中，确保勾选了 Copy items if needed 选项，故事板中将 Image View 的 Image 设置为 pbg.jpg。另外，将 HomeVC 和 GuestVC 中，集合视图的单元格里面的 Image View 的 Image 也设置为 pbg.jpg。

21.2　创建上传控制器代码类

步骤 1 在项目导航中创建一个新的 Cocoa Touch Class，Subclass of 为 UIViewController，Class 为 UploadVC。

图 21-4　设置按钮属性

步骤 2 在故事板中选中新创建的控制器，在 Identity Inspector 中将 Class 设置为刚刚创建的 UploadVC。

步骤 3 为视图中的控件元素创建 3 个 Outlet 关联：picImg（Image View）、titleTxt（Text View）和 publishBtn（Button）。

```
class UploadVC: UIViewController {
  //UI objects
  @IBOutlet weak var picImg: UIImageView!
  @IBOutlet weak var titleTxt: UITextView!
  @IBOutlet weak var publishBtn: UIButton!
```

步骤 4 在 UploadVC 类中添加 alignment() 方法。

```
// 界面元素对齐
func alignment() {
  let width = self.view.frame.width
  
  picImg.frame = CGRect(x: 15, y: self.navigationController!.navigationBar.frame.height + 35, width: width / 4.5, height: width / 4.5)
  
  titleTxt.frame = CGRect(x: picImg.frame.width + 25, y: picImg.frame.origin.y, width: width - titleTxt.frame.origin.x - 10, height: picImg.frame.height)
  
  publishBtn.frame = CGRect(x: 0, y: self.tabBarController!.tabBar.frame.origin.y - width / 8, width: width, height: width / 8)
}
```

在该方法中，首先还是获取到屏幕视图的宽度。picImg 的 y 值是当前控制器导航栏的高度加 35，因为 Image View 的位置是相对于控制器视图而言的，而导航栏也在该视图之中，所以需要让 y 的值为 self.navigationController!.navigationBar.frame.height + 35，这个 35 点包括了顶部状态栏的高度以及 Image View 与导航栏的间隔。Image View 的宽度和高度均为屏幕宽度的 4.5 分之一。

titleTxt 的 x 值是 picImg 向右 25，y 值与 picImg 一致。而 titleTxt 的宽度是屏幕宽度减去 titleTxt 的 x 值，再减去与右边缘的距离 10。

publishBtn 的 y 值是标签栏的 y 值向上减去按钮的高度，按钮的高度则是控制器视图宽度的八分之一。

步骤 5 在 viewDidLoad() 方法中，添加对 alignment() 方法的调用。

```
override func viewDidLoad() {
  super.viewDidLoad()
  
  alignment()
}
```

在用户界面相关代码完成以后，就该实现上传的功能代码。

21.3 实现照片获取器的相关代码

在 UploadVC 中，需要借助照片获取器从照片库中得照片，然后再将其上传到 LeanCloud 云端。

步骤 1 在 viewDidLoad() 方法中添加下面的代码：

```
override func viewDidLoad() {
  super.viewDidLoad()
  
  // 默认状态下禁用 publishBtn 按钮
  publishBtn.isEnabled = false
```

```
    publishBtn.backgroundColor = .lightGray
```

步骤 2　接着上面的代码继续添加：

```
override func viewDidLoad() {
    ......
    // 单击 Image View
    let picTap = UITapGestureRecognizer(target: self, action: #selector(selectImg))
    picTap.numberOfTapsRequired = 1
    self.picImg.isUserInteractionEnabled = true
    self.picImg.addGestureRecognizer(picTap)

    alignment()
}
```

步骤 3　在 UploadVC 类声明中添加与照片获取器相关的两个协议声明，并添加 selectImg() 方法。

```
class UploadVC: UIViewController, UIImagePickerControllerDelegate, UINavigation-
ControllerDelegate {
    ......
    func selectImg() {
        let picker = UIImagePickerController()
        picker.delegate = self
        picker.sourceType = .photoLibrary
        picker.allowsEditing = true
        present(picker, animated: true, completion: nil)
    }
}
```

在该方法中，创建了一个照片获取器，设置当前的 UploadVC 类为获取器的委托对象，指定获取手机中照片库中的照片并允许编辑照片，最后将其呈现到屏幕上。

步骤 4　接下来，实现 UIImagePickerControllerDelegate 协议中的方法：imagePickerController (_:didFinishPickingMediaWithInfo:)。

```
// 将选择的照片放入 picImg，并销毁照片获取器
func imagePickerController(_ picker: UIImagePickerController, didFinishPicking-
MediaWithInfo info: [String : Any]) {
    picImg.image = info[UIImagePickerControllerEditedImage] as? UIImage
    self.dismiss(animated: true, completion: nil)

    // 允许 publish btn
    publishBtn.isEnabled = true
    publishBtn.backgroundColor = UIColor(red: 52.0 / 255.0, green: 169.0 / 255.0,
blue: 255.0 / 255.0, alpha: 1)
}
```

在该方法中，通过 info 字典中的 UIImagePickerControllerEditedImage 键获取到用户编辑后的照片，并将其转换为 UIImage 类型的对象赋值给 picImg，然后销毁照片获取器。

在选择好照片以后,接下来是让发布按钮生效,并且给按钮设置蓝色背景色。

步骤 5　在 imagePickerController(_: didFinishPickingMediaWithInfo:) 方法中,publishBtn 按钮设置代码的下面,继续添加代码:

```
// 实现第二次单击放大图片
let zoomTap = UITapGestureRecognizer(target: self, action: #selector(zoomImg))
zoomTap.numberOfTapsRequired = 1
picImg.isUserInteractionEnabled = true
picImg.addGestureRecognizer(zoomTap)
```

当用户单击 Image View 以后,我们希望可以放大照片。

步骤 6　在 UploadVC 类中,添加新的方法 zoomImg()。

```
// 放大或缩小照片
func zoomImg() {
    // 放大后的 Image View 的位置
    let zoomed = CGRect(x: 0, y: self.view.center.y - self.view.center.x, width: self.view.frame.width, height: self.view.frame.width)
    
    // Image View 还原到初始位置
    let unzoomed = CGRect(x: 15, y: self.navigationController!.navigationBar.frame.height + 35, width: self.view.frame.width / 4.5, height: self.view.frame.width / 4.5)
}
```

当用户单击 Image View 以后,该 Image View 会通过动画的方式放大,这里我们将它的大小和位置设置为边长为屏幕宽度的正方形,并且将 Image View 垂直居中。

步骤 7　在 zoomImg() 方法中继续添加新的代码:

```
// 如果 Image View 是初始大小
if picImg.frame == unzoomed {
    UIView.animate(withDuration: 0.3, animations: {
        self.picImg.frame = zoomed
        
        self.view.backgroundColor = .black
        self.titleTxt.alpha = 0
        self.publishBtn.alpha = 0
    })
// 如果是放大后的状态
}else {
    UIView.animate(withDuration: 0.3, animations: {
        self.picImg.frame = unzoomed
        
        self.view.backgroundColor = .white
        self.titleTxt.alpha = 1
        self.publishBtn.alpha = 1
    })
}
```

当用户单击 Image View 以后,会判断它当前的大小和位置,如果是初始大小则通过动画的方式将 Image View 的 frame 设置为 zoomed，并且还将控制器视图的背景设置为黑色，titleTxt 和 publishBtn 的 alpha 值设置为 0，让其不可见。

构建并运行项目，在 UploadVC 界面中，初始状态下发布按钮是无效的，当选择好照片以后，按钮生效，当单击 Image View 的时候，照片会放大，再次单击以后有会回到初始状态，如图 21-5 所示。

图 21-5　单击照片获取器后的效果

21.4　实现上传的相关代码

接下来，我们需要实现当用户单击发布按钮以后上传照片到 LeanCloud 云端的功能。

步骤 1　将 Xcode 切换到助手编辑器模式，为 UploadVC 的发布按钮建立 Action 关联，方法名称：publishBtn_clicked。

步骤 2　在 publishBtn_clicked(_:) 方法中添加下面的代码：

```
// 隐藏键盘
self.view.endEditing(true)

let object = AVObject(className: "Posts")
object?["username"] = AVUser.current().username
object?["ava"] = AVUser.current().value(forKey: "ava") as! AVFile
object?["puuid"] = "\(AVUser.current().username!) \(NSUUID().uuidString)"
```

在该方法中，首先让键盘消失，然后初始化一个 AVObject 对象，用于操作 LeanCloud 云端的 Posts 数据表。为表中的 username、ava 和 puuid 字段赋值，其中 puuid 字段的格式是：当前用户的 username+ 空格 +NSUUID 的字符串格式，形如 "liuming 247387428013928743767"。

步骤 3 在 publishBtn_clicked(_:) 方法中继续添加下面的代码：

```
// titleTxt 是否为空
if titleTxt.text.isEmpty {
  object?["title"] = ""
}else {
  object?["title"] = titleTxt.text.trimmingCharacters(in: CharacterSet.whitespacesAndNewlines)
}
```

需要说明的是，当 titleTxt 不为空的时候，需要对 text 字符串进行整理，去掉其两端的空格和回车换行符，这样可以保证 title 文本的干净整洁。

String 类中的 trimmingCharacters(in:) 方法用于过滤字符串中的特殊符号，CharacterSet 用于创建指定的字符集，当字符串的两端含有 CharacterSet 所定义的字符，就会将其删除。比如：

```
var str = "Hello, playground!"
let set = CharacterSet(charactersIn: "!@/:;()$,")
str.trimmingCharacters(in: set)
```

这里我们为 "!@/:;()$," 字符创建了字符集，对 str 字符串执行了 trimmingCharacters(in:) 方法，因为定义的字符集中有 !，所以新生成的字符串中只有 Hello, playground 了。

当然，除了用户自己定义字符集以外，CharacterSet 类还为我们预定义了很多特殊类型：

- whitespacesAndNewlines：空格和换行符。
- whitespaces：空格符。
- newlines：换行符。
- letters：字符。
- decimalDigits：数字。
- alphanumerics：字符和数字。

步骤 4 在 publishBtn_clicked(_:) 方法中继续添加下面的代码：

```
// 生成照片数据
let imageData = UIImageJPEGRepresentation(picImg.image!, 0.5)
let imageFile = AVFile(name: "post.jpg", data: imageData)
object?["pic"] = imageFile
```

这里将 Image View 中的 image 转换为 Data 形式，并生成 AVFile 类型的对象。

步骤 5 在 publishBtn_clicked(_:) 方法中继续添加下面的代码，完成数据的存储。

```
// 将最终数据存储到 LeanCloud 云端
object?.saveInBackground({ (success:Bool, error:Error?) in
  if error == nil {
```

```
        // 发送 uploaded 通知
        NotificationCenter.default.post(name: NSNotification.Name(rawValue: "uploaded"), object: nil)
        // 将 TabBar 控制器中索引值为 0 的子控制器，显示在手机屏幕上。
        self.tabBarController!.selectedIndex = 0
    }
})
```

AVObject 类的 saveInBackground(_:) 方法用于后台存储数据，当 success 为 true 或者是 error 为 nil 的时候代表数据成功存储到 LeanCloud 云端的 Posts 数据表中。此时，会发送一个 uploaded 通知完成之后的任务，并且这里还要让 TabBar 控制器切换到第一子控制器（索引值是从 0 开始的），也就是个人主页的控制器界面。

构建并运行项目，当添加照片后单击发布按钮，数据会上传到 LeanCloud 云端数据表，而且控制器会被切换到个人主页界面。但是，新添加的照片数据并没有被呈现出来，如图 21-6 所示。

图 21-6　上传帖子照片到 LeanCloud 云端

21.5　在个人主页刷新集合视图

在 UploadVC 类的 publishBtn_clicked(_ :) 方法中，当成功保存用户信息到 LeanCloud 云端的 Posts 表以后，会广播 uploaded 通知，在 TabBar 切换到个人主页界面的时候，需要捕获该通知并进行集合视图的刷新。

步骤 1 在 HomeVC 类中的 viewDidLoad() 方法中添加下面的代码：

```
override func viewDidLoad() {
  super.viewDidLoad()
  ……
  // 从 UploadVC 类接收 Notification
  NotificationCenter.default.addObserver(self, selector: #selector(uploaded(notification:)), name: NSNotification.Name(rawValue: "uploaded"), object: nil)

  loadPosts()
}
```

步骤 2 在 HomeVC 类中添加 uploaded(notification:) 方法。

```
// 在接收到 uploaded 通知后重新载入 posts
func uploaded(notification: Notification) {
  loadPosts()
}
```

构建并运行项目，在成功上传照片帖子以后，App 会切换到个人主页界面，并在集合视图中完美呈现新上传的照片，如图 21-7 所示。

如果在你的模拟器中所呈现的集合视图，它的单元格都是分离的话，如图 21-8 所示，请按照下面的方式解决：

图 21-7　帖子成功上传后在个人主页中的数据更新　　图 21-8　集合视图单元格分离的情况

在故事板中的 HomeVC 控制器中选中集合视图，在 Size Inspector 中将 Min Spacing 的 For Cells 和 For Lines 均设置为 0 即可，如图 21-9 所示。另外，对 GuestVC 控制器的集合视图也执行相同的操作。

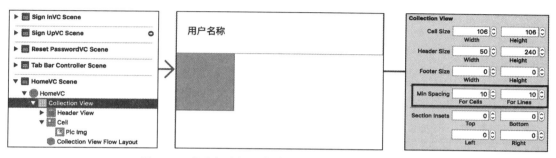

图 21-9　故事板中调整集合视图的 Min Spacing 属性

21.6　移除上传页面中的照片

接下来，我们需要为 UploadVC 添加移除所选照片的功能。

步骤 1　故事板中从对象库拖曳一个 Button 到 UploadVC 控制器视图的 Image View 的下方。Title 设置为移除，字号设置为 13，如图 21-10 所示。

步骤 2　将 Xcode 切换到助手编辑器模式，为该按钮添加 Outlet 和 Action 关联。

```
// 移除按钮的 Outlet 关联
@IBOutlet weak var removeBtn: UIButton!
```

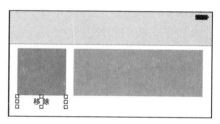

图 21-10　为上传页面添加移除按钮

```
// 移除按钮的 Action 关联
@IBAction func removeBtn_clicked(_ sender: AnyObject) {
}
```

步骤 3　在 viewDidLoad() 方法中添加下面的代码：

```
override func viewDidLoad() {
    ......
    // 隐藏移除按钮
    removeBtn.isHidden = true
```

只有在用户选择好照片以后，移除按钮才真正有意义。所以在控制器初始化的时候先将其隐藏。

步骤 4　在 imagePickerController(_: didFinishPickingMediaWithInfo:) 方法中显示移除按钮。

```
func imagePickerController(_ picker: UIImagePickerController, didFinishPicking-
MediaWithInfo info: [String : AnyObject]) {
```

```
picImg.image = info[UIImagePickerControllerEditedImage] as? UIImage
self.dismiss(animated: true, completion: nil)

// 显示移除按钮
removeBtn.isHidden = false
......
```

当用户选择好照片以后则显示移除按钮。

步骤 5 在 alignment() 方法中设置移除按钮的位置和大小。

```
func alignment() {
  ......
    removeBtn.frame = CGRect(x: picImg.frame.origin.x, y: picImg.frame.origin.y + picImg.frame.height, width: picImg.frame.width, height: 30)
}
```

这里设置按钮的 x 值与 picImg 一致，y 值为 picImg 当前的 y 值加 picImg 的高度值，宽度与 picImg 一致。

构建并运行项目，效果如图 21-11 所示。在选择照片之前移除按钮处于隐藏状态，当选择好照片后移除按钮出现。

细心的朋友会发现，当成功上传照片以后，UploadVC 控制器视图中还保留着之前的上传数据信息，接下来我们就修复这个 Bug。

步骤 6 在 viewDidLoad() 方法中，添加下面的代码：

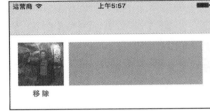

图 21-11 添加移除按钮后的显示效果

```
override func viewDidLoad() {
  super.viewDidLoad()
  ......
  // 让 UI 控件回到初始状态
  picImg.image = UIImage(named: "pbg.jpg")
  titleTxt.text = ""
```

步骤 7 在 publishBtn_clicked(_:) 方法的数据保存部分，添加对 viewDidLoad() 方法的调用。

```
@IBAction func publishBtn_clicked(_ sender: AnyObject) {
  ......
  // 将最终数据存储到 LeanCloud 云端
  object?.saveInBackground({ (success:Bool, error:NSError?) in
    if error == nil {
      ......
      // reset 一切
      self.viewDidLoad()
    }
  })
}
```

当数据成功保存以后，会调用 viewDidLoad() 方法重置所有，因为是在闭包中调用类中的方法，所以要使用 self.。

步骤 8 在 removeBtn_clicked(_ :) 方法中添加一行代码：

```
@IBAction func removeBtn_clicked(_ sender: AnyObject) {
  self.viewDidLoad()
}
```

构建并运行项目，上传页面的所有功能完美实现。

本章小结

本章内容较多，利用之前学过的各种技能实现了文本和图片内容上传到 LeanCloud 云端数据表之中。在 iOS 平台上面，我们一般都会通过照片获取器得到用户选择的照片，通过 Text View 上传文本信息，但是在本章的实战练习中，我们利用了 trimmingCharacters(in:) 方法过滤了特殊符号，这个操作是非常有必要的。

第 22 章

实现分页载入功能

当 Instagram 应用具有了帖子上传功能后,用户便可以随意的从真机或模拟器的照片库中上传美照了。但是,如果在你上传了 12 张以上的照片后就会发现,当前的 HomeVC 集合视图中,最多只能显示 12 张帖子的照片。

原因是在 HomeVC 类中定义了 page 属性,它的初始值为 12,并且在 loadPosts() 方法中,我们将 page 赋值给查询变量 query 的 limit 属性。

```
query?.limit = page
```

这也就相当于不管 query 如何查询,它只能获取到 page 指定数量的记录。本章我们将会解决这个问题,让用户在浏览集合视图的时候,每次都载入指定数量的记录。

22.1 为 HomeVC 实现分页载入功能

步骤 1 在 HomeVC 类中添加新的协议方法。

```
override func scrollViewDidScroll(_ scrollView: UIScrollView) {
    if scrollView.contentOffset.y >= scrollView.contentSize.height - self.view.frame.height {
        self.loadMore()
    }
}
```

scrollViewDidScroll(_:) 方法是 UIScrollViewDelegate 所定义的协议方法,当前的 HomeVC 继承于 UICollectionViewController(集合视图),所以自然而然也符合 Scroll View(滚动视图)

的相关协议。当用户滚动集合视图的时候，我们可以通过该方法获取到 Content View（滚动视图中的内容视图）的偏移量，如图 22-1 所示。

图 22-1 中位于顶部的图的相当于用户可见区域的集合视图，它的大小和位置就是 Scroll View 的 Frame 属性。底部的图相当于集合视图内部所显示的全部内容，相当于 Scroll View 的 Content View。只不过在屏幕上对于用户真正可见的仅仅是被顶部区域遮盖的部分。

用户可以通过手指的上下移动让集合视图垂直滚动，而在滚动过程中我们可以通过 Scroll View 的 ContentOffset.y 属性，随时得到垂直偏移量。视图向上滚动偏移量增加，视图向下滚动偏移量减少。当偏移量大于等于滚动视图的 contentSize 的高度（Content View 的高度）减去当前控制器的高度，也就意味着此时的 Content View 已经被移动到了底部，这样就可以调用 loadMore() 方法，从 LeanCloud 云端载入更多的帖子了。

步骤 2 在 HomeVC 中添加一个新的方法。

图 22-1 滚动视图中的 ContentView、ContentOffset 和 Frame

```
func loadMore() {
  if page <= picArray.count {
    page = page + 12

    let query = AVQuery(className: "Posts")
    query?.whereKey("username", equalTo: AVUser.current().username)
    query?.limit = page
    query?.findObjectsInBackground({ (objects:[Any]?, error:Error?) in
      // 查询成功
      if error == nil {
        // 清空两个数组
        self.puuidArray.removeAll(keepingCapacity: false)
        self.picArray.removeAll(keepingCapacity: false)

        for object in objects! {
          // 将查询到的数据添加到数组中
```

```
                self.puuidArray.append((object as AnyObject).value(forKey: "puuid") as!
String)
                self.picArray.append((object as AnyObject).value(forKey: "pic") as! AVFile)
            }
            print("loaded + \(self.page)")
            self.collectionView?.reloadData()
        }else {
            print(error?.localizedDescription)
        }
    })
  }
}
```

仔细观察上面方法中代码，其实与 loadPosts() 方法非常类似，只不过该方法会首先判断 page 是否小于等于 picArray 数组的元素个数，如果为 true，则从 LeanCloud 云端的 Posts 表中查询 page+12 条记录，并且将该记录数赋值给 page，便于下一次滚动视图触底再次调用 loadMore() 方法。

构建并运行项目，为了便于测试请将当前用户的帖子数量增加到 15 左右，然后在 HomeVC 页面中向上移动集合视图，在调试控制台中你会发现 print() 函数所打印的信息，以及新载入的帖子照片，如图 22-2 所示。

图 22-2　实现分页后的效果

22.2 为 GuestVC 实现分页载入功能

除了需要在 HomeVC 控制器中实现分页载入功能，对于 GuestVC 控制器也要实现同样的功能。有了前面的代码基础，这里只要复制粘贴即可。

步骤 1 在 GuestVC 类中，将 page 的 let（常量）声明修改为 var（变量）。

步骤 2 将 HomeVC 类中的 scrollViewDidScroll(_:) 方法和 loadMore() 方法全部复制到 GuestVC 类中。

步骤 3 在 loadMore() 方法中，将

```
query?.whereKey("username", equalTo: AVUser.current().username)
```

修改为：

```
query?.whereKey("username", equalTo: guestArray.last?.username)
```

因为在 GuestVC 中我们需要从 LeanCloud 云端获取指定访客的帖子记录。

构建并运行项目，使用另一个账号登录，在关注中找到你之前发布很多帖子的用户，在 GuestVC 界面中查看他的帖子，效果依然完美！

本章小结

本章的主要目的是实现集合视图的分页功能，这个功能的实现算法是我们第一次接触，但是理解起来并不是很难，概括出来其实就是：只要是 page 的数量小于等于帖子的数量，则让用户在每次拉拽集合视图到底部的时候，让 page 的数量加 12。

第 23 章

搭建帖子控制器的界面

在之后的几个章节中,我们将会实现当用户在个人主页中单击帖子的照片后,进入到的相应的帖子控制器界面。

23.1 创建帖子控制器界面

步骤 1 打开故事板,从对象库中拖曳 1 个 Table View Controller(表格视图)到编辑区域。

步骤 2 从大纲视图中选中 Table View,然后在 Size Inspector 中将 Table View 的 Row Height 设置为 450,如图 23-1 所示。

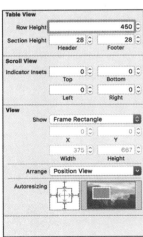

图 23-1　设置表格视图的单元格高度为 450

> **提示** 如果你在故事板中使用的是 4.7 或 5.5 寸的屏幕视图，请将 Row Height 设置为 550，否则会导致底部空间不足。

步骤 3 从对象库拖曳 1 个 Image View 到表格视图的单元格之中，在 Size Inspector 中将其 x 值设置为 10，y 值设置为 50，将它拉拽成一个正方形。再拖曳 1 个 Image View，到这个正方形 Image View 的上面，但还是保证在单元格之中。在 Size Inspector 中将其 x 值设置为 10，y 值设置为 10，width 和 height 均设置为 30，如图 23-2 所示。

步骤 4 从对象库拖曳 1 个 Button 到头像 Image View 的右侧，在 Attributes Inspector 中将按钮 Alignment 设置为左对齐，字号设置为 16，Title 设置为 usernameBtn，如图 23-3 所示。

步骤 5 从对象库拖曳 1 个 Label 到刚创建 Button 的右侧，在 Attributes Inspector 中将字号修改为 14，alignment 设置为右对齐，Title 设置为 2h，该 Label 用于显示帖子发布距离当前的时间，如图 23-4 所示。

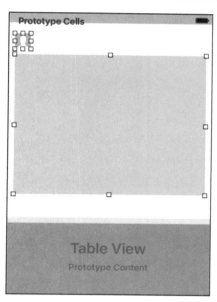

图 23-2　在单元格中添加 2 个 Image View

图 23-3　在单元格中添加 1 个 Button

图 23-4　在单元格中添加 1 个 Label

步骤 6 在显示帖子照片的 Image View 的下面，添加三个 Button，其中第一个是 like 按钮，第二个是评论按钮，第三个是更多按钮。在 like 按钮的右侧再拖曳 1 个 Label，将其 Title 设置为 0，alignment 设置为居中，该按钮用于显示被喜爱的数量，如图 23-5 所示。

步骤 7 在三个按钮的下面添加一个 Label，拖曳 Label 的大小到合适的位置，在 Attributes Inspector 中将 Lines 设置为 0，字号设置为 15，如图 23-6 所示。

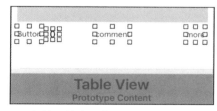

图 23-5　在单元格中添加 3 个 Button 和 1 个 Label

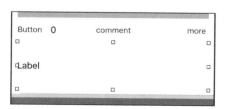

图 23-6　在单元格中添加 1 个 Label

步骤 8　在帖子照片的 Image View 上添加一个 Label，在 Attributes Inspector 中将 Title 设置为 puuid，再勾选其 Hidden 属性，让它不可见，设置为如图 23-7 所示。

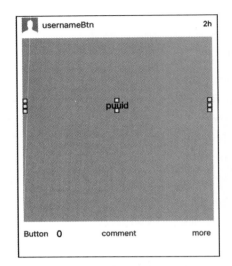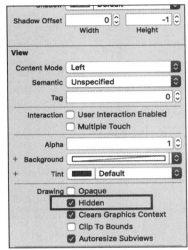

图 23-7　在单元格的 Image View 上面添加 1 个 Label

步骤 9　在项目导航中创建一个新的 Cocoa Touch Class 文件，Subclass Of 为 UITableViewController，Class 设置为 PostVC。

步骤 10　再次创建一个新的 Cocoa Touch Class 文件，Subclass Of 为 UITableViewCell，Class 设置为 PostCell。

步骤 11　在故事板中选中新创建的表格视图控制器，在 Identity Inspector 中将 Class 设置为 PostVC，Storyboard ID 也设置为 PostVC，如图 23-8 所示。

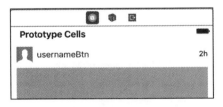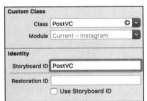

图 23-8　在故事板中为 View Controller 设置 Class 和 Storyboard ID

将 Class 设置为 PostVC 是将故事板中所搭建的表格视图控制器与项目的 PostVC 类建立关联。而设置 Storyboard ID 则用于在程序运行中动态载入故事板里特定的控制器，Storyboard ID 就是这个控制器的唯一标识。

步骤 12　从大纲视图选择表格控制器中的 Table View Cell，在 Identity Inspector 中将 Class 设置为 PostCell，在 Attributes Inspector 中将 Identifier 设置为 Cell。

> **注意**　不管是集合视图中的单元格还是表格视图中的单元格，我们一般不会为其设置 Storyboard ID，因为我们使用它都会利用相关的协议方法，从对应的表格或集合视图的可复用队列中直接获取。为了可以确定单元格的类型，我们一般需要在故事板中指定单元格的 Identifier。

23.2　创建单元格的 Outlet 关联

步骤 1　在 PostCell 类中为单元格的头像 Image View、usernameBtn 和其右侧的 Label 创建 Outlet 关联，Name 分别设置为：avaImg、usernameBtn 和 dateLbl。

```
class PostCell: UITableViewCell {
  // header objects
  @IBOutlet weak var avaImg: UIImageView!
  @IBOutlet weak var usernameBtn: UIButton!
  @IBOutlet weak var dateLbl: UILabel!
  ……
```

步骤 2　为帖子照片的 Image View，like、comment 和 more 按钮，以及 like 数量的 Label、帖子描述的 Label 和 puuid 的 Label 创建 Outlet 关联，Name 分别设置为：picImg、likeBtn、commentBtn、moreBtn、likeLbl、titleLbl 和 puuidLbl。

```
// 帖子照片
@IBOutlet weak var picImg: UIImageView!

// 按钮
@IBOutlet weak var likeBtn: UIButton!
@IBOutlet weak var commentBtn: UIButton!
@IBOutlet weak var moreBtn: UIButton!

// Labels
@IBOutlet weak var likeLbl: UILabel!
@IBOutlet weak var titleLbl: UILabel!
@IBOutlet weak var puuidLbl: UILabel!
```

23.3　整理 PostVC 类的代码

为 PostCell 类创建好必要的 Outlet 关联代码以后，接下来需要为 PostVC 添加一些必要代码。

步骤 1　在 PostVC.swift 文件中创建字符串类型的全局变量数组 postuuid。

```
import UIKit

var postuuid = [String]()
```

```
class PostVC: UITableViewController {
```

步骤 2 在 PostVC 类中添加下面几个属性：

```
class PostVC: UITableViewController {

    // 从服务器获取数据后写入到相应的数组中
    var avaArray = [AVFile]()
    var usernameArray = [String]()
    var dateArray = [Date]()
    var picArray = [AVFile]()
    var puuidArray = [String]()
    var titleArray = [String]()
    ……
```

步骤 3 在 viewDidLoad() 方法中定义新的返回按钮。

```
override func viewDidLoad() {
    ……
    // 定义新的返回按钮
    self.navigationItem.hidesBackButton = true
    let backBtn = UIBarButtonItem(title: "返回", style: .plain, target: self, action: #selector(back(_:)))
    self.navigationItem.leftBarButtonItem = backBtn
}
```

在默认的情况下，PostVC 导航栏中的返回按钮的 Title 被自动设置为用户名，这个用户名来自于其父视图控制器中导航栏的 Title 属性。考虑到美观程度，所以在 PostVC 的 viewDidLoad() 方法中，重新定义了导航栏的返回按钮，并将其 Title 设置为返回。

步骤 4 在 PostVC 类中添加 back(_:) 方法。

```
func back(_ sender: UIBarButtonItem){
}
```

步骤 5 在 viewDidLoad() 方法的最后，添加下面的代码，为 PostVC 控制器提供向右划动返回之前控制器的功能。

```
// 向右划动屏幕返回到之前的控制器
let backSwipe = UISwipeGestureRecognizer(target: self, action: #selector(back(_:)))
backSwipe.direction = .right
self.view.isUserInteractionEnabled = true
self.view.addGestureRecognizer(backSwipe)
```

UISwipeGestureRecognizer 类的 direction 属性用于定义划动方法，它是 UISwipeGestureRecognizerDirection 类型的结构体，其中包括 up、down、left 和 right 四个常量。

步骤 6 在 viewDidLoad() 方法的最后，添加下面的代码：

```
// 动态单元格高度设置
```

```
tableView.rowHeight = UITableViewAutomaticDimension
tableView.estimatedRowHeight = 450

let postQuery = AVQuery(className: "Posts")
postQuery?.whereKey("puuid", equalTo: postuuid.last!)
postQuery?.findObjectsInBackground({ (objects:[Any]?, error:Error?) in

})
```

上面的代码会动态配置呈现帖子的单元格高度。首先，我们设置了表格视图的 rowHeight 属性，这个属性可以直接赋值，比如 88，这样就指定了一个所有单元格高度都是 88 的表格视图。对于有定高需求的表格，建议使用 rowHeight 方式保证不必要的高度计算和调用。另外，rowHeight 属性的默认值从 iOS 8 开始就是 UITableViewAutomaticDimension 了，这样就告诉了表格视图，你要基于其他信息来算出单元格的尺寸大小。

另一种指定单元格行高的方式就是实现 UITableViewDelegate 协议的 tableView (_:heightForRowAt:) 方法，该方法可以让我们指定每个单元格的行高。需要注意的是，实现了这个方法后，rowHeight 的设置将无效。所以，这个方法适用于具有多种单元格高度的表格视图。

第二行代码设置了单元格的预估行高，就是现有的原型单元格的高度。

之后的查询语句对象用于从 LeanCloud 云端的 Posts 表中查询 puuid 为指定 id 的帖子记录。

步骤 7 在 findObjectsInBackground() 方法的闭包中添加下面的代码：

```
postQuery?.findObjectsInBackground({ (objects:[Any]?, error:Error?) in
  // 清空数组
  self.avaArray.removeAll(keepingCapacity: false)
  self.usernameArray.removeAll(keepingCapacity: false)
  self.dateArray.removeAll(keepingCapacity: false)
  self.picArray.removeAll(keepingCapacity: false)
  self.puuidArray.removeAll(keepingCapacity: false)
  self.titleArray.removeAll(keepingCapacity: false)

  for object in objects! {
    self.avaArray.append((object as AnyObject).value(forKey: "ava") as! AVFile)
    self.usernameArray.append((object as AnyObject).value(forKey: "username") as! String)
    self.dateArray.append((object as AnyObject).createdAt)
    self.picArray.append((object as AnyObject).value(forKey: "pic") as! AVFile)
    self.puuidArray.append((object as AnyObject).value(forKey: "puuid") as! String)
    self.titleArray.append((object as AnyObject).value(forKey: "title") as! String)
  }
  self.tableView.reloadData()
})
```

在 viewDidLoad() 方法中，我们需要载入指定帖子的相关数据，所以先要清除 6 个数组中的数据，然后从 LeanCloud 云端的 Posts 表中将获取到的记录添加到数组之中。

闭包中的第一个参数 objects 是从云端的 Posts 表中获取到的帖子记录信息，通过 for 循环迭代出所有 AVObject 类型的对象。在循环中通过 value(forKey:) 方法获取到记录的指定字段的内容，并通过 as! 将其转换为特定类型。

在闭包中的最后还要通过 reloadData() 方法更新表格视图，否则在进入 PostVC 控制器后根本看不到帖子的相关内容。这是因为闭包中的代码是在其他线程中运行的，主线程程序根本不会等待这个后台线程执行结束才去呈现表格视图的相关信息，因此在最初呈现表格的时候 6 个数组中均没有元素值，也就意味着不会显示任何的信息。所以要在后台线程准备好 6 个数组以后执行表格视图的 reloadData() 方法。

步骤 8 如果 PostVC 类中有 numberOfSections(in:) 方法的话，将其删除。因为它是 UITableViewDataSource 协议的可选方法，所以不是必须实现的。如果没有实现该方法，当前的表格视图默认只有 1 个 section。修改 tableView(_: numberOfRowsInSection:) 方法，让其返回值为 usernameArray.count。

23.4 生成表格视图的单元格

在确定好了表格视图的 Section 和 Cell 个数以后，就可以利用 tableView(_: cellForRowAt:) 协议方法生成单元格对象了。

步骤 1 在 PostVC 类中添加 tableView(_: cellForRowAt:) 协议方法。
步骤 2 在 tableView(_: cellForRowAt:) 协议方法中添加下面的代码：

```
override func tableView(_ tableView: UITableView, cellForRowAt indexPath:
IndexPath) -> UITableViewCell {

    // 从表格视图的可复用队列中获取单元格对象
    let cell = tableView.dequeueReusableCell(withIdentifier: "Cell", for: indexPath)
as! PostCell

    // 通过数组信息关联单元格中的 UI 控件
    cell.usernameBtn.setTitle(usernameArray[indexPath.row], for: .normal)
    cell.puuidLbl.text = puuidArray[indexPath.row]
    cell.titleLbl.text = titleArray[indexPath.row]

    // 配置用户头像
    avaArray[indexPath.row].getDataInBackground { (data:Data?, error:Error?) in
        cell.avaImg.image = UIImage(data: data!)
    }

    // 配置帖子照片
    picArray[indexPath.row].getDataInBackground { (data:Data?, error:Error?) in
        cell.picImg.image = UIImage(data: data!)
    }

    return cell
}
```

首先，我们通过 dequeueReusableCell(withIdentifier: for:) 方法从表格视图的可复用队列中获取单元格对象，然后设置该单元格的 usernameBtn 的 title、puuidLbl 和 titleLbl。因为 avaArray 和 picArray 数组中的元素都是 AVFile 类型，所以可以直接对指定索引值的元素执行 getDataInBackground() 方法，进而从云端下载用户的头像和帖子照片的数据，并且在方法的闭包中完成对单元格相应 Image View 控件的赋值。

接下来，我们需要计算帖子的创建时间与当前时间的间隔差。

步骤 3 在 return cell 语句的上面继续添加代码：

```
// 帖子的发布时间和当前时间的间隔差
// 获取帖子的创建时间
let from = dateArray[indexPath.row]
// 获取当前的时间
let now = Date()
// 创建 Calendar.Component 类型的 Set 集合
let components : Set<Calendar.Component> = [.second, .minute, .hour, .day, .weekOfMonth]
let difference = Calendar.current.dateComponents(components, from: from, to: now)
```

在上面的代码中，首先通过 dateArray 数组获取到帖子的创建时间——Date 类型，然后再获取到当前的时间。

接下来的两行代码是关键，第一行创建了 Calendar.Component 类型的 Set 集合。

Calendar 类是与日历相关的类，它封装了一些与计算时间相关的信息。比如时间的开始、时间的长度或者是分割时间等等。在当前所创建的 components 中，我们需要得到计算后的秒、分、时、天、周的相关信息。

第二行代码是计算从 from 到 to 时间经过了多长时间，具体的间隔时间单位将由 components 集合提供（只有时分秒天周）。代码中定义的 difference 将会是 NSDateComponents 类型的对象，在控制台打印该对象的话形如下面这样，这意味着 from 与 to 之间相差 2 天 9 小时 16 分钟 43 秒。

```
Day: 2
Hour: 9
Minute: 16
Second: 43
Week of Month: 0
```

步骤 4 在 let difference 语句的下面继续添加代码：

```
if difference.second! <= 0 {
  cell.dateLbl.text = "现在"
}

if difference.second! > 0 && difference.minute! <= 0 {
  cell.dateLbl.text = "\(difference.second!)秒."
}

if difference.minute! > 0 && difference.hour! <= 0 {
```

```
      cell.dateLbl.text = "\(difference.minute!)分."
    }
    if difference.hour! > 0 && difference.day! <= 0 {
      cell.dateLbl.text = "\(difference.hour!)时."
    }
    if difference.day! > 0 && difference.weekOfMonth! <= 0 {
      cell.dateLbl.text = "\(difference.day!)天."
    }
    if difference.weekOfMonth! > 0 {
      cell.dateLbl.text = "\(difference.weekOfMonth!)周."
    }
```

通过 6 个 if 语句判断间隔时间的显示内容，注意这 6 个 if 语句的判断顺序不能颠倒，一定要从最小的间隔单位向最大的单位判断。因为如果满足更大单位条件的话，输出到 Label 的内容会发生改变。

23.5 从 HomeVC 切换到 PostVC 时的代码实现

当用户在个人主页界面中单击集合视图中的某个帖子照片时，会通过导航控制器推出 PostVC 控制器，从而呈现帖子的详细信息。接下来，我们就实现这个功能。

步骤 1　在 PostVC 类中实现 back(_:) 方法。

```
func back(_ sender: UIBarButtonItem){
  //退回到之前
  _ = self.navigationController?.popViewController(animated: true)
  //从postuuid数组中移除当前帖子的uuid
  if !postuuid.isEmpty {
    postuuid.removeLast()
  }
}
```

因为是实现返回功能，所以在该方法中通过导航控制器的 popViewController(animated:) 方法，从导航控制器中返回之前的控制器。因为该方法有返回值，而这个返回值我们又不需要，所以使用 _ = 将其忽略，如果不写的话也可以，但是在 Xcode 8 中会有警告信息。

另外，如果 postuuid 数组中有值的话，移除最新的那个。

步骤 2　在 HomeVC 类中添加 collectionView(_: didSelectItemAt:) 协议方法，当用户在集合视图中单击某个单元格的时候会调用该方法。

```
// go post
override func collectionView(_ collectionView: UICollectionView, didSelectItemAt indexPath: IndexPath) {
    //发送 post uuid 到 postuuid 数组中
    postuuid.append(puuidArray[indexPath.row])
```

```
    // 导航到 postVC 控制器
    let postVC = self.storyboard?.instantiateViewController(withIdentifier: "PostVC") as! PostVC
    self.navigationController?.pushViewController(postVC, animated: true)
}
```

在该方法中，程序通过 indexPath.row 了解到用户单击了集合视图中的哪个单元格，然后将对应帖子的 uuid 添加到全局数组变量 postuuid 之中，当切换到 PostVC 控制器以后，我们自然而然的就可以通过 postuuid 的 last 方法获取到最新帖子的 puuid 了。

构建并运行项目，当在集合视图中单击某个帖子照片以后，会进入到 PostVC 控制器之中，但此时的表格布局并不理想，如图 23-9 所示。

这是因为 PostVC 类的 viewDidLoad() 方法中的下面两行代码在作怪，我们暂时现将其注释掉，后面需要的时候再将其打开。

图 23-9　进入到 PostVC 控制器后的显示效果

```
/*
// 动态单元格高度设置
tableView.rowHeight = UITableViewAutomaticDimension
tableView.estimatedRowHeight = 450
*/
```

重新构建并运行项目，效果如图 23-10 所示。

图 23-10　注释以后的显示效果

步骤 3　在故事板中选中 PostVC 控制器的表格视图，在 Attributes Inspector 中将

Separator 设置为 None，取消单元格之间的分割线，如图 23-11 所示。

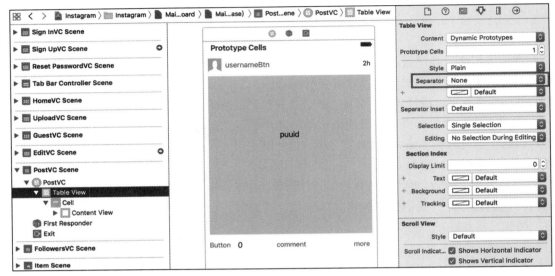

图 23-11　将表格视图的 Separator 设置为 None

步骤 4　在大纲视图中选中表格视图中的单元格（Cell），在 Attributes Inspector 中将 Selection 设置为 None。

步骤 5　在 PostVC 类的 tableView(_: cellForRow-At:) 方法中，在 cell.titleLbl.text 语句的下面添加两行代码：

```
……
cell.titleLbl.text = titleArray[indexPath.row]
// 让 Label 和 Button 根据文字内容去调整自身的大小
cell.titleLbl.sizeToFit()
cell.usernameBtn.sizeToFit()
```

通过 sizeToFit() 方法可以让 Label 和 Button 根据自身文字内容动态调整自身的大小。

构建并运行项目，单元格底部的 Label 完美贴合到三个按钮的下方，如图 23-12 所示。

本章小结

本章实现了帖子控制器的主要功能，包括搭建用户界面、实现控制器的功能代码、从服务器端读取相应的信息等。这些功能我们在之前的章节中或多或少有所涉及，这里更多是让大家对创建控制器有更深入的体验。

图 23-12　PostVC 控制器中的单元格最终显示效果

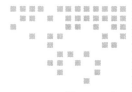

第 24 章

设置帖子单元格的布局

在本章中,我们要对 PostVC 控制器的单元格进行布局,使其可以在各种尺寸的屏幕上完美显示。

24.1 设置单元格垂直方向的布局

与之前利用 UI 控件的 frame 或 origin 属性不同,这一章我们将利用 iOS SDK 的自动布局特性来进行界面布局。通过内定的 Constraint(约束)和各项条件来计算出合理的布局。而这个合理的布局,正好符合我们的预期和意图。所谓约束,简单来说就是说明两个控件之间或单独控件与自己之间的关系,比如 Button 的底部与 Label 的顶部在垂直方向上有 10 个点的距离,Image View 的 Lead(左侧)与控制器视图的 Lead(左侧)有 5 个点的距离等。

步骤 1 在项目导航中打开 PostCell.swift 文件,在 awakeFromNib() 方法中添加下面的代码:

```
override func awakeFromNib() {
  super.awakeFromNib()
  
  let width = UIScreen.main.bounds.width
  
  // 启用约束
  avaImg.translatesAutoresizingMaskIntoConstraints = false
  usernameBtn.translatesAutoresizingMaskIntoConstraints = false
  dateLbl.translatesAutoresizingMaskIntoConstraints = false
  
  picImg.translatesAutoresizingMaskIntoConstraints = false
```

```
likeBtn.translatesAutoresizingMaskIntoConstraints = false
commentBtn.translatesAutoresizingMaskIntoConstraints = false
moreBtn.translatesAutoresizingMaskIntoConstraints = false

likeLbl.translatesAutoresizingMaskIntoConstraints = false
titleLbl.translatesAutoresizingMaskIntoConstraints = false
puuidLbl.translatesAutoresizingMaskIntoConstraints = false
}
```

在该方法中,我们首先获取到屏幕的宽度值,因为在后面设置约束的时候会经常用到。

其次是设置所有 UI 控件的 translatesAutoresizingMaskIntoConstraints 属性为 false。凡是从代码层面所使用的对 UI 控件的 Autolayout 特性,必须将视图或者控件的 translatesAutoresizingMaskIntoConstraints 属性设置为 false,这样才能通过代码方式添加约束(Constraint),否则视图还是会按照以往的 autoresizingMask 进行计算。

步骤 2 继续在 awakeFromNib() 方法中添加下面的代码:

```
let picWidth = width - 20

// 约束
self.contentView.addConstraints(NSLayoutConstraint.constraints(
            withVisualFormat: "V:|-10-[ava(30)]-10-[pic(\(picWidth))]-5-[like(30)]",
            options: [],
            metrics: nil,
            views: ["ava": avaImg, "pic": picImg, "like": likeBtn]))
```

首先定义帖子照片的宽度为屏幕宽度减去 20,也就意味着它在水平方向与屏幕两边各有 10 个点的距离。

self.contentView 是单元格对象默认的显示视图,因为之前的所有 UI 控件都被添加到了这里,所以需要在这个层面上为控件之间添加约束。

addConstraints(_:) 方法可以添加多个约束,这些约束我们通过 NSLayoutConstraint 类的 constraints(withVisualFormat: options: metrics: views:) 方法生成。其实,生成约束的方法有很多,比如在故事板中通过可视化的方式,在程序代码中通过函数方法的方式,这里我们使用可视化语言的方式,因为这种方式的语言非常容易理解。

withVisualFormat 参数就是创建约束的可视化语言,它是一个字符串,通过字面意思我们可以清楚的知道:在 self.contentView 视图中的垂直方向上(V:),从顶部(|)距离 10 个点(-10-)有一个高度为 30 的 avaImg(-[ava(30)]-),再距离 10 个点(-10-)有一个高度为 picWidth 的 picImg(-[pic((picWidth))]-),再距离 5 个点(-5-)有一个高度为 30 的 like 按钮([like(30)])。

该方法是如何知道 VisualFormat 中 ava、pic 和 like 代表什么呢?就靠最后的 views 参数,它是一个字典类型的对象,对应着 VisualFormat 中的控件名称和真正的实体控件对象。

步骤 3 继续添加约束。

```
// 垂直方向距离顶部 10 个点是 usernameBtn
```

```
    self.contentView.addConstraints(NSLayoutConstraint.constraints(
        withVisualFormat: "V:|-10-[username]", options: [], metrics: nil, views:
["username": usernameBtn]))
    // 垂直方向距离 picImg 底部 5 个点是 commentBtn,commentBtn 高度为 30
    self.contentView.addConstraints(NSLayoutConstraint.constraints(
        withVisualFormat: "V:[pic]-5-[comment(30)]", options: [], metrics: nil,
views: ["pic": picImg, "comment": commentBtn]))
```

需要注意的是，第二行的 VisualFormat 中 V: 后面没有跟 |，代表这个约束不是从顶部开始的，而是只针对 picImg 的底部开始。

步骤 4 继续添加约束。

```
    // 垂直方向距离顶部 10 个点是 dateLbl
    self.contentView.addConstraints(NSLayoutConstraint.constraints(
        withVisualFormat: "V:|-15-[date]", options: [], metrics: nil, views: ["date":
dateLbl]))
    // 垂直方向距离 likeBtn 下方 5 点是 titleLbl，它下面的 5 点是单元格的底部边缘。
    self.contentView.addConstraints(NSLayoutConstraint.constraints(
        withVisualFormat: "V:[like]-5-[title]-5-|", options: [], metrics: nil, views:
["like": likeBtn, "title": titleLbl]))
```

步骤 5 继续添加垂直约束代码：

```
    // 垂直方向距离 picImg 底部 5 个点是 moreBtn,moreBtn 高度为 30
    self.contentView.addConstraints(NSLayoutConstraint.constraints(
        withVisualFormat: "V:[pic]-5-[more(30)]", options: [], metrics: nil, views:
["pic": picImg, "more": moreBtn]))
    // 垂直方向距离 picImg 底部 10 个点是 likeLbl，高度值默认
    self.contentView.addConstraints(NSLayoutConstraint.constraints(
        withVisualFormat: "V:[pic]-10-[likes]", options: [], metrics: nil, views: ["pic":
picImg, "likes": likeLbl]))
```

在垂直方向的约束添加完成以后，就该考虑水平方向的约束了。

24.2 设置单元格水平方向的布局

步骤 1 在之前代码的下面继续添加代码：

```
    self.contentView.addConstraints(NSLayoutConstraint.constraints(
        withVisualFormat: "H:|-10-[ava(30)]-10-[username]", options: [], metrics: nil,
views: ["ava": avaImg, "username": usernameBtn]))
```

这回是在水平方向上，距离视图左侧 10 个点是 avaImg，宽度 30。距离 avaImg 右侧 10 个点是 usernameBtn。

步骤 2 继续添加水平约束代码：

```
    // picImg 的宽度为屏幕的宽度
    self.contentView.addConstraints(NSLayoutConstraint.constraints(
```

```
            withVisualFormat: "H:|-0-[pic]-0-|", options: [], metrics: nil, views: ["pic":
picImg]))
```

// 距离视图左侧 15 点是宽度 30 的 likeBtn，距离 likeBtn 10 个点是 likeLbl，距离 likeLbl 20 个点是宽度 30 的 commentBtn

```
        self.contentView.addConstraints(NSLayoutConstraint.constraints(
            withVisualFormat: "H:|-15-[like(30)]-10-[likes]-20-[comment(30)]", options: [],
metrics: nil, views: ["like": likeBtn, "likes": likeLbl, "comment": commentBtn]))
```

步骤 3 继续添加水平约束代码：

// 水平距离视图右边缘 15 个点是宽度 30 的 moreBtn
```
        self.contentView.addConstraints(NSLayoutConstraint.constraints(
            withVisualFormat: "H:[more(30)]-15-|", options: [], metrics: nil, views: ["more":
moreBtn]))
```

// 水平方向距离两端 15 点是 titleLbl 的两端
```
        self.contentView.addConstraints(NSLayoutConstraint.constraints(
            withVisualFormat: "H:|-15-[title]-15-|", options: [], metrics: nil, views: ["title":
titleLbl]))
```

// 水平距离视图右边缘 15 个点是 dateLbl
```
        self.contentView.addConstraints(NSLayoutConstraint.constraints(
            withVisualFormat: "H:|[date]-10-|", options: [], metrics: nil, views: ["date":
dateLbl]))
```

图 24-1　单元格布局设置好后的效果

图 24-2　发布长备注后的效果

步骤 4 在 PostVC 类中将之前在 viewDidLoad() 方法中注释掉的两行代码重新启用。

```
// 动态单元格高度设置
tableView.rowHeight = UITableViewAutomaticDimension
tableView.estimatedRowHeight = 450
```

重新启用以后在自动布局的作用下，表格视图中的单元格高度会根据内容动态调整了。构建并运行项目，运行效果如图 24-1 所示。

你还可以发布一个评论很长并且有很多换行的帖子，运行后的效果如图 24-2 所示。

本章小结

本章我们利用自动布局（AutoLayout）特性，为单元格中的 UI 控件添加约束，约束可以是控件与控件之间的，也可以是控件自身的。设置约束的方式可以有多种方式：故事板可视化方式、代码函数方式和可视化语言方式。这里我们使用的是第三种方式，它的优势在于可以在一行代码中创建多个约束，简单明了、通俗易懂！

第 25 章

进一步美化程序界面

虽然现在的 PostVC 控制器的用户界面看起来已经是有模有样的了，但离我们的最终目标还是有一定差距的。在本章中，我们要进一步美化 PostVC 界面。

25.1 为按钮定制 Icon 图

现在 PostVC 中的三个按钮均为文本类型的按钮，我们需要将其变成 Icon 类型的按钮。

步骤 1 从资源文件夹中将 like.png、unlike.png、comment.png 和 more.png 四个文件拖曳到 Instagram 项目之中，勾选 Copy items if needed 和 Instagram 目标。

步骤 2 在故事板的 PostVC 视图中选中 likeBtn，在 Attributes Inspector 中删除 Title 的内容，再将 Image 设置为 unlike.png。此时的 likeBtn 按钮会变得非常大，因为它默认会展开到原图的大小。在 Size Inspector 中将按钮的大小修改为 30×30，位置调整到之前的位置即可，如图 25-1 所示。

图 25-1 设置 Like 按钮的背景图

> **注意** 在故事板中对 likeBtn 所做的任何调整都不会影响到视图最终的布局，因为我们是通过自动布局在程序中借助约束进行的布局，这里的调整只是让我们可以看得更舒服些。

步骤 3 仿照步骤 2，继续对 commentBtn 和 moreBtn 进行 Image 设置，效果如图 25-2 所示。

步骤 4 在 PostCell 类的 awakeFromNib() 方法的最后，添加下面的两行代码，让用户头像成圆形显示。

```
avaImg.layer.cornerRadius = avaImg.frame.width / 2
avaImg.clipsToBounds = true
```

图 25-2　设置评论和 More 按钮的背景图

构建并运行项目，效果如图 25-3 所示。

除了在个人主页中实现单击帖子照片切换到 PostVC 界面以外，我们还需要在访客页面中实现同样的功能。

步骤 5　在 HomeVC 类中拷贝 collectionView(_:didSelectItemAt:) 方法及代码，然后将其粘贴到 GuestVC 类中。

构建并运行项目，进入到访客页面，然后单击其中一个帖子照片，PostVC 界面完美呈现到屏幕上。

图 25-3　头像设置为圆形

25.2　美化导航栏

在接下来的部分中，我们要对导航和标签栏控制器进行美化。

步骤 1　在项目导航中新建一个新的 Cocoa Touch Class 文件，Subclass of 为 UINavigationController，Class 设置为 NavVC。再新建一个 Cocoa Touch Class 文件，Subclass of 为 UITabBarController，Class 设置为 TabBarVC。

步骤 2　在故事板中选中唯一的一个 TabBarController，在 Identity Inspector 中将其 Class 设置为 TabBarVC。再将故事板中所有的导航控制器的 Class 设置为 NavVC（一共 3 个）。

步骤 3　在 NavVC 类的 viewDidLoad() 方法中添加下面的代码：

```
override func viewDidLoad() {
  super.viewDidLoad()

  //导航栏中 Title 的颜色设置
  self.navigationBar.titleTextAttributes = [NSForegroundColorAttributeName: UIColor.white]
}
```

在 UINavigationController 类中，navigationBar 是导航控制器所管理的导航栏对象，我们通过它去自定义导航栏的外观。titleTextAttributes 是 navigationBar 中的属性，通过它可以显示或者设置导航栏中 title 的属性，包括字体、字号、文字颜色、阴影颜色和阴影的偏移量。它是字典类型的对象，我们可以使用 text attribute keys（文本属性键）来进行设置。

NSForegroundColorAttributeName 是全局变量，它的值是 UIColor 类型，用于指定文本的前景色，这里设置为白色。

步骤 4 在 viewDidLoad() 方法中继续添加下面的代码：

```
// 导航栏中按钮的颜色
self.navigationBar.tintColor = .white
// 导航栏的背景色
self.navigationBar.barTintColor = UIColor(red: 18.0/255.0, green: 86.0/255.0, blue: 136.0/255.0, alpha: 1)
```

tintColor 属性用于设置导航栏中按钮的文本颜色，barTintColor 则是设置导航栏自身的颜色，通过 RGB 的颜色设置，我们将导航栏设置为蓝色。

步骤 5 在 viewDidLoad() 方法中继续添加下面的代码：

```
// 不允许透明
self.navigationBar.isTranslucent = false
```

navigationBar 的 isTranslucent 属性用于指定导航栏是否透明，true 为透明，false 为不透明。

步骤 6 在 NavVC 中重写 preferredStatusBarStyle 属性：

```
override var preferredStatusBarStyle: UIStatusBarStyle{
  return .lightContent
}
```

通过重写 preferredStatusBarStyle 属性设置状态栏的风格，lightContent 风格与导航栏的文字风格是一致的。

构建并运行项目，效果如图 25-4 所示。

图 25-4 设置导航栏后的效果

25.3 美化标签栏

接下来，我们需要美化标签栏控制器的外观。

步骤 在 TabBarVC 的 viewDidLoad() 方法中添加下面的代码：

```
override func viewDidLoad() {
  super.viewDidLoad()

  // 每个 Item 的文字颜色为白色
  self.tabBar.tintColor = .white

  // 标签栏的背景色
  self.tabBar.barTintColor = UIColor(red: 37.0/255.0, green: 39.0/255.0, blue: 42.0/255.0, alpha: 1)

  self.tabBar.isTranslucent = false
}
```

与之前导航栏的外观类似，只不过标签栏的背景色为黑色。

构建并运行项目，效果如图 25-5 所示。

图 25-5　设置标签栏后的效果

25.4　调整上传照片页面

经过前面几个章节的完善，现在这个 Instagram 项目看似越来越有样了。但是还是有一些 Bug 需要修补。如果此时你在模拟器中点开 UploadVC 控制器的话，就会发现 Image View 和 TextView 被下移了，如图 25-6 所示，这是设置了导航栏不透明的缘故。UI 控件的下移让用户体验变差，所以需要对 UploadVC 类中的一些代码进行调整。

图 25-6　有问题的上传界面

步骤1 在 UploadVC 的 alignment() 方法中，修改 picImg 的 frame 属性：

```
picImg.frame = CGRect(x: 15, y: 15, width: width / 4.5, height: width / 4.5)
```

这里将 Image View 的 y 值设置为 15。

步骤2 继续修改 publishBtn 的 frame 属性：

```
let width = self.view.frame.width
let height = self.view.frame.height
......
publishBtn.frame = CGRect(x: 0, y: height - width / 8, width: width, height: width / 8)
```

首先将控制器视图的高度赋值给 height，然后我们主要调整 publishBtn 的 y 值，因为导航栏和标签栏均不透明的缘故，使得 height 的高度等于视图高度（此时不包含导航栏高度和状态栏高度）−标签栏高度，控制器视图（0，0）点坐标是从导航栏底部边缘开始的，所以让它的 y 值等于 height-publishBtn 按钮高度即可。

步骤3 在 UploadVC 类的 viewDidLoad() 方法中删除对 alignment() 的调用，并在 UploadVC 类中重写一个新的方法 viewWillAppear(_:)。

```
override func viewWillAppear(_ animated: Bool) {
  super.viewWillAppear(animated)

  alignment()
}
```

当控制器视图将要在屏幕上可见的时候会调用该方法，与 viewDidLoad() 方法不同，viewDidLoad() 在控制器视图加载后被调用，如果是在代码中创建的视图加载器，它将会在 loadView() 方法执行后被调用，如果是从故事板页面输出，它将会在视图设置好后后被调用，并且系统对该方法的调用在控制器的整个生存期只有一次，而 viewWillAppear(_:) 方法则会被多次调用，只要从不可见切换到可见就会被调用一次。

构建并运行项目，在选择好照片以后，当再次单击 Image View 的时候，它出现了下沉的情况，如图 25-7 所示。

这是因为在 zoomImg() 方法中，对于 unzoomed 的定义与之前的不一致了。

步骤4 修改 zoomImg() 方法中 unzoomed 的代码，将 y 值修改为 15。

```
let unzoomed = CGRect(x: 15, y: 15, width: self.view.frame.width / 4.5, height: self.view.frame.width / 4.5)
```

再次运行项目，在 Image View 预览状态下，我们发现放大后的图片比较靠下，这还是因为控制器视图（0，0）点下移的原因。

步骤5 修改 zoomImg() 方法中 zoomed 的代码，将 y 值减去偏移量。

```
let zoomed = CGRect(x: 0, y: self.view.center.y - self.view.center.x - self.
```

```
navigationController!.navigationBar.frame.height * 1.5, width: self.view.frame.
width, height: self.view.frame.width)
```

这里，我们让 Image View 的 y 值再减去（上移）导航栏高度的 1.5 倍。

步骤 6 修改 animate(withDuration: animations:) 闭包中的代码，添加对 removeBtn 的 alpha 属性的设置。

```
if picImg.frame == unzoomed {
  UIView.animate(withDuration: 0.3, animations: {
    ......
    self.removeBtn.alpha = 0
  })
}else {
  UIView.animate(withDuration: 0.3, animations: {
    ......
    self.removeBtn.alpha = 1
  })
}
```

构建并运行项目，效果如图 25-8 所示。

图 25-7　预览图片时出现的问题　　　　图 25-8　修改后的预览图片显示效果

25.5　设置标签栏中的 Item

到目前为止，HomeVC 和 UploadVC 控制器在标签栏中还只是显示两个文本的 Item，接下来我们将对这部分进行美化。

步骤 1　从资源文件夹中拖曳 home、home@2x、home@3x、upload、upload@2x、upload@3x 这 6 个 png 图片到 Instagram 项目之中，拷贝的选项和之前的保持一致。

步骤 2　在项目导航中同时选中这 6 个新添加的文件，然后在快捷菜单中选择 New Group from Selection，并命名该 Group 为 tabbar items。

步骤 3　在故事板中选择控制个人主页的导航控制器，单击底部的标签后在 Attributes Inspector 中将 Title 设置为我的，Image 设置为 home.png。选择控制上传的导航控制器，在 Attributes Inspector 中将 Title 设置为上传，Image 设置为 upload.png。

构建并运行项目，效果如图 25-9 所示。

图 25-9　标签栏设置后的效果

本章小结

本章我们为 PostVC 中的三个按钮定制了 Icon，并且还定制了导航栏和标签栏的外观。在设置外观的时候，因为设置了 isTranslucent 属性为 false，所以在 UI 控件位置的设置上发生了变化，所以需要在代码中进行相应的调整。

另外，本章所提供的所有按钮 Icon 图标都可以通过 Sketch 软件手工绘制，请扫描下面的二维码观看制作 Icon 图标的视频教程。

Like　　　　　　Comment　　　　　More　　　　　　Home　　　　　　Upload
图标的制作　　　图标的制作　　　　图标的制作　　　　图标的制作　　　　图标的制作

第四部分 Part 4

- 第 26 章　喜爱按钮的功能实现
- 第 27 章　创建用户评论界面
- 第 28 章　实现评论的相关功能
- 第 29 章　实现评论的特色功能
- 第 30 章　实现 Hashtags 和 Mentions 功能
- 第 31 章　创建 Hashtag 控制器
- 第 32 章　处理 More 按钮的响应交互

第 26 章

喜爱按钮的功能实现

本章我们将会实现用户与 PostVC 中喜爱按钮的交互功能。

26.1 设置喜爱按钮状态及显示喜爱的数量

步骤 1 进入到 LeanCloud 云端控制台,创建 Likes 数据表。
步骤 2 在 Likes 数据表中添加一个新列,列名称为 to,类型为 String。
步骤 3 再添加一个新列,列名称为 by,类型为 String。
步骤 4 回到 Xcode,在 PostVC 类中 tableView(_: cellForRowAt:) 方法的最后,添加下面的代码:

```swift
override func tableView(_ tableView: UITableView, cellForRowAt indexPath: IndexPath) -> UITableViewCell {
    ......
    // 根据用户是否喜爱维护 likeBtn 按钮
    let didLike = AVQuery(className: "Likes")
    didLike?.whereKey("by", equalTo: AVUser.current().username)
    didLike?.whereKey("to", equalTo: cell.puuidLbl.text)
    didLike?.countObjectsInBackground({ (count:Int, error:Error?) in
        if count == 0 {
            cell.likeBtn.setTitle("unlike", for: .normal)
            cell.likeBtn.setBackgroundImage(UIImage(named: "unlike.png"), for: .normal)
        }else {
            cell.likeBtn.setTitle("like", for: .normal)
            cell.likeBtn.setBackgroundImage(UIImage(named: "like.png"), for: .normal)
        }
```

```
    })
    return cell
}
```

在上面的代码中，我们创建了一个查询对象，用于查询 LeanCloud 云端的 Likes 表中，符合 by 字段等于当前用户，to 字段是当前帖子 puuid 的记录。如果查询到的记录数不为 0，则设置 likeBtn 的风格为 Like，否则是 Unlike 风格。

步骤 5　继续在步骤 4 的代码下方添加代码：

```
// 计算本帖子的喜爱总数
let countLikes = AVQuery(className: "Likes")
countLikes?.whereKey("to", equalTo: cell.puuidLbl.text)
countLikes?.countObjectsInBackground({ (count:Int, error:Error?) in
  cell.likeLbl.text = "\(count)"
})
```

26.2　实现喜爱按钮的交互

接下来，我们需要在 PostCell 中创建 likeBtn 按钮的 Action 关联，以实现用户与按钮之间的交互。

步骤 1　在故事板中为 likeBtn 按钮与 PostCell 类建立 Action 关联，方法名称为 likeBtn_clicked。

```
@IBAction func likeBtn_clicked(_ sender: AnyObject) {
}
```

步骤 2　在 likeBtn_clicked(_:) 方法中获取 likeBtn 按钮的 Title。

```
// 获取 likeBtn 按钮的 Title
let title = sender.title(for: .normal)
```

步骤 3　在 likeBtn_clicked(_:) 方法中添加下面的代码：

```
// 如果当前 likeBtn 按的状态是 unlike，则将该帖子设置为 like 状态。
if title == "unlike" {
  let object = AVObject(className: "Likes")
  object?["by"] = AVUser.current().username
  object?["to"] = puuidLbl.text
  object?.saveInBackground({ (success:Bool, error:Error?) in
    if success {
      print("标记为：like！")
      self.likeBtn.setTitle("like", for: .normal)
      self.likeBtn.setBackgroundImage(UIImage(named: "like.png"), for: .normal)

      // 如果设置为喜爱，则发送通知给表格视图刷新表格
      NotificationCenter.default.post(name: NSNotification.Name(rawValue: "liked"),
```

```
           object: nil)
        }
    })
}
```

在这段 if 语句的代码中,如果当前 likeBtn 的状态为 unlike,则生成一个 AVObject 类型的对象,通过下标的形式将 by 设置为当前用户,to 设置为当前帖子的 uuid。然后执行 AVObject 的 saveInBackground(_:) 方法,在方法的闭包中,如果保存成功则修改 likeBtn 按钮的状态,最后发送一个通知,便于一会儿刷新 PostVC 中的表格视图。

步骤 4 继续在 likeBtn_clicked(_:) 方法中添加下面的代码:

```
if title == "unlike" {
    ......
}else {
    //搜索 Likes 表中对应的记录
    let query = AVQuery(className: "Likes")
    query?.whereKey("by", equalTo: AVUser.current().username)
    query?.whereKey("to", equalTo: puuidLbl.text)
    query?.findObjectsInBackground({ (objects:[Any]?, error:Error?) in
        for object in objects! {
            //搜索到记录以后将其从 Likes 表中删除
            (object as AnyObject).deleteInBackground({ (success:Bool, error:Error?) in
                if success {
                    print("删除 like 记录, disliked")
                    self.likeBtn.setTitle("unlike", for: .normal)
                    self.likeBtn.setBackgroundImage(UIImage(named: "unlike.png"), for: .normal)
                    
                    //如果设置为喜爱,则发送通知给表格视图刷新表格
                    NotificationCenter.default.post(name: NSNotification.Name(rawValue: "liked"), object: nil)
                }
            })
        }
    })
}
```

当 likeBtn 按钮的状态为 like,则会执行 else 中的代码。首先是从 LeanCloud 云端的 Likes 表中搜索 by 为当前用户,to 为当前 puuid 的记录。然后通过 findObjectsInBackground(_:) 方法得到 AVObject 类型的记录,再通过 AVObject 类的 deleteInBackground(_:) 方法将其从 Likes 表中删除,当成功删除以后接着修改 likeBtn 按钮的状态,最后发送通知让 PostVC 的表格视图刷新。

步骤 5 在 PostVC 类中的 viewDidLoad() 方法中添加下面一行代码:

```
//设置当 PostVC 接收到 liked 通知以后,执行 refresh 方法
NotificationCenter.default.addObserver(self, selector: #selector(refresh), name: NSNotification.Name.init(rawValue: "liked"), object: nil)
```

步骤 6 在 PostVC 类中创建新的方法 refresh()。

```
func refresh() {
  self.tableView.reloadData()
}
```

在构建并运行项目之前还有几个 Bug 需要修改。

步骤 7　在 PostCell 类的 awakeFromNib() 方法中，添加下面一行代码：

```
// 设置 likeBtn 按钮的 title 文字的颜色为无色
likeBtn.setTitleColor(.clear, for: .normal)
```

这里我们将 likeBtn 按钮 title 文本的颜色设置为无色，因为它只作为程序的条件判断使用，并不需要它显示到屏幕上。

步骤 8　在故事板中，选中 likeBtn 按钮，在 Attributes Inspector 中参看 Image 属性是否为 unlike.png，如果是则将其删除，然后在 Background 属性上设置 unlike.png。

> **注意**　如果我们在故事板中将 likeBtn 的 Image 属性设置为 unlike.png 图片，那么在代码中不管我们如何调用 likeBtn 的 setBackgroundImage(image: for:) 都会被位于前景的 unlike.png 图片遮盖住，给我们的感觉就是喜爱按钮没有发生任何的变化。

构建并运行项目，选择一个帖子照片，然后单击 Like 按钮，效果如图 26-1 所示。

图 26-1　单击喜爱按钮的前后效果

26.3 实现照片的双击交互

用户除了可以与 Like 按钮交互以外，还可以通过双击照片 Image View 来实现交互功能。

步骤 1 在 PostCell 类的 awakeFromNib() 方法中添加下面的代码：

```
// 双击照片添加喜爱
let likeTap = UITapGestureRecognizer(target: self, action: #selector(likeTapped))
likeTap.numberOfTapsRequired = 2
picImg.isUserInteractionEnabled = true
picImg.addGestureRecognizer(likeTap)
```

在上面的代码中创建了一个单击手势，当双击的时候会执行 likeTaped() 方法，最后把该手势添加到 picImg 控件上面。

步骤 2 在 PostCell 类中创建一个新的方法 likeTapped()。

```
func likeTapped() {
  // 创建一个大的灰色桃心
  let likePic = UIImageView(image: UIImage(named: "unlike.png"))
  likePic.frame.size.width = picImg.frame.width / 1.5
  likePic.frame.size.height = picImg.frame.height / 1.5
  likePic.center = picImg.center
  likePic.alpha = 0.8
  self.addSubview(likePic)
}
```

在该方法中，首先创建一个 Image View，用于呈现 unlike.png 图片。它的大小为 picImage 的 2/3，中心与 picImg 一致，alpha 值为 0.8。

步骤 3 在 likeTapped() 方法的底部继续添加代码：

```
// 通过动画隐藏 likePic 并且让它变小
UIView.animate(withDuration: 0.4, animations: {
  likePic.alpha = 0
  likePic.transform = CGAffineTransform(scaleX: 0.1, y: 0.1)
})
```

这里通过动画的方式，在 0.4 秒的时间将 likePic 的 alpha 值从 0.8 变为 0（不可见），再将大小缩小到之前的十分之一。

步骤 4 在 likeTapped() 方法中继续添加代码：

```
let title = likeBtn.title(for: .normal)

if title == "unlike" {
  let object = AVObject(className: "Likes")
  object?["by"] = AVUser.current().username
  object?["to"] = puuidLbl.text
  object?.saveInBackground({ (success:Bool, error:Error?) in
    if success {
```

```
            print("标记为：like！")
            self.likeBtn.setTitle("like", for: .normal)
            self.likeBtn.setBackgroundImage(UIImage(named: "like.png"), for: .normal)

            // 如果设置为喜爱，则发送通知给表格视图刷新表格
            NotificationCenter.default.post(name:
Notification.Name(rawValue: "liked"), object: nil)
        }
    })
}
```

如果当前 likeBtn 的 title 是 unlike，则会执行 if 语句中的代码。与 likeBtn_clicked_:) 方法中的代码类似，我们可以直接复制过来。

构建并运行项目，在双击 picImg 照片以后，效果如图 26-2 所示。

26.4 实现用户名的单击交互

在本章的最后，我们还要实现单击用户名的交互功能。

步骤 1 在故事板中为 usernameBtn 按钮与 PostVC 类创建 Action 关联。

图 26-2 双击照片后的动画效果

```
// 单击 username 按钮
@IBAction func usernameBtn_clicked(_ sender: AnyObject) {
}
```

> **注意** 之前我们是将 Like 按钮与 PostCell 类建立 Action 关联，为什么 username 按钮却需要在 PostVC 中建立 Action 关联呢？
> 这是因为当用户在单击 username 按钮以后，要通过导航控制器进入到相应的个人主页或访客主页，这个功能需要在 UIViewController 或其子类中实现，但是在 PostCell 类（继承于 UIView）中是无法实现的。

步骤 2 在 PostVC 类中的 tableView(_: cellForRowAt:) 方法最后的 return cell 语句的上面，添加下面的代码：

```
// 将 indexPath 赋值给 usernameBtn 的 layer 属性的自定义变量
cell.usernameBtn.layer.setValue(indexPath, forKey: "index")

return cell
```

这里，我们为每一个 usernameBtn 都打上了一个标记，该标记记录了单元格的 indexPath 值，在之后的 usernameBtn_clicked(_:) 方法中会用到这个 indexPath 值。

步骤 3　在 usernameBtn_clicked(_:) 方法中，添加下面的代码：

```
@IBAction func usernameBtn_clicked(_ sender: AnyObject) {
    // 按钮的 index
    let i = sender.layer.value(forKey: "index") as! IndexPath
    
    // 通过 i 获取到用户所单击的单元格
    let cell = tableView.cellForRow(at: i) as! PostCell
    
    // 如果当前用户单击的是自己的 username，则调用 HomeVC，否则是 GuestVC
    if cell.usernameBtn.titleLabel?.text == AVUser.current().username {
        let home = self.storyboard?.instantiateViewController(withIdentifier: "HomeVC") as! HomeVC
        self.navigationController?.pushViewController(home, animated: true)
    }else {
        let guest = self.storyboard?.instantiateViewController(withIdentifier: "GuestVC") as! GuestVC
        self.navigationController?.pushViewController(guest, animated: true)
    }
}
```

在该方法中，通过用户所单击的按钮获取到用户所单击的单元格对象。如果单击的 username 是当前用户自己的，则通过导航控制器推出 HomeVC 控制器，否则推出 GuestVC 控制器。

构建并运行项目，程序完美运行！

本章小结

在本章中我们实现了喜爱按钮与用户的交互功能，包括直接单击按钮后的状态修改和单击其上方的 Image View 控件后状态的修改。在实现第二种方式的交互时，还利用了 UIView 的动画功能增强了用户体验，刺激用户更多地去参与到类似的评价之中。

第 27 章

创建用户评论界面

从本章开始我们将要实现帖子的评论功能,也就是在 PostVC 中单击评论按钮后所要实现的功能。

27.1 创建评论控制器的用户界面

步骤 1 在故事板的对象库中拖曳 1 个 View Controller 到编辑区域。

步骤 2 从对象库拖曳 1 个 Table View 到新建控制器的视图之中,大小和位置如图 27-1 所示。

> **注意** 请确保您拖曳的是 Table View,而不是 Table View Controller。这里可能你会有疑问:为什么不直接新建 1 个 Table View Controller 呢?评论页面中最主要的不就是表格吗?其实,在评论视图中不仅要有表格视图,还要有用于输入评论的 Text View 和发表评论的 Button。与其使用 Table View Controller 然后再去修改,还不如通过标准的 View Controller 去搭建具有发送评论功能的表格视图方便。

步骤 3 从对象库拖曳 1 个 Text View 到 Table

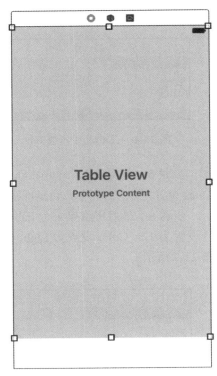

图 27-1 添加 Table View 控件

View 的下方，在 Attributes Inspector 中清空 Text 的内容，并将 Background 设置为 Group Table View Background Color，最后调整大小和位置如图 27-2 所示。

步骤 4 从对象库拖曳 1 个 Button 到 Text View 的右侧，Title 设置为发送，字体设置为粗体，大小和位置如图 27-3 所示。

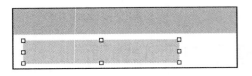 

图 27-2　在控制器视图中添加 Text View　　　图 27-3　在控制器视图中添加 Button

步骤 5 选中 Table View，在 Attributes Inspector 中将 Prototype Cells 设置为 1，在 Size Inspector 中将 Row Height 设置为 60。

步骤 6 从对象库拖曳 1 个 Image View 到新设置的 Cell 之中，在 Size Inspector 中将 x 和 y 均设置为 10，width 和 height 均设置为 40，在 Attributes Inspector 中将 Image 设置为 pp.jpg，如图 27-4 所示。

步骤 7 再拖曳 1 个 Button 到 Image View 的右侧，字号设置为 14，左对齐，Title 设置为 usernameBtn，大小和位置如图 27-5 所示。

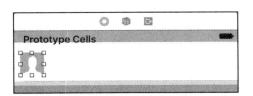 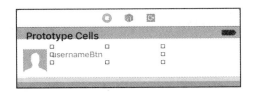

图 27-4　在 Cell 中添加 Image View　　　图 27-5　在 Cell 中添加 Button

步骤 8 再拖曳 1 个 Label 到 Button 的下方，字号设置为 14，Text 设置为 commentLbl，Lines 设置为 0，因为考虑到多行显示的问题，如图 27-6 所示。

步骤 9 最后再拖曳 1 个 Label 到 Button 的右侧，用于显示评论与当前的时间间隔。字号设置为 12，Color 设置为 Light Gray Color，alignment 设置为右对齐，Text 设置为 2h，如图 27-7 所示。

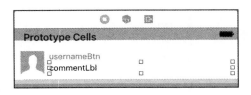 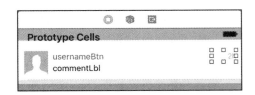

图 27-6　在 Cell 中添加 Label　　　图 27-7　在 Cell 中添加第二个 Label

27.2 完善用户界面代码

步骤 1 在 Instagram 项目中创建一个新的 Cocoa Touch Class 文件，Subclass of 设置为 UIViewController，Class 为 CommentVC。再创建一个 Cocoa Touch Class 文件，Subclass of 设置为 UITableViewCell，Class 为 CommentCell。

步骤 2 在故事板中将新创建的 View Controller 的 Class 设置为 CommentVC，将其表格视图中的单元格的 Class 设置为 CommentCell，并且在 Attributes Inspector 中将 Identifier 设置为 Cell。

步骤 3 将 Xcode 切换到助手编辑器模式，建立表格视图与 CommentVC 类的 Outlet 关联，Name 设置为 tableView。

```
class CommentVC: UIViewController {
  @IBOutlet weak var tableView: CommentCell!
```

步骤 4 建立 TextView、Button 与 CommentVC 类的 Outlet 关联，Name 设置为 commentTxt 和 sendBtn。

```
@IBOutlet weak var commentTxt: UITextView!
@IBOutlet weak var sendBtn: UIButton!
```

步骤 5 在 CommentVC 类中添加一个属性，用于表格视图的刷新。

```
class CommentVC: UIViewController {
  ......
  var refresher = UIRefreshControl()
```

步骤 6 在 refresher 变量声明的下方再添加三个属性的声明。

```
// 重置 UI 的默认值
var tableViewHeight: CGFloat = 0
var commentY: CGFloat = 0
var commentHeight: CGFloat = 0
```

其中，tableViewHeight 用于记录控制器中表格视图的高度值，因为表格视图的高度值会随着虚拟键盘的出现而发生改变，所以需要记录之前的表格高度。commentY 用于记录评论输入框的 Y 方向的位置，表格视图的高度变化，也会影响到评论输入框 Y 方向位置的变化。commentHeight 则用于记录评论输入框的高度，因为当用户输入多行评论信息后，我们需要让 Text View 的高度值增加。

步骤 7 在 CommentVC 类的外部声明两个全局变量。

```
var commentuuid = [String]()
var commentowner = [String]()

class CommentVC: UIViewController {
```

步骤 8 在 CommentVC 类中新建一个 alignment() 方法。

```
// 对齐 UI 控件
func alignment() {
  let width = self.view.frame.width
  let height = self.view.frame.height

  tableView.frame = CGRect(x: 0, y: 0, width: width, height: height / 1.096 -
self.navigationController!.navigationBar.frame.height - 20)
}
```

在该方法中，首先获取了当前控制器视图的宽度和高度。注意，因为我们在 NavVC 中将导航视图的 isTranslucent 设置为 false，所以 CommentVC 控制器的视图的（0，0）点左上角的位置是在导航栏的底部（左下角）开始计算的。但即便是这样，CommentVC 控制器视图的高度依旧是屏幕的高度，比如在 iPhone 6 设备上的 height 还是 667 点，如图 27-8 所示。

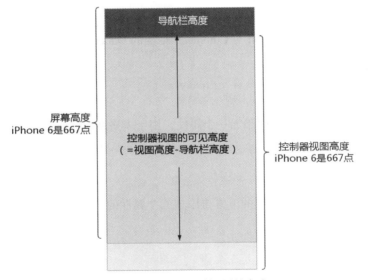

图 27-8　控制器相关视图的高度

我们在设置表格视图高度的时候，本身它的高度要小于控制器视图的高度，因为还要放置 Text View，所以用 height 除以 1.096，此时的表格视图底部还可能会超出屏幕的底部边缘，因为控制器的视图是从导航栏底部算起的，所以要再减去导航栏的高度。这还不够，我们要让表格视图上下各留 10 个点的空白，所以再减去 20 个点。

步骤 9　在 alignment() 方法中继续添加下面一行代码：

```
commentTxt.frame = CGRect(x: 10, y: tableView.frame.height + height / 56.8,
width: width / 1.306, height: 33)
```

评论输入框的 y 值是表格视图的高度再加上动态的比例值 height 除以 56.8，其宽度也是动态的屏幕宽度除以 1.306，高度固定为 33。

步骤 10 继续添加下面一行代码：

```
sendBtn.frame = CGRect(x: commentTxt.frame.origin.x + commentTxt.frame.width +
width / 32, y: commentTxt.frame.origin.y, width: width - (commentTxt.frame.origin.x
+ commentTxt.frame.width) - width / 32 * 2, height: commentTxt.frame.height)
```

发送按钮的 x 值是评论 Text View 左边缘加上评论 Text View 的宽度，再加上一个动态间隔值（width / 32）。y 值与评论 Text View 的 y 值一致。发送按钮的宽度 = 屏幕宽度 – 评论 Text View 左边缘与评论 Text View 的宽度 – 两个动态间隔宽度（发送按钮两侧的间隔）。

步骤 11 在 alignment() 方法的最后，我们需要记录一些关键位置的初始值，以备之后使用。

```
// 记录三个初始值
tableViewHeight = tableView.frame.height
commentHeight = commentTxt.frame.height
commentY = commentTxt.frame.origin.y
```

步骤 12 在 viewDidLoad() 方法中调用 alignment() 方法。

```
override func viewDidLoad() {
  super.viewDidLoad()

  alignment()
}
```

步骤 13 重写 viewWillAppear(_:) 方法。

```
// 控制器视图出现在屏幕上调用的方法
override func viewWillAppear(_ animated: Bool) {
  // 隐藏底部标签栏
  self.tabBarController?.tabBar.isHidden = true

  // 调出键盘
  self.commentTxt.becomeFirstResponder()
}
```

在该方法中，首先让位于底部的标签栏隐藏，然后让 commentTxt 变成焦点，成为当前的响应对象，虚拟键盘出现。

步骤 14 重写 viewWillDisappear(_:) 方法，当控制器视图从屏幕消失时让标签栏出现。

```
override func viewWillDisappear(_ animated: Bool) {
  self.tabBarController?.tabBar.isHidden = false
}
```

27.3 在 PostVC 中实现评论按钮的交互

在 PostVC 中，当用户单击评论按钮以后会推出 CommentVC 控制器，所以在 PostVC 控制器中还要实现与评论按钮的交互功能。

步骤 1 为 PostVC 视图的评论按钮建立 Action 关联，Name 设置为 commentBtn_clicked。

```
@IBAction func commentBtn_clicked(_ sender: AnyObject) {
}
```

步骤 2 与之前的 usernameBtn 的处理方法类似，在 tableView(_: cellForRowAt:) 方法中，添加下面的代码：

```
// 将 indexPath 赋值给 commentBtn 的 layer 属性的自定义变量
cell.commentBtn.layer.setValue(indexPath, forKey: "index")
```

步骤 3 在 commentBtn_clicked(_:) 方法中，获取用户所单击的单元格对象。

```
@IBAction func commentBtn_clicked(_ sender: AnyObject) {
  let i = sender.layer.value(forKey: "index") as! IndexPath
  let cell = tableView.cellForRow(at: i) as! PostCell
}
```

commentBtn_clicked(_:) 方法中的 sender 参数就是用户所单击的评论按钮，通过 sender.layer 的 value(forKey:) 方法获取到 IndexPath 类型的对象，进而获取到用户所单击的单元格对象。通过单元格对象就可以获取到帖子的 uuid 了。

步骤 4 在 commentBtn_clicked(_:) 方法中，继续添加代码。

```
// 发送相关数据到全局变量
commentuuid.append(cell.puuidLbl.text!)
commentowner.append(cell.usernameBtn.titleLabel!.text!)
```

这里会将当前帖子的 uuid 存储到 commentuuid 数组中，将当前帖子的发布者存储到 commentowner 数组中。

步骤 5 在 commentBtn_clicked(_:) 方法的最后添加下面的代码。

```
// 通过导航控制器推出评论控制器
let comment = self.storyboard?.instantiateViewController(withIdentifier: "CommentVC") as! CommentVC
  self.navigationController?.pushViewController(comment, animated: true)
```

步骤 6 在故事板中，选中 CommentVC 控制器，在 Identity Inspector 中确定 Storyboard ID 为 CommentVC。构建并运行项目，效果如图 27-9 所示。

图 27-9 评论页面的显示效果

27.4 对 CommentCell 的控件布局

接下来，我们需要对评论控制器的单元格进行布局。

步骤 1　将 Xcode 切换到助手编辑器模式，将单元格中的四个 UI 控件与 CommentCell 类建立 Outlet 关联，Name 分别设置为：avaImg、usernameBtn、commentLbl 和 dateLbl。

```
// UI Objects
@IBOutlet weak var avaImg: UIImageView!
@IBOutlet weak var usernameBtn: UIButton!
@IBOutlet weak var commentLbl: UILabel!
@IBOutlet weak var dateLbl: UILabel!
```

步骤 2　在 CommentCell 类的 awakeFromNib() 方法中，添加下面的代码：

```
override func awakeFromNib() {
  super.awakeFromNib()

  // alignment
  avaImg.translatesAutoresizingMaskIntoConstraints = false
  usernameBtn.translatesAutoresizingMaskIntoConstraints = false
  commentLbl.translatesAutoresizingMaskIntoConstraints = false
  dateLbl.translatesAutoresizingMaskIntoConstraints = false
}
```

因为需要动态地计算每个单元格的高度，所以仿照之前的 PostCell 类，先将所涉及控件的 translatesAutoresizingMaskIntoConstraints 属性设置为 false，这样就可以对它们应用自动布局特性了。

步骤 3　在 awakeFromNib() 方法中继续添加代码：

```
// 添加约束
self.contentView.addConstraints(NSLayoutConstraint.constraints(
  withVisualFormat: "V:|-5-[username]-(-2)-[comment]-5-|",
  options: [], metrics: nil,
  views: ["username": usernameBtn, "comment": commentLbl]))
```

这里在垂直方向上，让 usernameBtn 距离父视图顶部 5 个点，在 −2 个点的间隔（相当于向上 2 个点）放置 commentLbl，commentLbl 距离底部 5 个点。

提示　除了两个 UI 控件以外，所有的间隔和顶部都是固定值，usernameBtn 和 commentLbl 会根据自身的约束进行调整，从而实现动态高度调整的效果。

步骤 4　再添加两个垂直方向的约束代码：

```
self.contentView.addConstraints(NSLayoutConstraint.constraints(
  withVisualFormat: "V:|-15-[date]",
```

```
    options: [], metrics: nil, views: ["date": dateLbl]))

self.contentView.addConstraints(NSLayoutConstraint.constraints(
    withVisualFormat: "V:|-10-[ava(40)]",
    options: [], metrics: nil, views: ["ava": avaImg]))
```

第一行是让 dateLbl 距离顶部 15 个点, 第二行是让 avaImg 距离顶部 10 个点, 自身高度是 40 个点。

步骤 5 再添加三个水平方向的约束代码：

```
self.contentView.addConstraints(NSLayoutConstraint.constraints(
    withVisualFormat: "H:|-10-[ava(40)]-13-[comment]-20-|",
    options: [], metrics: nil, views: ["ava": avaImg, "comment": commentLbl]))

self.contentView.addConstraints(NSLayoutConstraint.constraints(
    withVisualFormat: "H:[ava]-13-[username]",
    options: [], metrics: nil, views: ["ava": avaImg, "username": usernameBtn]))

self.contentView.addConstraints(NSLayoutConstraint.constraints(
    withVisualFormat: "H:[date]-10-|",
    options: [], metrics: nil, views: ["date": dateLbl]))
```

第一行是让头像 Image View 距左侧 10 个点, Image View 本身 40 个点, 再距离 13 个点是 CommentLbl, 与父视图右侧有 20 个点的间隔。

第二行是让头像 Image View 与 usernameBtn 有 13 个点的间隔。

第三个是让 dateLbl 与父视图右侧边缘有 10 个点间隔。

步骤 6 在约束代码的最后让头像 Image View 变为圆形。

```
avaImg.layer.cornerRadius = avaImg.frame.width / 2
avaImg.clipsToBounds = true
```

27.5 实现评论控制器的功能代码

步骤 1 在 CommentVC 类中的 viewDidLoad() 方法中, 添加下面的代码：

```
self.navigationItem.title = "评论"
self.navigationItem.hidesBackButton = true
let backBtn = UIBarButtonItem(title: "返回", style: .plain, target: self, action: #selector(back(_:)))
self.navigationItem.leftBarButtonItem = backBtn

// 在开始的时候, 禁止 sendBtn 按钮
self.sendBtn.isEnabled = false
```

通过上面的代码重新定义了导航栏中的 title, 以及左侧的返回按钮。并且在开始的时候禁止 sendBtn 按钮, 因为此时 Text View 中还没有输入内容。

步骤 2　在上面代码的下边添加滑动手势代码：

```
let backSwipe = UISwipeGestureRecognizer(target: self, action: #selector(back(_:)))
backSwipe.direction = .right
self.view.isUserInteractionEnabled = true
self.view.addGestureRecognizer(backSwipe)
```

当用户在评论页面中向右滑动手指的时候也实现返回功能。

步骤 3　在 CommentVC 类中实现 back(_:) 方法。

```
func back(_ sender: UIBarButtonItem) {
  _ = self.navigationController?.popViewController(animated: true)

  // 从数组中清除评论的 uuid
  if !commentuuid.isEmpty {
    commentuuid.removeLast()
  }

  // 从数组中清除评论所有者
  if !commentowner.isEmpty {
    commentowner.removeLast()
  }
}
```

当用户单击返回按钮以后，会退回到之前的控制器，并且从两个评论相关的数组中移除数据。

步骤 4　在 viewDidLoad() 方法中添加对键盘的控制。

```
// 如果键盘出现或消失，捕获这两个消息
NotificationCenter.default.addObserver(self, selector: #selector(keyboardWillShow(_:)), name: Notification.Name.UIKeyboardWillShow, object: nil)

NotificationCenter.default.addObserver(self, selector: #selector(keyboardWillHide(_:)), name: Notification.Name.UIKeyboardWillHide, object: nil)
```

步骤 5　在 CommentVC 类中创建一个新的属性 keyboard。

```
class CommentVC: UIViewController {
  ……
  // 存储 keyboard 大小的变量
  var keyboard = CGRect()
```

步骤 6　在 CommentVC 类中创建 keyboardWillShow(_:) 方法。

```
// 当键盘出现的时候会调用该方法
func keyboardWillShow(_ notification: Notification) {
  // 获取到键盘的大小
  let rect = (notification.userInfo![UIKeyboardFrameEndUserInfoKey]!) as! NSValue
  keyboard = rect.cgRectValue
}
```

步骤 7 在 keyboardWillShow(_:) 方法中继续添加下面的代码：

```
UIView.animate(withDuration: 0.4, animations: {() -> Void in
  self.tableView.frame.size.height = self.tableViewHeight - self.keyboard.height
  self.commentTxt.frame.origin.y = self.commentY - self.keyboard.height
  self.sendBtn.frame.origin.y = self.commentTxt.frame.origin.y
})
```

在动画中，我们需要让表格视图的高度和评论 Text View 的位置缩减一个键盘的高度。

步骤 8 在 CommentVC 类中创建 keyboardWillHide(_:) 方法。

```
func keyboardWillHide(_ notification: Notification) {
  UIView.animate(withDuration: 0.4, animations: {() -> Void in
    self.tableView.frame.size.height = self.tableViewHeight
    self.commentTxt.frame.origin.y = self.commentY
    self.sendBtn.frame.origin.y = self.commentY
  })
}
```

这里还是通过动画的方式让三个 UI 控件的大小和位置还原到初始状态。

为了更好地观察表格视图在键盘出现后的效果，在 CommentVC 类的 viewDidLoad() 方法中添加下面一行代码：

```
self.tableView.backgroundColor = .red
```

步骤 9 最后在 alignment() 方法中，添加下面的代码，从而实现单元格高度的动态调整和评论输入框的圆角效果。

```
tableView.estimatedRowHeight = width / 5.33
tableView.rowHeight = UITableViewAutomatic-
Dimension

// 旧有代码，确定 commentTxt 的位置
commentTxt.frame = CGRect(x: 10, y: tableView.
frame.height + height / 56.8, width: width / 1.306,
height: 33)

commentTxt.layer.cornerRadius = commentTxt.
frame.width / 50
```

构建并运行项目，效果如图 27-10 所示。

目前底部的黑色背景是之前的标签栏留下的，通过 UIApplication 的 window 属性，我们将它设置为白色。

步骤 10 在 AppDelegate 类中的 application(_: did-FinishLaunchingWithOptions:) 方法中，添加下面一行代码：

图 27-10 评论控制器页面的显示效果

```
window?.backgroundColor = .white
```

再次构建并运行项目,效果如图 27-11 所示。

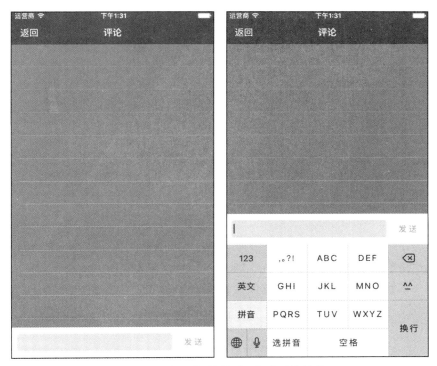

图 27-11　评论控制器页面修改后的效果

本章小结

在这一章中,我们创建了评论视图控制器,虽然该控制器主要实现的是表格功能,但是因为涉及输入,所以使用的是普通视图控制器,然后再为其添加表格视图。除了手工集成表格视图以外,我们还利用自动布局特性设置了评论视图单元格的控件布局,以及根据键盘的情况动态调整表格视图的高度。

第 28 章

实现评论的相关功能

本章我们将重点放在评论页面的 Text View 控件上,目前当用户在 Text View 中输入文本信息的时候,不管输入多少行信息,都保持着 Text View 的高度不变,而我们希望可以在换行的时候动态改变 Text View 的高度。

28.1 实现 Text View 的功能

步骤 1 在 CommentVC 类的声明中加上对 UITextViewDelegate 协议的支持。

```
class CommentVC: UIViewController, UITextViewDelegate {
  func alignment() {
    ……
    commentTxt.delegate = self
  }
}
```

在 alignment() 方法中设置 commentTxt 的 delegate 属性,这样用户在输入信息的时候,CommentVC 类就可以获取到相关信息了。

步骤 2 在 CommentVC 类中添加 Text View 的协议方法。

```
// 当输入的时候会调用该方法
func textViewDidChange(_ textView: UITextView) {
  // 如果没有输入信息则禁止按钮
  let spacing = CharacterSet.whitespacesAndNewlines
  if !commentTxt.text.trimmingCharacters(in: spacing).isEmpty {
    sendBtn.isEnabled = true
```

```
    }else {
      sendBtn.isEnabled = false
    }
}
```

  textViewDidChange(_:) 是 UITextViewDelegate 的协议方法，当用户修改指定 Text View 的文本内容时会调用该方法。在该方法中，首先将 textView（也就是 commentTxt）的 text 除去两端的空格和换行，然后再判断是否为空，最后根据情况设置发送按钮的有效性。

  构建并运行项目，只输入空格和回车，发送按钮始终是禁止状态，当输入字符以后按钮变为有效状态，如图 28-1 所示。

图 28-1　不同输入内容影响发送按钮的状态

  接下来，我们将要实现根据输入段落动态调整 Text View 的高度的功能。

  步骤 3　在 textViewDidChange(_:) 方法中继续添加下面的代码：

```
if textView.contentSize.height > textView.frame.height && textView.frame.height < 130 {
    let difference = textView.contentSize.height - textView.frame.height
    textView.frame.origin.y = textView.frame.origin.y - difference
    textView.frame.size.height = textView.contentSize.height
}
```

  如果 textView 内部的真正内容尺寸（contentSize）的高度大于它的实际尺寸高度，并且实际尺寸高度又小于 130 点，则执行 if 语句中的代码。

  在 if 语句中，计算出 contentSize 的高度与 frame 的高度差，然后将 textView 的 y 值减去这个差，并且将 textView 的 frame 高度值修改为它的 contentSize 高度值。经过这三行代码的调整，评论输入框会在条件允许的情况下变高，与此同时 y 的位置也会提升。

  步骤 4　在步骤 3 的 if 语句的内部，再添加下面的代码：

```
// 将 tableView 的下边缘上移
if textView.contentSize.height + keyboard.height + commentY >= tableView.frame.height {
    tableView.frame.size.height = tableView.frame.size.height - difference
}
```

  在符合条件的情况下减少表格视图的高度值。

  接下来，我们需要处理段落减少的情况。

  步骤 5　与步骤 3 中的 if 语句呼应，添加一个 else if 语句。

```
    if textView.contentSize.height > textView.frame.height && textView.frame.height < 130 {
      ……
    }else if textView.contentSize.height < textView.frame.height {
      let difference = textView.frame.height - textView.contentSize.height

      textView.frame.origin.y = textView.frame.origin.y + difference
      textView.frame.size.height = textView.contentSize.height

      // 上移 tableView
      if textView.contentSize.height + keyboard.height + commentY > tableView.frame.height {
        tableView.frame.size.height = tableView.frame.size.height + difference
      }
    }
```

与之前的增加 textView 的高度类似，这里的代码是处理 textView 高度值减小的情况，同时让表格视图的高度增加。

构建并运行项目，不管是否出现键盘，Text View 都会根据情况动态改变其高度，如图 28-2 所示。

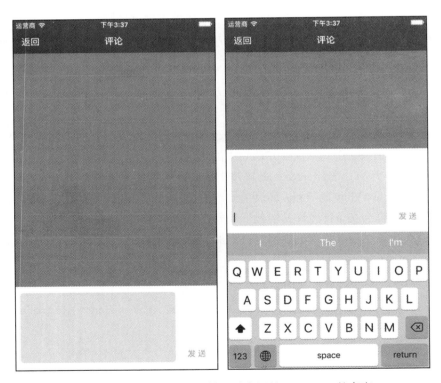

图 28-2　根据用户输入的情况动态调整 Text View 的高度

28.2 实现 Table View 的功能

除了在 CommentVC 类中实现 UITextViewDelegate 协议以外，还需要实现表格操作的相关功能。

步骤 1 在 CommentVC 类的声明中加上对 UITableViewDelegate 和 UITableViewDataSource 协议的支持。

```
class CommentVC: UIViewController, UITextViewDelegate, UITableViewDelegate, UITableViewDataSource {
```

步骤 2 在 alignment() 方法中添加对 tableView 的 delegate 和 dataSource 属性的赋值，使 CommentVC 成为 tableView 的委托对象和数据源。

```
func alignment() {
    ......
    commentTxt.delegate = self
    tableView.delegate = self
    tableView.dataSource = self
```

步骤 3 在 CommentVC 类中添加 4 个属性，当从 LeanCloud 云端下载数据记录以后，会将记录信息分别存储到这些数组之中。

```
class CommentVC: UIViewController, UITextViewDelegate, UITableViewDelegate, UITableViewDataSource {
    // 将从云端获取到的数据写进数组
    var usernameArray = [String]()
    var avaArray = [AVFile]()
    var commentArray = [String]()
    var dateArray = [Date]()
```

接下来，我们需要实现 tableView 相关协议的几个方法。

步骤 4 在 CommentVC 类中添加 func tableView(_: numberOfRowsInSection:) 协议方法。

```
func tableView(_ tableView: UITableView, numberOfRowsInSection section: Int) -> Int {
    return commentArray.count
}
```

通过 commentArray 的 count 来确定单元格数量。

步骤 5 在 CommentVC 类中添加 tableView(_: estimatedHeightForRowAt:) 协议方法。

```
func tableView(_ tableView: UITableView, estimatedHeightForRowAt indexPath: IndexPath) -> CGFloat {
    return UITableViewAutomaticDimension
}
```

该方法会给指定位置的单元格预估一个高度。这样的预估值设置可以改善表格视图在载入数据时的用户体验，如果表格包含可变高度的行，可能需要花费长时间去计算所有单元格的高度值，这会导致载入时间较长。使用预估值可以推迟一些长时间的计算，让表格先以预估值的高度来计算滚动条的大小和位置。

步骤 6 在 CommentVC 类中添加 tableView(_:cellForRowAt:) 协议方法。

```
func tableView(_ tableView: UITableView, cellForRowAt indexPath: IndexPath) -> UITableViewCell {
    let cell = tableView.dequeueReusableCell(withIdentifier: "Cell", for: indexPath) as! CommentCell
    
    cell.usernameBtn.setTitle(usernameArray[indexPath.row], for: .normal)
    cell.usernameBtn.sizeToFit()
    cell.commentLbl.text = commentArray[indexPath.row]
    avaArray[indexPath.row].getDataInBackground { (data:Data?, error:Error?) in
        cell.avaImg.image = UIImage(data: data!)
    }
    
    return cell
}
```

在该方法中首先从表格视图的可复用队列中获取到 CommentCell 对象，然后设置单元格的 usernameBtn、commentLbl 和 avaImg。

步骤 7 在 tableView(_:cellForRowAt:) 方法的 return 语句上面继续添加代码：

```
// 计算时间
let from = dateArray[indexPath.row]
let now = Date()
let components : Set<Calendar.Component> = [.second, .minute, .hour, .day, .weekOfMonth]
let difference = Calendar.current.dateComponents(components, from: from, to: now)

if difference.second <= 0 {
  cell.dateLbl.text = "现在"
}

if difference.second > 0 && difference.minute <= 0 {
  cell.dateLbl.text = "\(difference.second!)秒."
}

if difference.minute > 0 && difference.hour <= 0 {
  cell.dateLbl.text = "\(difference.minute!)分."
}

if difference.hour > 0 && difference.day <= 0 {
  cell.dateLbl.text = "\(difference.hour!)时."
}

if difference.day > 0 && difference.weekOfMonth <= 0 {
  cell.dateLbl.text = "\(difference.day!)天."
}

if difference.weekOfMonth > 0 {
```

```
    cell.dateLbl.text = "\(difference.weekOfMonth!)周."
}
```

这段代码与之前在 PostVC 类中实现的代码雷同，不多解释了。

28.3 从云端载入评论

首先，我们需要在 LeanCloud 云端创建 Comments 数据表。

步骤 1 在 LeanCloud 的 Instagram 控制台中创建 Class：Comments，如图 28-3 所示。

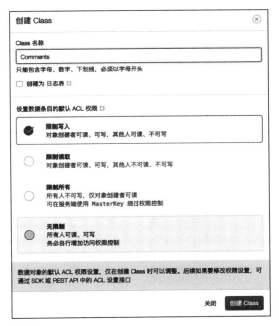

图 28-3 在 LeanCloud 云端创建 Comments 数据表

步骤 2 在 Comments 数据表中添加 String 类型的 username 字段，String 类型的 comment 字段，File 类型的 ava 字段，String 类型的 to。

步骤 3 在 CommentVC 中添加一个用于分页载入的属性 page。

```
// page size
var page: Int = 15
```

步骤 4 在 CommentVC 中创建一个新的方法 loadComments()。

```
func loadComments() {
    // STEP 1. 合计出所有的评论的数量
    let countQuery = AVQuery(className: "Comments")
    countQuery?.whereKey("to", equalTo: commentuuid.last!)
```

```
        countQuery?.countObjectsInBackground({ (count:Int, error:Error?) in
          if self.page < count {
            self.refresher.addTarget(self, action: #selector(self.loadMore), for:
.valueChanged)
            self.tableView.addSubview(self.refresher)
          }
        })
     }
```

该方法所实现的第一部分是计算该帖子的评论数，如果数量大于分页数，意味着 refresher（刷新操作）要起作用，当用户在刷新表格的时候执行 loadMore() 方法，因为 CommentVC 类中的方法调用是在闭包中定义，所以需要使用 self. 进行显式调用。

步骤 5　在 countObjectsInBackground() 方法的闭包中，继续添加下面的代码：

```
        countQuery?.countObjectsInBackground({ (count:Int, error:Error?) in
          if self.page < count {
            ......
          }

        // STEP 2. 获取最新的 self.page 数量的评论
        let query = AVQuery(className: "Comments")
        query?.whereKey("to", equalTo: commentuuid.last!)
        query?.skip = count - self.page
        query?.addAscendingOrder("createdAt")
        query?.findObjectsInBackground({ (objects:[Any]?, error:Error?) in
          if error == nil {
            // 清空数组
            self.usernameArray.removeAll(keepingCapacity: false)
            self.commentArray.removeAll(keepingCapacity: false)
            self.avaArray.removeAll(keepingCapacity: false)
            self.dateArray.removeAll(keepingCapacity: false)

            for object in objects! {
              self.usernameArray.append((object as AnyObject).object(forKey: "username") as! String)
              self.avaArray.append((object as AnyObject).object(forKey: "ava") as! AVFile)
              self.commentArray.append((object as AnyObject).object(forKey: "comment") as! String)
              self.dateArray.append((object as AnyObject).createdAt)

              self.tableView.reloadData()
              self.tableView.scrollToRow(at: IndexPath(row: self.commentArray.count - 1, section: 0) , at: .bottom, animated: false)
            }
          }else {
            print(error?.localizedDescription)
          }
        })
      })
```

在 STEP 2. 中我们要从 LeanCloud 云端的 Comments 数据表中获取评论数据记录，第一次获取的数量要忽略 count-page 的数量，这样会保证只得到最新的 page 数量记录。

当通过 findObjectsInBackground() 方法获取到记录以后，先将数据存储到四个独立的数组之中，然后再刷新表格视图，并且让表格定位到最后的单元格上。

步骤 6 在 CommentVC 类中添加 loadMore() 方法。

```
func loadMore() {
  // STEP 1. 合计出所有的评论的数量
  let countQuery = AVQuery(className: "Comments")
  countQuery?.whereKey("to", equalTo: commentuuid.last!)
  countQuery?.countObjectsInBackground({ (count:Int, error:Error?) in
    // 让 refresh 停止刷新动画
    self.refresher.endRefreshing()

    if self.page >= count {
      self.refresher.removeFromSuperview()
    }
  })
}
```

在该方法中，还是先计算出当前帖子的评论总数，然后在闭包中停止刷新动画，如果评论总数小于分页数，则意味着不需要刷新功能，把 refresh 对象从 tableView 中移除。

步骤 7 在 self.page >= count 语句的下面，添加一段 self.page < count 判读语句。

```
// STEP 2. 载入更多的评论
if self.page < count {
  self.page = self.page + 15

  // 从云端查询 page 个记录
  let query = AVQuery(className: "Comments")
  query?.whereKey("to", equalTo: commentuuid.last!)
  query?.skip = count - self.page
  query?.addAscendingOrder("createdAt")
  query?.findObjectsInBackground({ (objects:[AnyObject]?, error:Error?) in
    if error == nil {
      // 清空数组
      self.usernameArray.removeAll(keepingCapacity: false)
      self.commentArray.removeAll(keepingCapacity: false)
      self.avaArray.removeAll(keepingCapacity: false)
      self.dateArray.removeAll(keepingCapacity: false)

      for object in objects! {
        self.usernameArray.append((object as AnyObject).object(forKey: "username") as! String)
        self.avaArray.append((object as AnyObject).object(forKey: "ava") as! AVFile)
        self.commentArray.append((object as AnyObject).object(forKey: "comment") as! String)
        self.dateArray.append((object as AnyObject).createdAt)
      }
```

```
      self.tableView.reloadData()
    }else {
      print(error?.localizedDescription)
    }
  })
}
```

这段代码与之前的 if 判断语句是并列的，同时存在于 countObjectsInBackground() 闭包之中。

当云端评论的记录数大于 page 数时，则先让 page 自增加 15 条记录，然后从云端读取这 30 条记录，并将这些记录存储到被清空的四个数组之中，最后刷新表格视图。

步骤 8　在 CommentVC 类中的 viewDidLoad() 方法中调用 loadComments() 方法。

```
override func viewDidLoad() {
  ......
  alignment()
  loadComments()
}
```

在 CommentVC 控制器被初始化的时候，会调用 loadComments() 方法，通过记录数量判断是否需要 refresher 的刷新控件，如果记录总数大于分页数 page 的时候则 refresher 生效，并且设置用户在刷新的时候执行 loadMore() 方法，这样就可以载入更多的评论数据了。

本章小结

本章我们实现了 Text View 和 Table View 的委托协议方法，从而可以动态改变 Text View 的高度值，以及修改与之关联的 Table View 的高度值。同时在高度值的计算中还涉及了键盘的高度，所以需要考虑的情况会比较多些。

第 29 章

实现评论的特色功能

在本章中，我们将实现用户发送评论的功能，以及用户对单条评论的删除、@Address 和投诉功能。

29.1 发送评论到云端

首先实现的是将用户提交的评论信息发送到云端的 Comments 数据表中。

步骤 1 在故事板中创建发送按钮与 CommentVC 类的 Action 关联，Name 设置为 sendBtn_clicked。

```
// 单击发送按钮
IBAction func sendBtn_clicked(_ sender: AnyObject) {
}
```

步骤 2 在 sendBtn_clicked(_:) 方法中，第一步是添加一条新的评论到相关数组，并且通过表格视图的 reloadData() 方法刷新表格。

```
IBAction func sendBtn_clicked(_ sender: AnyObject) {
    // STEP 1. 在表格视图中添加一行
    usernameArray.append(AVUser.current().username!)
    avaArray.append(AVUser.current().object(forKey: "ava") as! AVFile)
    dateArray.append(Date())
    commentArray.append(commentTxt.text.trimmingCharacters(in: CharacterSet.whitespacesAndNewlines))
    tableView.reloadData()
}
```

在添加评论到 commentArray 数组的时候，我们使用了 trimmingCharacters(in:) 方法除去文本两端的空格和换行回车。

步骤 3 在 sendBtn_clicked(_:) 方法中继续添加代码：

```
// STEP 2. 发送评论到云端
let commentObj = AVObject(className: "Comments")
commentObj?["to"] = commentuuid.last!
commentObj?["username"] = AVUser.current().username
commentObj?["ava"] = AVUser.current().object(forKey: "ava")
commentObj?["comment"] = commentTxt.text.trimmingCharacters(in: .whitespacesAndNewlines)
commentObj?.saveEventually()

// scroll to bottom
self.tableView.scrollToRow(at: IndexPath(item: commentArray.count - 1, section: 0), at: .bottom, animated: false)
```

在上面的代码中创建了 AVObject 类型对象 commentObj，在设置好相关数据以后执行 saveEventually() 方法将数据提交到云端。该方法是我们第一次使用，它也是用来在后台线程中提交数据到云端，但不见得是马上提交，而是由 AVOSCloud SDK 来决定在什么时间提交，从而提高程序的性能和效率。

最后让表格视图定位到最后的一个单元格的底部。

步骤 4 接着上面的代码继续添加代码：

```
// STEP 3. 重置 UI
commentTxt.text = ""
commentTxt.frame.size.height = commentHeight
commentTxt.frame.origin.y = sendBtn.frame.origin.y
tableView.frame.size.height = tableViewHeight
- keyboard.height - commentTxt.frame.height + commentHeight
```

当用户单击发送按钮并提交数据到云端以后，就要初始化我们的 UI 控件了。其中表格视图的高度应该为：表格视图的初始高度 – 键盘高度（有可能出现）– 评论 Text Veiw 的实际高度（有可能是多行）+ 评论 Text View 的初始高度（一行的高度值）。

步骤 5 在故事板中选中 CommentVC 控制器的表格视图，在 Attributes Inspector 中将 Separator 设置为 None。在大纲视图中选中 Cell，将 Selection 设置为 None。

步骤 6 选中单元格中的 commentLbl 控件，在 Attributes Inspector 中确定 Lines 设置为 0，这样才能够在 Label 中显示多行文本内容。

图 29-1　在表格视图中显示评论

构建并运行项目，为帖子照片添加评论，效果如图 29-1 所示。

如果你愿意的话，可以在一个帖子评论中连续添加 20 条左右的记录，然后重新进入到该帖子的评论页面，就可以通过下拉刷新的方式查看之前的评论。

在 LeanCloud 云端的控制台中，查看 Comments 数据表，可以浏览用户所添加的评论记录，如图 29-2 所示。

objectId STRING	username STRING	comment STRING	ava FILE	to STRING
57a51d076be3ff00652bc7ee	liuming	九份的山间小道 九份的小吃作坊 …	ava.jpg 上传 ✖	liuming 9C951D0B-7A0F-4FA…
57a51cc779bc440054be0c8b	liuming	仍然是那么的有味道！	ava.jpg 上传 ✖	liuming 9C951D0B-7A0F-4FA…
57a5187e5bbb5000641f54b7	liuming	OK	ava.jpg 上传 ✖	liuming 9C951D0B-7A0F-4FA…
57a51808165abd00614c54f2	liuming	在台湾的九份，不错的地方！	ava.jpg 上传 ✖	liuming 9C951D0B-7A0F-4FA…
57a517a5d342d30057570035	liuming	真的很不错哟！	ava.jpg 上传 ✖	liuming 3CEEE186-9EE0-482…
57a5171a165abd00614c5141	liuming	非常好的照片！	ava.jpg 上传 ✖	liuming 3CEEE186-9EE0-482…

图 29-2 在 LeanCloud 云端查看 Comments 数据表的记录

29.2 与用户名的交互

当用户在评论页面中单击评论者名称的时候，需要实现一些功能。

步骤 1 在评论控制器视图中的 usernameBtn 控件与 CommentVC 类建立 Action 关联，Name 设置为：usernameBtn_clicked。

```
IBAction func usernameBtn_clicked(_ sender: AnyObject) {
}
```

步骤 2 在 tableView(_: cellForRowAt:) 方法的最后，为 usernameBtn 添加一个属性变量。

```
func tableView(_ tableView: UITableView, cellForRowAt indexPath: IndexPath) ->
UITableViewCell {
    ……
    cell.usernameBtn.layer.setValue(indexPath, forKey: "index")

    return cell
}
```

步骤 3 在 usernameBtn_clicked(_:) 方法中，添加下面的代码：

```
@IBAction func usernameBtn_clicked(_ sender: AnyObject) {
  // 按钮的 index
  let i = sender.layer.value(forKey: "index") as! IndexPath

  // 通过 i 获取到用户所单击的单元格
  let cell = tableView.cellForRow(at: i) as! CommentCell

  // 如果当前用户单击的是自己的 username，则调用 HomeVC，否则是 GuestVC
  if cell.usernameBtn.titleLabel?.text == AVUser.current().username {
    let home = self.storyboard?.instantiateViewController(withIdentifier: "HomeVC")
as! HomeVC
    self.navigationController?.pushViewController(home, animated: true)
```

```
        }else {
            let query = AVUser.query()
            query?.whereKey("username", equalTo: cell.usernameBtn.titleLabel?.text)
            query?.findObjectsInBackground({ (objects:[Any]?, error:Error?) in
                if let object = objects?.last {
                    guestArray.append(object as! AVUser)
                    
                    let guest = self.storyboard?.instantiateViewController(withIdentifier: "GuestVC") as! GuestVC
                    self.navigationController?.pushViewController(guest, animated: true)
                }
            })
        }
    }
```

与之前 PostVC 类中的用户名单击操作类似，根据是否为当前用户来呈现不同的控制器。如果所单击的用户不是当前用户，则需要通过 AVQuery 类获取 AVUser 类型的对象，并将其赋值到 guestArray 全局数组之中，然后再推出 GuestVC 控制器。

构建并运行项目，分别单击自己评论的用户名和访客用户名，效果如图 29-3 所示。

图 29-3　从评论页面进入到个人和访客主页

29.3　删除评论

当前用户可以管理属于自己的帖子的评论，具体来说就是可以删除别人给自己的帖子发的评论。实现的方式是：用户在评论内容的单元格上面向左划动手指，此时会呈现出相关菜单，从菜单中选择删除操作。

步骤 1 在 CommentVC 类中添加属于 UITableViewDataSource 的协议方法 tableView(_:canEditRowAt:)。

```
// 设置所有单元格可编辑
func tableView(_ tableView: UITableView, canEditRowAt indexPath: IndexPath) -> Bool {
  return true
}
```

该方法会询问数据源（CommentVC）对象，对于 indexPath 所指定的行是否可编辑。通过该协议方法可以单独设置表格视图的某个单元格是否可编辑。对于可编辑的单元格可以显示出一个插入或删除的控制选项，如果我们不实现这个方法，所有的单元格都是可编辑的。不可编辑的行会忽略掉 UITableViewCell 类的 editingStyle 属性，以及不会出现插入、删除的选项。对于可编辑的行，如果不想让它出现插入、删除选项，则可以通过 tableView(_:editingStyleForRowAt:) 委托方法将返回值设置为 None。

步骤 2 添加 tableView(_: editActionsForRowAt:) 方法。

```
func tableView(_ tableView: UITableView, editActionsForRowAt indexPath: IndexPath) -> [UITableViewRowAction]? {

    // 获取用户所划动的单元格对象
    let cell = tableView.cellForRow(at: indexPath) as! CommentCell

    // Action 1. Delete
    let delete = UITableViewRowAction(style: .normal, title: "1"){(UITableViewRowAction, IndexPath) -> Void in
        // STEP 1. 从云端删除评论
        let commentQuery = AVQuery(className: "Comments")
        commentQuery?.whereKey("to", equalTo: commentuuid.last!)
        commentQuery?.whereKey("comment", equalTo: cell.commentLbl.text!)
        commentQuery?.findObjectsInBackground({ (objects:[Any]?, error:Error?) in
          if error == nil {
            // 找到相关记录
            for object in objects! {
              (object as AnyObject).deleteEventually()
            }
          }else {
            print(error?.localizedDescription)
          }
        })

        // STEP 2. 从表格视图删除单元格
        self.commentArray.remove(at: indexPath.row)
        self.dateArray.remove(at: indexPath.row)
        self.avaArray.remove(at: indexPath.row)
        self.usernameArray.remove(at: indexPath.row)
```

```
    self.tableView.deleteRows(at: [indexPath], with: .fade)

    // 关闭单元格的编辑状态
    self.tableView.setEditing(false, animated: true)
  }
}
```

在该方法中，我们首先获取到用户划动的单元格对象，然后进入到 Action 1 的代码部分。在 Action 1 中我们创建了第一个 Action——delete。它是 UITableViewRowAction 类型的对象。UITableViewRowAction 对象定义了一个动作（Action），当用户在单元格中横向滑动手指的时候会被呈现出来。对于可编辑的表格，在横向划动单元格后默认会呈现删除按钮，这个类可以让我们定义一个或多个自己的动作。在创建 UITableViewRowAction 对象的时候 style 参数设置为 .normal，它代表该操作是一个非破坏性的动作。除此以外，还有一个 default 风格的动作，它代表一个破坏性的动作。

当用户单击该动作以后会执行闭包中的代码（STEP 1. 部分），在这段代码中首先从云端的 Comments 数据表中找到该条评论记录，然后将其从数据表中删除。之后会执行 STEP 2. 部分的代码，将该条评论的信息从数组中移除，并从表格视图中移除显示该条评论的单元格。

29.4 @Address 操作

这部分我们将实现评论的 @Address 操作。

在之前 Action 1. 代码的后面，继续添加下面的代码：

```
// Action 2. Address
let address = UITableViewRowAction(style: .normal, title: "2") {(action:UITableView
RowAction, indexPath: IndexPath) -> Void in

  // 在 Text View 中包含 Address
  self.commentTxt.text = "\(self.commentTxt.text + "@" + self.usernameArray[index
Path.row] + " ")"
  // 让发送按钮生效
  self.sendBtn.isEnabled = true
  // 关闭单元格的编辑状态
  self.tableView.setEditing(false, animated: true)
}
```

Action 2. 的代码还是先定义一个 UITableViewRowAction 对象，当用户单击该操作以后会在 commentTxt 里面追加一个 @ 符号，@ 符号的后面则是该单元格发表评论的用户名称。因为向 commentTxt 中添加了文字内容，所以让 sendBtn 生效，并且让单元格退出编辑状态，动作选项消失。

29.5 投诉评论

我们要实现的最后一个动作是投诉评论。

步骤 1 在之前 Action 2. 代码的后面，继续添加下面的代码：

```
// Action 3. 投诉评论
let complain = UITableViewRowAction(style: .normal, title: "3"){(action: UITableViewRowAction, indexPath: IndexPath) -> Void in

    // 发送投诉到云端
    let complainObj = AVObject(className: "Complain")
    complainObj?["by"] = AVUser.current().username
    complainObj?["post"] = commentuuid.last
    complainObj?["to"] = cell.commentLbl.text
    complainObj?["owner"] = cell.usernameBtn.titleLabel?.text

    complainObj?.saveInBackground({ (success:Bool, error:Error?) in
      if success {
        print(" 投诉已经处理了！")
      }else{
        print(error?.localizedDescription)
      }
    })

    // 关闭单元格的编辑状态
    self.tableView.setEditing(false, animated: true)
}
```

在 Action 3. 部分中，我们会将被投诉的评论信息保存到云端的 Complain 数据表中，by 字段是提交投诉的用户名称，post 字段是评论的 uuid，to 字段是评论内容，owner 字段是该条评论的发布者名称。

步骤 2 接下来需要为 3 个 Action 设置不同的背景色。

```
func tableView(_ tableView: UITableView, editActionsForRowAt indexPath: IndexPath) -> [UITableViewRowAction]? {
    ……
    // 按钮的背景颜色
    delete.backgroundColor = .red
    address.backgroundColor = .gray
    complain.backgroundColor = .gray
}
```

这里设置删除 Action 的背景色为红色，另外 2 个则是灰色。

步骤 3 接下来需要根据不同的情况生成不同的 Action 组。

```
if cell.usernameBtn.titleLabel?.text == AVUser.current().username {
  return [delete, address]
}else if commentowner.last == AVUser.current().username {
```

```
    return [delete, address, complain]
}else {
    return [address, complain]
}
```

如果该条评论就是当前用户发布的，则只显示删除和 address 动作，毕竟自己投诉自己发的评论不现实。如果当前用户是该条评论的帖子的所有者，则可以删除、address 和投诉。除上述两种情况以外，则只显示 address 和投诉动作。

在 if 语句中的 commentowner 是之前在 PostVC 类中操作过的数据，因为 CommentVC 视图都是通过 PostVC 控制器推送出来的，除此以外没有其他"通道"。在 PostVC 类的 commentBtn_clicked(_:) 方法中，只要用户单击 commentBtn 按钮后就会将该帖子的发布者添加到 commentowner 数组之中。

```
// PostVC 类中在用户单击评论按钮后执行的代码
@IBAction func commentBtn_clicked(_ sender: AnyObject) {
    let i = sender.layer.value(forKey: "index") as! IndexPath
    let cell = tableView.cellForRow(at: i) as! PostCell

    // 发送相关数据到全局变量
    commentuuid.append(cell.puuidLbl.text!)
    commentowner.append(cell.usernameBtn.titleLabel!.text!)

    // 需要在故事板中查看 Storyboard ID 是否设置
    let comment = self.storyboard?.instantiateViewController(withIdentifier: "CommentVC") as! CommentVC
    self.navigationController?.pushViewController(comment, animated: true)
}
```

构建并运行项目，在评论单元格上滑动手指，会出现动作选项，如图 29-4 所示。

图 29-4　滑动手指后出现的交互按钮

上图中第一种情况是评论发布者不是当前用户本人，但评论的帖子是当前用户发布的。第二种情况是评论发布者就是当前用户本人。

当单击 Action 1.动作以后，该条评论会被删除。

当单击 Action 2.动作以后，在 commentTxt 中会出现 @+ 评论发布者的文字，如图 29-5 所示。

当单击 Action 3.动作以后，在调试控制台中可以看到投诉是否成功，访问 LeanCloud 云端的 Complain 数据表，可以看到所提交的投诉数据，如图 29-6 所示。

图 29-5　单击 @ 后的效果

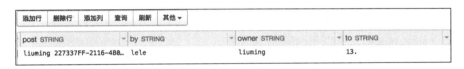

图 29-6　云端 Complain 数据表中的投诉记录

接下来，我们为投诉动作添加一个警告对话框，使其有更好的用户体验。

步骤 1　在 CommentVC 类中添加新的方法 alert(error: message:)。

```
// 消息警告
func alert(error: String, message: String) {
   let alert = UIAlertController(title: error, message: message, preferredStyle: .alert)
   let ok = UIAlertAction(title: "OK", style: .cancel, handler: nil)
   alert.addAction(ok)
   self.present(alert, animated: true, completion: nil)
}
```

该方法在 EditVC 中有定义，可以直接复制。

步骤 2　修改 tableView(_: editActionsForRowAt:) 方法中投诉部分的代码：

```
complainObj?.saveInBackground({ (success:Bool, error:Error?) in
    if success {
        self.alert(error: "投诉信息已经被成功提交！", message: "感谢您的支持，我们将关注您提交的投诉！")
    }else{
        self.alert(error: "错误", message: error!.localizedDescription)
    }
})
```

构建并运行项目，再次尝试投诉功能，效果如图 29-7 所示。

图 29-7　单击投诉后弹出的警告对话框

29.6 为三个 Action 添加背景图

现在的三个动作只是通过文字 Title 让用户进行选择，接下来我们要为这些 Action 添加形象的背景图。

步骤 1 从资源文件夹中拖曳 delete.png、complain.png 和 address.png 三个图片文件到项目之中，注意一定要勾选 Copy items if needed 和 Add targets：Instagram。

步骤 2 在 CommentVC 类中将 delete 动作的背景色设置代码修改为下面这样：

```
delete.backgroundColor = UIColor(patternImage: UIImage(named: "delete.png")!)
```

这里，我们使用图片来创建颜色，因为 UIImage(named:) 方法会返回一个可选的 UIImage 对象，所以要使用！对其强制拆包。

步骤 3 删除 delete 动作声明时的 Title 文字。

```
let delete = UITableViewRowAction(style: .normal, title: " ") {(UITableViewRowAction, IndexPath) -> Void
```

步骤 4 在 CommentVC 类中将 address 和 complain 动作的背景色设置代码修改为下面这样：

```
address.backgroundColor = UIColor(patternImage: UIImage(named: "address.png")!)
complain.backgroundColor = UIColor(patternImage: UIImage(named: "complain.png")!)
```

步骤 5 同样，删除 address 和 complain 动作声明时的 Title 文字。

构建并运行项目，效果如图 29-8 所示。

图 29-8 为三个 Action 添加图片后的效果

本章小结

本章内容较多，除了涵盖发送信息到云端数据表和与 UI 控件交互以外，最大的一个挑战就是利用 UITableViewDelegate 协议方法实现单元格的可编辑交互。利用 tableView(_:editActionsForRowAt:) 方法，我们实现了三种不同的动作，而且这三种动作又与是否为当前用户有关，注意它们之间的逻辑关系。

另外，本章所提供的所有按钮 Icon 图标都可以通过 Sketch 软件手工绘制，请扫描下面的二维码观看制作 Icon 图标的视频教程。

Delete 图标的制作

Complain 图标的制作

Address 图标的制作

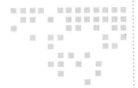

第 30 章

实现 Hashtags 和 Mentions 功能

在 Instagram 项目的评论页面中，还需要支持 #（Hashtag）和 @（Mention）功能。如果你使用过微博，可能对这两个功能并不陌生，如图 30-1 所示。

简单地说，Hashtag 就是一串以 # 开头的关键字标记。

我们可以利用 Hashtag 实现标记事件功能，它可以建立与拥有相同标记的其他人之间的连接，让大家很快就找到相关主题，因此我们可以把 Hashtag 翻译成「主题标签」。

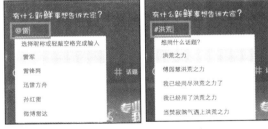

图 30-1　新浪微博中的 Mention 和 Hashtag

在创建 Hashtag 的时候，我们需要使用 # 符号开头，后边紧接着标签的文字，最后加一个空格来结束标记。

Mention 则用于标记人名，与 Hashtag 类似。它的目的是产生一个可以接连到人名，让别人可以很快找到你所指的人。

30.1　实现 Hashtag 和 Mention 的识别功能

在项目中一共有两个地方需要自动识别 Hashtag 和 Mention，一个是评论页面各个单元格（CommentCell 类）中的 commentLbl，另一个则是帖子发布页面单元格（PostCell 类）中的 titleLbl。

为了可以快速实现上面提到的这两个功能，我们需要从 GitHub 中下载 KILabel 并下载它，如图 30-2 所示。

从介绍我们了解到，KILabel 可以高亮显示 URL、用户名和 hashtags，并且能够实现单击交互功能。

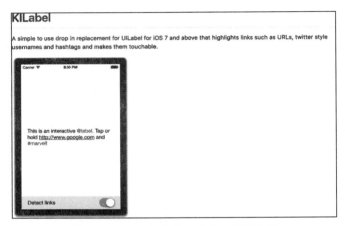

图 30-2　GitHub 中的 KILabel 第三方库

步骤 1　从 GitHub 中下载 KILabel，解压缩以后将项目中 Source 文件夹中的 KILabel.h 和 KILabel.m 两个文件直接拖曳到项目之中，勾选 Copy items if needed 和 Add to targets：Instagram。如果载入无法实现则可以从资源文件夹中找到 KILabel.h 和 KILabel.m 这两个文件。

步骤 2　在单击 Finish 按钮以后，Xcode 会弹出配置 Objective-C 桥接头文件的对话框，如图 30-3 所示。选择 Create Bridging Header。

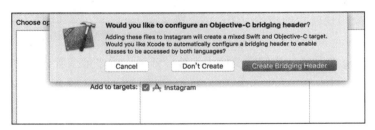

图 30-3　Xcode 自动为 Objective-C 类配置 bridging header 文件

此时在 Instagram 项目中会自动创建一个 Instagram-Bridging-Header.h 文件，如图 30-4 所示。

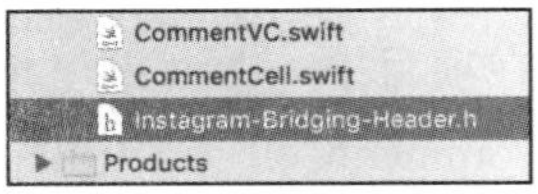

从 Xcode 6 开始，苹果引入了自家的 Swift 语言来鼓励更多的程序员通过它来开发 iOS 应用程序。在此之前，开发者一直使用的是 Objective-C 来进行 iOS 和 Mac OS X 平台的应用程序开发。Swift 语言速度更快、更加

图 30-4　生成的 Instagram-Bridging-Header.h 文件

安全和更加现代,经过几年来的不断改进,Swift 也确实不辱使命,越来越多的开发者从 Objective-C 转到了 Swift。

但问题是 Objective-C 作为苹果的主要开发语言存在了很多年,目前尚无成熟的 Swift 库可用,所以在编写应用程序的时候,基本离不开调用 Objective-C 代码的情况。

如何在 Swift 环境下去调用 Objective-C 代码呢?苹果给出的解决方案是使用一个 Bridging-Header 头文件,在 Swift 项目中,将所要使用的 Objective-C 代码的头文件引用进来。其中 Xcode 自动生成的头文件名形式会是项目名 – Bridging-Header.h 这样的形式。这样,我们就可以使用相应的头文件来引用 Object-C 的代码了。

步骤 3 在 Instagram-Bridging-Header.h 文件中添加一行代码,用于导入 KILabel 类的头文件。

```
#import "KILabel.h"
```

桥接头文件的作用就是告诉项目,我们将会在 Swift 项目中使用哪些 Objective-C 语言的类文件。在编写程序代码的时候,我们就可以使用 Swift 语法格式来调用和访问 Objective-C 类的方法和属性了。

步骤 4 在故事板中选中 CommentCell 中的 CommentLbl 控件,在 Identity Inspector 中将 Class 设置为 KILabel,如图 30-5 所示。

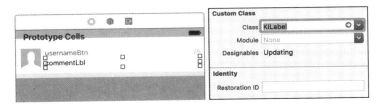

图 30-5 设置 CommentLbl 控件的类为 KILabel

步骤 5 接着选中 PostCell 中的 TitleLbl 控件,在 Identity Inspector 中将 Class 设置为 KILabel,如图 30-6 所示。

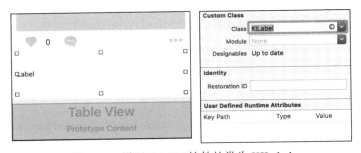

图 30-6 设置 titleLbl 控件的类为 KILabel

步骤 6 在 CommentCell 类中将 commentLbl 的类型修改为 KILabel。在 PostCell 类中将 titleLbl 的类型修改为 KILabel。

```
class CommentCell: UITableViewCell {
  ……
  @IBOutlet weak var commentLbl: KILabel!
  ……
}

class PostCell: UITableViewCell {
  ……
  @IBOutlet weak var titleLbl: KILabel!
  ……
}
```

现在，有2个地方 Label 控件已经继承于 KILabel 类了，接下来我们需要为 KILabel 类指定识别格式。

步骤7 在项目导航中打开 KILabel.m 文件，找到 -getRangesForHashtags:，将下面的代码：

```
dispatch_once(&onceToken, ^{
  NSError *error = nil;
  regex = [[NSRegularExpression alloc] initWithPattern:@"(?<!\\w)#([\\w\\_]+)?" options:0 error:&error];
});
```

修改为：

```
dispatch_once(&onceToken, ^{
  NSError *error = nil;
  regex = [[NSRegularExpression alloc] initWithPattern:@"(#[^#\\s]+)" options:0 error:&error];
});
```

根据我们的实际需求，通过正则表达式识别 Label 中以 # 开头后面接着非 # 和非空格的字符串，从而实现对 Hashtag 标记的识别。

步骤8 继续修改下面的代码：

```
if (text.length > 4) {
  // Run the expression and get matches
  NSArray *matches = [regex matchesInString:text options:0 range:NSMakeRange(0, text.length)];

  // Add all our ranges to the result
  for (NSTextCheckingResult *match in matches)
  {
    NSRange matchRange = [match range];
    NSString *matchString = [text substringWithRange:matchRange];

    if (![self ignoreMatch:matchString])
    {
      [rangesForHashtags addObject:@{KILabelLinkTypeKey : @(KILinkTypeHashtag), KILabelRangeKey : [NSValue valueWithRange:matchRange],
      KILabelLinkKey : matchString, }];
```

                }
            }
        }

与原始代码不同的是，只有在传递进来的 text 长度大于 4 的时候才会进行识别匹配。

步骤 9 还是在 KILabel.m 文件中，找到 -getRangesForUserHandles:，将下面的代码：

```
dispatch_once(&onceToken, ^{
    NSError *error = nil;
    regex = [[NSRegularExpression alloc] initWithPattern:@"(?<!\\w)@([\\w\\_]+)?"
options:0 error:&error];
});
```

修改为：

```
dispatch_once(&onceToken, ^{
    NSError *error = nil;
    regex = [[NSRegularExpression alloc] initWithPattern:@"@[\u4e00-\u9fa5a-zA-Z0-9_-]
{2,30}" options:0 error:&error];
});
```

对于人名的识别，我们允许包含中文和其他的字符以及下划线和减号，人名长度限制在 2 至 30 个字符之间。

步骤 10 继续在 -getRangesForUserHandles: 方法中，将下面的代码：

```
//Run the expression and get matches
NSArray *matches = [regex matchesInString:text options:0 range:NSMakeRange(0,
text.length)];

//Add all our ranges to the result
for (NSTextCheckingResult *match in matches)
{
    NSRange matchRange = [match range];
    NSString *matchString = [text substringWithRange:matchRange];
    
    if (![self ignoreMatch:matchString])
    {
        [rangesForUserHandles addObject:@{KILabelLinkTypeKey : @(KILinkTypeUserHandle)
,KILabelRangeKey : [NSValue valueWithRange:matchRange],KILabelLinkKey : matchString}];
    }
}
```

修改为：

```
//Run the expression and get matches
NSArray *matches = [[NSArray alloc] init];

if ((matches = [regex matchesInString:text options:0 range:NSMakeRange(0, text.
length)]) && (text.length > 4)) {
    NSArray *matches = [regex matchesInString:text options:0 range:NSMakeRange(0,
```

```
text.length)];

    // Add all our ranges to the result
    for (NSTextCheckingResult *match in matches)
    {
      NSRange matchRange = [match range];
      NSString *matchString = [text substringWithRange:matchRange];

      if (![self ignoreMatch:matchString])
      {
        [rangesForUserHandles addObject:@{KILabelLinkTypeKey : @(KILinkTypeUserHandle),
KILabelRangeKey : [NSValue valueWithRange:matchRange], KILabelLinkKey : matchString }];
      }
    }
  }
```

与原始代码不同的是，只有在 text 的长度大于 4，并且有匹配内容的时候才会执行 if 语句中的内容。

构建并运行项目，在 CommentVC 和 PostVC 中发布带有 # 和 @ 的评论和帖子，效果如图 30-7 所示。

图 30-7　评论和帖子页面的 hashtag 和 mention 标签

30.2　实现 Mention 的交互

当用户在评论或帖子中看到 Hashtag 或 Mention 以后，还可以单击浏览相关信息，这部分我们将实现与 Label 的交互操作。

步骤　在 CommentVC 类中的 tableView(_: cellForRowAt:) 方法中，在 cell.usernameBtn.layer.setValue(indexPath, forKey: "index") 代码的上方添加下面的代码：

```
// @mentions is tapped
cell.commentLbl.userHandleLinkTapHandler = { label, handle, rang in

    var mention = handle
```

第 30 章　实现 Hashtags 和 Mentions 功能

```
        mention = String(mention.characters.dropFirst())

        if mention.lowercased() == AVUser.current().username {
          let home = self.storyboard?.instantiateViewController(withIdentifier: "HomeVC") as! HomeVC
            self.navigationController?.pushViewController(home, animated: true)
        }else {
          let query = AVUser.query()
          query?.whereKey("username", equalTo: mention.lowercased())
          query?.findObjectsInBackground({ (objects:[Any]?, error:Error?) in
            if let object = objects?.last {
              guestArray.append(object as! AVUser)

              let guest = self.storyboard?.instantiateViewController(withIdentifier: "GuestVC") as! GuestVC
              self.navigationController?.pushViewController(guest, animated: true)
            }
          })
        }
      }
```

在上面的这段代码中，我们定义了一个闭包，或者说是一个代码块。当用户在 commentLbl 中单击某个 @ 连接以后会执行闭包中的代码。当闭包执行的时候会传递进来三个参数：label 代表用户所单击的那个 Label 对象，handle 是用户所单击的 @mention，range 则是 handle 在 label 中的位置范围。

在闭包中，我们首先将 handle 的首字符去掉（@ 符号），然后判断截取后的用户名是否为当前登录的用户。如果是，则通过导航控制器推出 HomeVC 控制器。如果不是，则需要从 LeanCloud 云端获取到 AVUser 类型的对象，并且将该对象添加到 guestArray 数组之中，只有这样在推出 GuestVC 控制器的时候，GuestVC 控制器才能显示正确的访客信息。

在获取 AVUser 对象的时候，我们借助了 AVUser 类的 query() 方法，它会生成只针对 _User 数据表的查询对象。

构建并运行项目，可以先发布两个包含 Mention 的评论，然后单击进行测试，如图 30-8 所示。当单击访客名称后会进入到 GuestVC 控制器，当单击当前用户名称后会进入到 HomeVC 控制器。

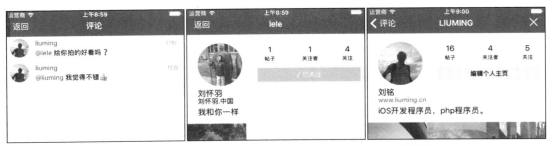

图 30-8　单击 mention 后跳转到 HomeVC 和 GuestVC 的效果

30.3 将 Hashtag 发送到云端

当用户在评论页面中发送带有 Hashtag 的评论信息时，需要我们在 LeanCloud 云端进行记录，便于以后可以检索出相关信息。

步骤 1 在 CommentVC 类的 sendBtn_clicked(_:) 方法中，在发送评论对象 commentObj 到 LeanCloud 云端数据表以后，添加下面的代码：

```
// STEP 3. 发送 hashtag 到云端
let words: [String] = commentTxt.text.components(separatedBy: CharacterSet.whitespacesAndNewlines)

for var word in words {
    // 定义正则表达式
    let pattern = "#[^#]+";
    let regular = try! NSRegularExpression(pattern: pattern, options: .caseInsensitive)
    let results = regular.matches(in: word, options: .reportProgress , range: NSMakeRange(0, word.characters.count))

    // 输出截取结果
    print(" 符合的结果有 \(results.count) 个 ")
    for result in results {
        word = (word as NSString).substring(with: result.range)
    }
}
```

在上面的代码中，首先将 commentTxt 中的文字信息分割为独立的字符串，分割的依据为空格或换行。然后通过 for 循环迭代出所有的独立字符串，为每个字符串执行指定的正则表达式，看是否有 hashtag 连接存在。

步骤 2 在 for var word in words {……} 循环中继续添加代码：

```
if word.hasPrefix("#") {
    word = word.trimmingCharacters(in: CharacterSet. punctuationCharacters)
    word = word.trimmingCharacters(in: CharacterSet.symbols)

    let hashtagObj = AVObject(className: "Hashtags")
    hashtagObj?["to"] = commentuuid.last
    hashtagObj?["by"] = AVUser.current().username!
    hashtagObj?["hashtag"] = word.lowercased()
    hashtagObj?["comment"] = commentTxt.text
    hashtagObj?.saveInBackground({ (success:Bool, error:Error?) in
        if success {
            print("hashtag \(word) 已经被创建。")
        }else {
            print(error?.localizedDescription)
        }
    })
}
```

当我们获取到每一个带有#的hashtag以后，首先移除它两端的标点和符号，包括开头的#符号。然后将相关信息写入到云端的Hashtags数据表中。

构建并运行项目，在评论页面中发布一个带#Hashtag的评论信息，在LeanCloud的Hashtags表中查看记录，如图30-9所示。

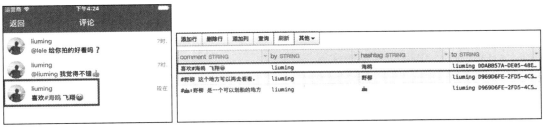

图30-9　添加hashtag后，相关数据会写到LeanCloud数据表中

步骤3　在CommentVC类的tableView(_: editActionsForRowAt:)方法中，在Action 1. Delete部分中的STEP 1.从云端删除评论部分的下方，添加下面的代码：

```
// STEP 2. 从云端删除 hashtag
let hashtagQuery = AVQuery(className: "Hashtags")
hashtagQuery?.whereKey("to", equalTo: commentuuid.last)
hashtagQuery?.whereKey("by", equalTo: cell.usernameBtn.titleLabel?.text)
hashtagQuery?.whereKey("comment", equalTo: cell.commentLbl.text)
hashtagQuery?.findObjectsInBackground({ (objects:[Any]?, error:Error?) in
  if error == nil {
    for object in objects! {
      (object as AnyObject).deleteEventually()
    }
  }
})
```

当用户在删除评论的时候，也同时要在云端的Hashtags数据表中删除相应的记录。

构建并运行项目，删除某条带有#hashtag的评论以后，在云端的Hashtags数据表中相应的记录也被删除了。

步骤4　在CommentVC类的sendBtn_clicked(_:)方法中，复制之前新添加的代码，然后将其粘贴到UploadVC类的publishBtn_clicked(_:)方法中。

```
@IBAction func publishBtn_clicked(_ sender: AnyObject) {
  ……
  // 生成照片数据
  let imageData = UIImageJPEGRepresentation(picImg.image!, 0.5)
  let imageFile = AVFile(name: "post.jpg", data: imageData)
  object?["pic"] = imageFile

  // 新添加的代码 —— 发送 hashtag 到云端
  let words: [String] = commentTxt.text.components(separatedBy: CharacterSet.whitespaces
```

```
AndNewlines)

        for var word in words {
            // 定义正则表达式
            let pattern = "#[^#]+";
            let regular = try! NSRegularExpression(pattern: pattern, options:.caseInsensitive)
            let results = regular.matches(in: word, options: .reportProgress , range: NSMakeRange
(0, word.characters.count))

            // 输出截取结果
            print(" 符合的结果有 \(results.count) 个 ")
            for result in results {
              word = (word as NSString).substring(with: result.range)
            }

            if word.hasPrefix("#") {
              word = word.trimmingCharacters(in: CharacterSet. punctuationCharacters)
              word = word.trimmingCharacters(in: CharacterSet.symbols)

              let hashtagObj = AVObject(className: "Hashtags")
              hashtagObj?["to"] = commentuuid.last
              hashtagObj?["by"] = AVUser.current().username!
              hashtagObj?["hashtag"] = word.lowercased()
              hashtagObj?["comment"] = commentTxt.text
              hashtagObj?.saveInBackground({ (success:Bool, error:Error?) in
                if success {
                  print("hashtag \(word) 已经被创建。")
                }else {
                  print(error?.localizedDescription)
                }
              })
            }
        }
        ……
}
```

步骤 5　将新添加代码中的 commentTxt 修改为 titleTxt。

步骤 6　还是在 UploadVC 中的 publishBtn_clicked(_:) 方法找到：

```
object?["puuid"] = "\(AVUser.current().username!) \(NSUUID().uuidString)"
```

将其修改为：

```
let uuid = NSUUID().uuidString
object?["puuid"] = "\(AVUser.current().username!) \(uuid)"
```

这样做的原因是在该方法下边的代码中还会用到这个 uuid。

步骤 7　还是在 publishBtn_clicked(_:) 方法中，找到：

```
hashtagObj?["to"] = commentuuid.last
```

将其修改为：

hashtagObj?["to"] = "\(AVUser.current().username!) \(uuid)"

在 UploadVC 中，我们是创建全新的帖子，所以在这里根本无法通过 commentuuid 获取到当前帖子的 uuid，所以这里直接使用上面程序代码中所生成的 uuid。

构建并运行项目，在上传页面中发布带有 #hashtag 的内容，在云端的 Hashtags 数据表中查看记录，如图 30-10 所示。

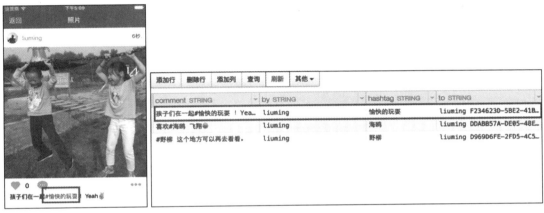

图 30-10　创建新帖子后添加到 Hashtags 表中的记录

本章小结

本章实现了 Hashtag 和 Mention 两大社交功能，虽然代码偏多，但是实现的逻辑并不复杂。通过正则表达式我们可以获取指定格式的字符串，然后再根据其功能实现其相关功能。需要注意的是，在将 Hashtag 添加到 LeanCloud 云端数据表以后，还要实现删除它的代码，否则会造成数据的混乱。

Chapter 31 第 31 章

创建 Hashtag 控制器

在之前的章节中，我们已经实现了在评论页面和帖子页面中显示 #Hashtag 连接的效果，但是当用户在单击 hashtag 连接以后，还应该进入到一个独立的帖子列表页面，显示所有被标记相同 hashtag 的照片，本章我们就来实现这个功能。

31.1 创建 Hashtag 控制器界面

步骤 1 从对象库拖曳一个新的 Collection View Controller 到故事板中，在大纲视图中选中 Collection View，然后在 Attributes Inspector 中将 Background 设置为 White Color，如图 31-1 所示。

步骤 2 确保还是选中 Collection View 的情况下，在 Size Inspector 中将 Min Spacing 的 For Cells 和 For Lines 均设置为 0，将 Cell Size 的 width 和 height 均设置为 105。

步骤 3 在项目导航中创建一个 Cocoa Touch Class 文件，Subclass of 设置为 UICollectionViewController，Class 设置为 HashtagsVC。

步骤 4 在故事板中选中刚创建的控制器，在 Identity Inspector 中将 Class 设置为 HashtagsVC，同时将 Storyboard ID 也设置为 HashtagsVC。

步骤 5 在大纲视图中选中 Collection View Cell，在 Identity Inspector 中将 Class 设置为 PictureCell，在 Attributes Inspector 中将 Identifier 设置为 Cell。

之所以不再为集合视图创建一个新的 UICollectionViewCell 类，是因为 HashtagsVC 中的集合视图单元格与 PostVC 中的集合视图单元格内容一致，所以进行了复用。

步骤 6 从对象库中拖曳一个 Image View 到集合视图单元格之中，在 Size Inspector 中将 x 和 y 设置为 0，width 和 height 均设置为 105。在 Attributes Inspector 中将 Image 设置为 pbg.jpg。

第 31 章　创建 Hashtag 控制器　261

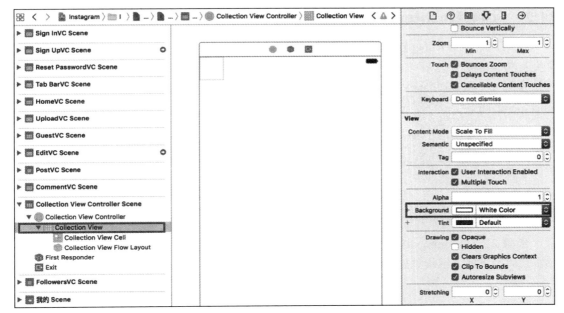

图 31-1　将 Collection View 的背景设置为 White Color

步骤 7　将 Xcode 切换到助手编辑器模式，将 HashtagsVC 控制器中集合视图单元格里面的 Image View 与 PictureCell 类中的 picImg 建立 Outlet 关联，如图 31-2 所示。

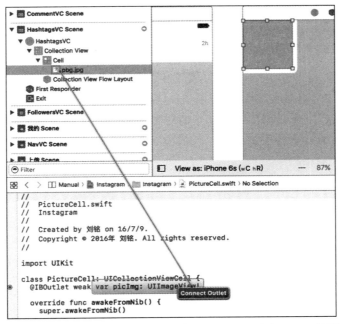

图 31-2　为 Cell 中的 Image View 与 PictureCell 建立 Outlet 关联

31.2 实现 Hashtag 的交互

当用户单击 Hashtag 连接以后应该会跳转到 HashtagsVC 控制器，接下来我们就实现这个交互功能。

步骤 1 在 HashtagsVC.swift 文件中创建一个全局字符串数组 hashtag，并删除私有常量 reuseIdentifier。

```
import UIKit

private let reuseIdentifier = "Cell"

var hashtag = [String]()

class HashtagsVC: UICollectionViewController {
```

（其中 `private let reuseIdentifier = "Cell"` 被划掉删除）

步骤 2 在 CommentVC 中的 tableView(_: cellForRowAt:) 方法里面，在处理 @Mention 单击代码的下面，继续添加新的代码：

```
// #hashtag is tapped
cell.commentLbl.hashtagLinkTapHandler = { label, handle, rang in
    var mention = handle
    mention = String(mention.characters.dropFirst())
    hashtag.append(mention.lowercased())
    
    let hashvc = self.storyboard?.instantiateViewController(withIdentifier: "HashtagsVC") as! HashtagsVC
    self.navigationController?.pushViewController(hashvc, animated: true)
}
```

当用户单击 KILabel 对象中的 hashtag 连接以后，就会执行 hashtagLinkTapHandler 所定义的闭包代码。与之前设置 @mention 闭包的参数类似，label 是用户所单击的 Label 的文本内容，handle 则是用户单击的 hashtag 的连接，rang 则是 hashtag 的范围。

在闭包中首先去掉 hashtag 的前缀 #，然后将 hashtag 添加到全局数组 hashtag 中，便于后面在进入到 HashtagsVC 控制器的时候直接读取访问，在闭包的最后则是通过导航控制器进入 HashtagsVC 控制器。

步骤 3 打开 HashtagsVC 类，将 viewDidLoad() 方法调整为下面这样：

```
override func viewDidLoad() {
    super.viewDidLoad()
}
```

步骤 4 在 collectionView(_: cellForItemAt:) 方法中，将下面的一行代码：

```
let cell = collectionView.dequeueReusableCell(withReuseIdentifier: reuseIdentifier, for: indexPath)
```

修改为：

```
    let cell = collectionView.dequeueReusableCell(withReuseIdentifier: "Cell", for:
indexPath) as! PictureCell
```

构建并运行项目，在 CommentVC 控制器中单击某个 #hashtag 连接，应用程序会自动跳转到 HashtagsVC，如图 31-3 所示。

除了实现 CommentVC 控制器的 #hashtag 交互以外，还要对 PostVC 控制器实现相同的功能。

步骤 5 复制 CommentVC 类 tableView(_: cellForRowAt:) 方法中 @mention 和 #hashtag 被单击的处理代码，将其粘贴到 PostVC 类的 tableView(_: cellForRowAt:) 方法中，粘贴之后将 commentLbl 修改为 titleLbl。

构建并运行项目，上传一个带有 @mention 和 #hashtag 的帖子照片，单击测试通过！

图 31-3　单击 hashtag 标签以后会跳转到 HashtagsVC 控制器

31.3　实现 HashtagsVC 类的代码

目前的 HashtagsVC 控制器还不能显示任何的帖子照片，接下来我们就需要实现这个功能。

步骤 1　在 HashtagsVC 类中添加 2 个属性。

```
// UI objects
var refresher: UIRefreshControl!
var page: Int = 24
```

refresher 用于集合视图的刷新操作，page 则用于从云端处理分页载入的数据。

步骤 2　在 viewDidLoad() 方法中，添加下面的初始化代码：

```
override func viewDidLoad() {
  super.viewDidLoad()
  
  self.collectionView?.alwaysBounceVertical = true
  self.navigationItem.title = "#" + "\(hashtag.last!.uppercased())"
}
```

这里让集合视图垂直方向滚动，并且将导航栏的 Title 设置为主题标签的名称。

步骤 3　从 GuestVC 的 viewDidLoad() 方法中复制下面的代码，将其粘贴到 viewDidLoad() 方法中。

```
// 定义导航栏中新的返回按钮
    self.navigationItem.hidesBackButton = true
    let backBtn = UIBarButtonItem(title: "返回", style: .plain, target: self, action:
#selector(back(_:)))
```

```
self.navigationItem.leftBarButtonItem = backBtn

// 实现向右划动返回
let backSwipe = UISwipeGestureRecognizer(target: self, action: #selector(back(_:)))
backSwipe.direction = .right
self.view.addGestureRecognizer(backSwipe)

// 安装 refresh 控件
refresher = UIRefreshControl()
refresher.addTarget(self, action: #selector(refresh), for: .valueChanged)
self.collectionView?.addSubview(refresher)
```

步骤 4 再从 GuestVC 类中复制 back(_:) 和 refresh() 方法到 HashtagsVC 类中。将 guestArray 替换为 hashtag。

```
func back(_: UIBarButtonItem) {
  // 退回到之前的控制器
  _ = self.navigationController?.popViewController(animated: true)

  // 从 hashtag 数组中移除最后一个主题标签
  if !hashtag.isEmpty {
    hashtag.removeLast()
  }
}

// 刷新方法
func refresh() {
  self.collectionView?.reloadData()
  self.refresher.endRefreshing()
}
```

步骤 5 在 HashtagsVC 类中创建一个新的方法 loadHashtags()。

```
// 载入 hashtag
func loadHashtags() {
}
```

步骤 6 在 HashtagsVC 类中再添加三个新的属性，用于存储从云端获取到的记录数据。

```
// 从云端获取记录后，存储数据的数组
var picArray = [AVFile]()
var puuidArray = [String]()
var filterArray = [String]()
```

其中，picArray 用于存储帖子照片，puuidArray 用于存储帖子的 puuid，而 filterArray 则用于存储过滤出来的符合条件的帖子。

步骤 7 在 loadHashtags() 方法中，添加下面的代码：

```
// 载入 hashtag
func loadHashtags() {
```

```
// STEP 1. 获取与 Hashtag 相关的帖子
let hashtagQuery = AVQuery(className: "Hashtags")
hashtagQuery?.whereKey("hashtag", equalTo: hashtag.last!)
hashtagQuery?.findObjectsInBackground({ (objects:[Any]?, error:Error?) in
    if error == nil {
        // 清空 filterArray 数组
        self.filterArray.removeAll(keepingCapacity: false)
        
        // 存储相关的帖子到 filterArray 数组
        for object in objects! {
            self.filterArray.append((object as AnyObject).value(forKey: "to") as! String)
        }
    }
})
}
```

在 loadHashtags() 方法中,首先创建了数据表查询对象,然后从云端的 Hashtags 数据表中查找符合要求的记录,我们是从 CommentVC 或 PostVC 中切换到当前控制器的,在切换之前已经将被单击的主题标签压入到 hashtag 数组之中了,所以在这里直接使用 hashtag.last! 就可以得到这个主题标签。在获取到相关记录以后,把帖子的 puuid 存储到了 filterArray 数组之中。

步骤 8 在 findObjectsInBackground() 闭包内,for 循环的下面继续添加代码:

```
if error == nil {
    // 清空 filterArray 数组
    self.filterArray.removeAll(keepingCapacity: false)
    
    // 存储相关的帖子到 filterArray 数组
    for object in objects! {
        self.filterArray.append((object as AnyObject).value(forKey: "to") as! String)
    }
    
    // STEP 2. 通过 filterArray 的 uuid, 找出相关的帖子
    let query = AVQuery(className: "Posts")
    query?.whereKey("puuid", containedIn: self.filterArray)
    query?.limit = self.page
    query?.addDescendingOrder("createdAt")
    query?.findObjectsInBackground({ (objects:[Any]?, error:Error?) in
        if error == nil {
            // 清空数组
            self.picArray.removeAll(keepingCapacity: false)
            self.puuidArray.removeAll(keepingCapacity: false)
            
            for object in objects! {
                self.picArray.append((object as AnyObject).value(forKey: "pic") as! AVFile)
                self.puuidArray.append((object as AnyObject).value(forKey: "puuid") as! String)
            }
            
            // reload
```

```
      self.collectionView?.reloadData()
      self.refresher.endRefreshing()
    }else {
      print(error?.localizedDescription)
    }
  })
}else {
  print(error?.localizedDescription)
}
```

利用 AVQuery 类的 whereKey(_: containedIn:) 方法获取所有相关的 Post 记录，然后将 Post 记录中的 pic 添加到 picArray 数组中，puuid 添加到 puuidArray 数组中，最后刷新集合视图，并且让刷新控件停止刷新动画。

步骤 9 在 HashtagsVC 类中重写 scrollViewDidScroll(_:) 方法。

```
override func scrollViewDidScroll(_ scrollView: UIScrollView) {
  if scrollView.contentOffset.y >= scrollView.contentSize.height / 3 {
    loadMore()
  }
}
```

当用户拖曳集合视图的垂直偏移量大于集合视图 contentSize 高度的三分之一时，就会执行 loadMore() 方法。

步骤 10 在 HashtagsVC 类中添加 loadMore() 方法。

```
// 用于分页
func loadMore() {
  // 如果服务器端的帖子大于默认显示数量
  if page <= puuidArray.count {
    page = page + 15
    
    // STEP 1. 获取与 Hashtag 相关的帖子
    let hashtagQuery = AVQuery(className: "Hashtags")
    hashtagQuery?.whereKey("hashtag", equalTo: hashtag.last!)
    hashtagQuery?.findObjectsInBackground({ (objects:[Any]?, error:Error?) in
      if error == nil {
        // 清空 filterArray 数组
        self.filterArray.removeAll(keepingCapacity: false)
        
        // 存储相关的帖子到 filterArray 数组
        for object in objects! {
          self.filterArray.append((object as AnyObject).value(forKey: "to") as! String)
        }
        
        // STEP 2. 通过 filterArray 的 uuid，找出相关的帖子
        let query = AVQuery(className: "Posts")
        query?.whereKey("puuid", containedIn: self.filterArray)
        query?.limit = self.page
        query?.addDescendingOrder("createdAt")
```

```
        query?.findObjectsInBackground({ (objects:[Any]?, error:Error?) in
          if error == nil {
            // 清空数组
            self.picArray.removeAll(keepingCapacity: false)
            self.puuidArray.removeAll(keepingCapacity: false)

            for object in objects! {
              self.picArray.append((object as AnyObject).value(forKey: "pic") as! AVFile)
              self.puuidArray.append((object as AnyObject).value(forKey: "puuid") as! String)
            }

            // reload
            self.collectionView?.reloadData()
          }else {
            print(error?.localizedDescription)
          }
        })
      }else {
        print(error?.localizedDescription)
      }
    })
  }
}
```

在该方法中，如果从云端获取到的帖子数量大于默认的显示数量，则仿照 loadHashtags() 方法，重新从云端载入 Post 记录，我们可以直接从 loadHashtags() 方法中复制代码，并粘贴到 loadMore() 方法中，注意将 self.refresher.endRefreshing() 代码删除，因为我们是让集合视图在用户拖曳了三分之一偏移量的时候进行刷新载入的，所以它并没有在 refresher 控件生效时被执行。

步骤 11 从 HomeVC 类中复制 collectionView(_: layout: sizeForItemAt:)、collectionView(_: numberOfItemsInSection:) 和 collectionView(_: cellForItemAt:) 三个方法到 HashtagsVC 中，并删除 HashtagsVC 中的 numberOfSections(in:) 方法。

```
class HashtagsVC: UICollectionViewController,UICollectionViewDelegateFlowLayout {
    ……
    // 设置单元格大小
    func collectionView(_ collectionView: UICollectionView, layout collectionViewLayout: UICollectionViewLayout, sizeForItemAt indexPath: IndexPath) -> CGSize {
        let size = CGSize(width: self.view.frame.width / 3, height: self.view.frame.width / 3)
        return size
    }

    override func collectionView(_ collectionView: UICollectionView, numberOfItemsInSection section: Int) -> Int {
        return picArray.count
    }
```

```
        override func collectionView(_ collectionView: UICollectionView, cellForItemAt
indexPath: IndexPath) -> UICollectionViewCell {
        // 从集合视图的可复用队列中获取单元格对象
            let cell = collectionView.dequeueReusableCell(withReuseIdentifier: "Cell", for:
indexPath) as! PictureCell

            // 从 picArray 数组中获取图片
            picArray[indexPath.row].getDataInBackground { (data:Data?, error:Error?) in
              if error == nil {
                cell.picImg.image = UIImage(data: data!)
              }else{
                print(error?.localizedDescription)
              }
            }
            return cell
        }
    }
```

复制的这三个方法分别用于设置集合视图单元格的大小和数量以及从可复用队列中生成单元格对象。删除 numberOfSections(in:) 方法是因为在默认情况下集合视图的 Section 被设置为 1。

> **注意** 在声明 HashtagsVC 类的时候添加 UICollectionViewDelegateFlowLayout 协议，这是因为 collectionView(_: layout: sizeForItemAt:) 是该协议的方法。如果 HashtagsVC 不符合该协议，则在设置单元格大小的时候不会调用该方法。

步骤 12 再从 HomeVC 类中复制 collectionView(_: didSelectItemAt:) 方法到 HashtagsVC 类中。

```
    // go post
    override func collectionView(_ collectionView: UICollectionView, didSelectItemAt
indexPath: IndexPath) {
        // 发送 post uuid 到 postuuid 数组中
        postuuid.append(puuidArray[indexPath.row])

        // 导航到 postVC 控制器
        let postVC = self.storyboard?.instantiateViewController(withIdentifier: "PostVC")
as! PostVC
        self.navigationController?.pushViewController(postVC, animated: true)
    }
```

步骤 13 在 HashtagsVC 类中的 viewDidLoad() 方法和 refresh() 方法中添加对 loadHashtags() 方法的调用。

构建并运行项目，不管是从 CommentVC 单元格单击的 hashtag，还是从 PostVC 单元格单击的 hashtag，都能够从导航控制器进入 HashtagsVC 控制器，并显示相关 hashtag 的帖子，如图 31-4 所示。

图 31-4　单击 hashtag 标签以后跳转到 HashtagsVC 控制器

> **注意**　请在输入 hashtag 的时候一定确保在它的结尾处添加一个空格，否则通过现有的正则表达式无法生成正确的主题标签。

本章小结

本章创建了一个全新的集合视图控制器，在控制器中根据主题标签从 LeanCloud 云端载入相关的帖子信息，然后再将帖子照片显示在集合视图之中，代码虽然较多，但是逻辑实现并不复杂，只要思路清楚就不会出现 Bug。

Chapter 32 第 32 章

处理 More 按钮的响应交互

在 PostVC 控制器页面中，我们已经设置了喜爱和评论按钮的响应交互动作，在本章中我们将实现更多按钮的响应动作。

32.1 创建 More 按钮的 Action 关联

步骤 1 将 Xcode 切换到助手编辑器模式，在故事板中将 PostVC 单元格中的 More 按钮与 PostVC 类建立 Action 关联，Name 设置为：moreBtn_clicked。

```
@IBAction func moreBtn_clicked(_ sender: AnyObject) {
}
```

 提示　这里我们将单元格中的 More 按钮与 PostVC 类建立 Action 关联，而不是常规的在 PostCell 类中建立 Action 关联。用意与之前的 Like 按钮和 Comment 按钮一样，都是在用户单击该按钮以后，需要在 PostVC 控制器层面执行一些代码。

步骤 2 在 PostVC 类的 tableView(_: cellForRowAt:) 方法中，添加一行对 moreBtn.layer 的赋值代码：

```
// 将 indexPath 赋值给三个按钮的 layer 属性的自定义变量
cell.usernameBtn.layer.setValue(indexPath, forKey: "index")
cell.commentBtn.layer.setValue(indexPath, forKey: "index")
cell.moreBtn.layer.setValue(indexPath, forKey: "index")
```

32.2 创建 More 按钮的交互代码

步骤 1 回到 moreBtn_clicked(_:) 方法,添加下面的代码:

```
@IBAction func moreBtn_clicked(_ sender: AnyObject) {
  let i = sender.layer.value(forKey: "index") as! IndexPath
  let cell = tableView.cellForRow(at: i) as! PostCell

  // 删除操作
  let delete = UIAlertAction(title: "删除", style: .default){(UIAlertAction)->Void in
    // STEP 1. 从数组中删除相应的数据
    self.usernameArray.remove(at: i.row)
    self.avaArray.remove(at: i.row)
    self.picArray.remove(at: i.row)
    self.dateArray.remove(at: i.row)
    self.titleArray.remove(at: i.row)
    self.puuidArray.remove(at: i.row)
  }
}
```

在该方法中,我们首先获取到用户所单击的单元格,以及它的 indexPath。然后定义了一个 UIAlertAction 类型的对象,它是一个警告对话框的动作,一会儿我们会将它添加到一个 UIAlertController 类型的对象中。

当用户单击这个删除动作的时候,会先删除 6 个数组中的相应数据。

步骤 2 在 //STEP 1. 代码的下面继续添加代码:

```
// STEP 2. 删除云端的记录
let postQuery = AVQuery(className: "Posts")
postQuery?.whereKey("puuid", equalTo: cell.puuidLbl.text)
postQuery?.findObjectsInBackground({ (objects:[Any]?, error:Error?) in
  if error == nil {
    for object in objects! {
      (object as AnyObject).deleteInBackground({ (success:Bool, error:Error?) in
        if success {
          // 发送通知到 rootViewController 更新帖子
          NotificationCenter.default.post(name: NSNotification.Name(rawValue: "uploaded"), object: nil)

          // 销毁当前控制器
          _ = self.navigationController?.popViewController(animated: true)
        }else {
          print(error?.localizedDescription)
        }
      })
    }
  }else {
    print(error?.localizedDescription)
  }
})
```

在上面的代码中，删除云端 Posts 数据表中指定 puuid 的帖子，如果删除成功则发送 uploaded 通知消息，并且销毁当前的 PostVC 控制器。

因为用户只能删除属于自己的帖子，所以从 PostVC 控制器发出 uploaded 通知消息以后，在 HomeVC 控制器中就会接收到该消息，进而执行 uploaded (notification:) 方法，重新载入帖子数据。

步骤 3 在 //STEP 2. 代码的下面继续添加代码：

```
// STEP 3. 删除帖子的 Like 记录
let likeQuery = AVQuery(className: "Likes")
likeQuery?.whereKey("to", equalTo: cell.puuidLbl.text)
likeQuery?.findObjectsInBackground({ (objects:[Any]?, error:Error?) in
    if error == nil {
        for object in objects! {
            (object as AnyObject).deleteEventually()
        }
    }
})
```

因为帖子被删除了，所以相关的 Likes 记录也要全部删除。

步骤 4 在 //STEP 3. 代码的下面继续添加代码：

```
// STEP 4. 删除帖子相关的评论
let commentQuery = AVQuery(className: "Comments")
commentQuery?.whereKey("to", equalTo: cell.puuidLbl.text)
commentQuery?.findObjectsInBackground({ (objects:[Any]?, error:Error?) in
    if error == nil {
        for object in objects! {
            (object as AnyObject).deleteEventually()
        }
    }
})

// STEP 5. 删除帖子相关的 Hashtag
let hashtagQuery = AVQuery(className: "Hashtags")
hashtagQuery?.whereKey("to", equalTo: cell.puuidLbl.text)
hashtagQuery?.findObjectsInBackground({ (objects:[Any]?, error:Error?) in
    if error == nil {
        for object in objects! {
            (object as AnyObject).deleteEventually()
        }
    }
})
```

上面的代码分为了两部分，第一部分是删除帖子相关的所有评论，第二部分是删除帖子相关的所有 Hashtag。

步骤 5 在 moreBtn_clicked(_:) 方法 // 删除操作代码部分的下面，继续添加代码：

```
// 投诉操作
```

```
let complain = UIAlertAction(title: "投诉", style: .default) {(UIAlertAction) -> Void in
  // 发送投诉到云端的 Complain 数据表
  let complainObject = AVObject(className: "Complain")
  complainObject?["by"] = AVUser.current().username
  complainObject?["post"] = cell.puuidLbl.text
  complainObject?["to"] = cell.titleLbl.text
  complainObject?["owner"] = cell.usernameBtn.titleLabel?.text
  complainObject?.saveInBackground({ (success:Bool, error:Error?) in
    if success {
      self.alert(error: "投诉信息已经被成功提交！", message: "感谢您的支持，我们将关注您提交的投诉！")
    }else{
      self.alert(error: "错误", message: error!.localizedDescription)
    }
  })
}
```

如果用户投诉该帖子，则创建 AVObject 类型的对象，填写必要的字段信息并提交。

步骤6　在 // 投诉操作代码部分的下面，继续添加代码：

```
// 取消操作
let cancel = UIAlertAction(title: "取消", style: .cancel, handler: nil)
```

步骤7　在 // 取消操作代码部分的下面，继续添加代码：

```
// 创建菜单控制器
let menu = UIAlertController(title: "菜单选项", message: nil, preferredStyle: .actionSheet)

if cell.usernameBtn.titleLabel?.text == AVUser.current().username {
  menu.addAction(delete)
  menu.addAction(cancel)
}else {
  menu.addAction(complain)
  menu.addAction(cancel)
}

// 显示菜单
self.present(menu, animated: true, completion: nil)
```

在上面的代码中，创建了 UIAlertController 控制器，如果帖子创始人是当前用户则添加 delete 和 cancel 动作到 UIAlertController 控制器，否则添加 complain 和 cancel 动作到 UIAlertController。

步骤8　在 PostVC 类中添加 alert() 方法。

```
// 消息警告
func alert(error: String, message: String) {
  let alert = UIAlertController(title: error, message: message, preferredStyle: .alert)
  let ok = UIAlertAction(title: "OK", style: .cancel, handler: nil)
  alert.addAction(ok)
  self.present(alert, animated: true, completion: nil)
}
```

构建并运行项目，选择自己发布的帖子，单击 more 按钮以后，效果如图 32-1 所示。

单击删除以后，程序会删除云端的 Posts 数据表中的帖子记录，当成功删除以后则会发送 uploaded 通知消息，并返回到 HomeVC 控制器。HomeVC 控制器在接收到 uploaded 通知消息以后会刷新集合视图。

接下来，在删除操作中还会删除云端的 Like 记录、评论记录以及 hashtag 记录。

如果在访问其他用户的 PostVC 中单击 more 按钮，就会出现投诉选项，如图 32-2 所示。

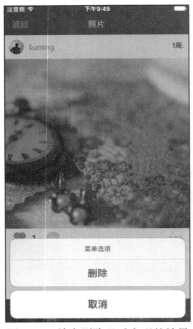

图 32-1　单击删除以后实现的效果

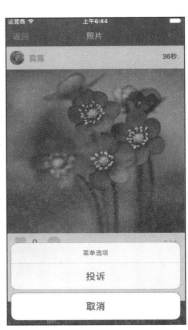

图 32-2　单击投诉以后实现的效果

单击投诉以后，程序代码会将相关投诉信息记录上传到云端的 Complain 数据表中，如图 32-3 所示。

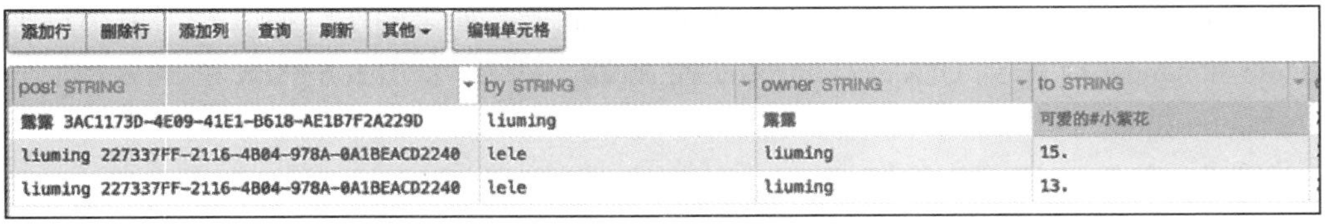

post STRING	by STRING	owner STRING	to STRING
露露 3AC1173D-4E09-41E1-B618-AE1B7F2A229D	liuming	露露	可爱的#小紫花
liuming 227337FF-2116-4B04-978A-0A1BEACD2240	lele	liuming	15.
liuming 227337FF-2116-4B04-978A-0A1BEACD2240	lele	liuming	13.

图 32-3　LeanCloud 云端数据表中新添加的记录

32.3　为项目设置返回和退出按钮

目前，项目导航栏中所有的返回按钮还只是文字形式，在这部分中，我们将其重新设置为图形化按钮。

步骤 1 从资源文件夹中拖曳 back.png、back@2x.png 和 back@3x.png 三个文件到项目之中，勾选 Copy items if needed 和 Add to targets:Instagram。

步骤 2 在 CommentVC 类的 viewDidLoad() 方法中，将

```
let backBtn = UIBarButtonItem(title: "返回", style: .plain, target: self, action: #selector(back(_:)))
```

修改为：

```
let backBtn = UIBarButtonItem(image: UIImage(named: "back.png"), style: .plain, target: self, action: #selector(back(_:)))
```

步骤 3 在 PostVC 类的 viewDidLoad() 方法中，将 backBtn 进行同样的修改。

```
let backBtn = UIBarButtonItem(image: UIImage(named: "back.png"), style: .plain, target: self, action: #selector(back(_:)))
```

步骤 4 在 GuestVC 类的 viewDidLoad() 方法中，将 backBtn 进行同样的修改。

```
let backBtn = UIBarButtonItem(image: UIImage(named: "back.png"), style: .plain, target: self, action: #selector(back(_:)))
```

步骤 5 在 GuestVC 类的 viewDidLoad() 方法中，复制返回按钮和向右划动手势的定义代码，将其粘贴到 FollowersVC 类的 viewDidLoad() 方法中。

```
// 定义导航栏中新的返回按钮
self.navigationItem.hidesBackButton = true
let backBtn = UIBarButtonItem(image: UIImage(named: "back.png"), style: .plain, target: self, action: #selector(back(_:)))
self.navigationItem.leftBarButtonItem = backBtn

// 实现向右划动返回
let backSwipe = UISwipeGestureRecognizer(target: self, action: #selector(back(_:)))
backSwipe.direction = .right
self.view.addGestureRecognizer(backSwipe)
```

步骤 6 在 FollowersVC 类中添加 back(_:) 方法。

```
func back(_: UIBarButtonItem) {
    // 退回到之前的控制器
    _ = self.navigationController?.popViewController(animated: true)
}
```

构建并运行项目，导航栏中所有的返回按钮均已图片的形式出现，如图 32-4 所示。

步骤 7 在项目导航中，将所有的按钮类图片创建一个组，名称为 button items。

步骤 8 从资源文件夹中拖曳 logout.png、logout@2x.png 和 logout@3x.png 三个文件到项目的 button items 组中，勾选 Copy items if needed 和 Add to targets：Instagram。

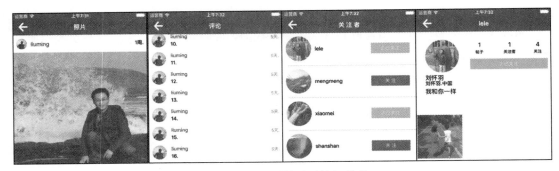

图 32-4　设置后的返回按钮外观

步骤 9　在故事板中将 HomeVC 控制器视图里面的导航栏中右侧的 Bar Button Item 的 Image 属性设置为 logout.png，如图 32-5 所示。

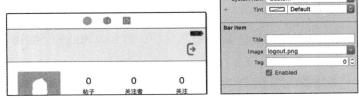

图 32-5　设置 HomeVC 中退出按钮的外观

32.4　处理不存在的用户

当我们在发布帖子或发表评论时，使用 @mention 连接某个人时，有可能会发生该用户不存在的情况，这就需要我们进行判断和处理。

步骤 1　在 GuestVC 类的 collectionView(_: viewForSupplementaryElementOfKind: at:) 方法中，将下面的代码：

```
guard let objects = objects , objects.count > 0 else {
  return
}
```

修改为：

```
guard let objects = objects , objects.count > 0 else {

    let alert = UIAlertController(title: "\(guestArray.last?.username)", message: "用尽洪荒之力，也没有发现该用户的存在！", preferredStyle: .alert)
    let ok = UIAlertAction(title: "OK", style: .default, handler: { (UIAlertAction) in
        _ = self.navigationController?.popViewController(animated: true)
    })
    alert.addAction(ok)
    self.present(alert, animated: true, completion: nil)
```

```
        return
    }
```
在上面的代码中，如果获取到的用户记录数为 0，则弹出 UIAlertController 控制器，显示相关的信息。

步骤 2　在 PostVC 类的 tableView(_: cellForRowAt:) 方法中，在 //@mentions is tapped 部分，将代码修改为下面这样：

```
query?.findObjectsInBackground({ (objects:[Any]?, error:Error?) in
    if let object = objects?.last {
        guestArray.append(object as! AVUser)
        
        let guest = self.storyboard?.instantiateViewController(withIdentifier: "GuestVC") as! GuestVC
        self.navigationController?.pushViewController(guest, animated: true)
    }else {
        let alert = UIAlertController(title: "\(mention.uppercased())", message: "用尽洪荒之力，也没有发现该用户的存在！", preferredStyle: .alert)
        let ok = UIAlertAction(title: "OK", style: .cancel, handler: nil)
        alert.addAction(ok)
        self.present(alert, animated: true, completion: nil)
    }
})
```

如果在 _User 数据表中没有找到 @mention 所提到的用户名，则弹出警告对话框。

步骤 3　在 CommentVC 类的 tableView (_: cellForRowAt:) 方法中，在 //@mentions is tapped 部分，实现与步骤 2 相同的代码：

```
query?.findObjectsInBackground({ (objects:[Any]?, error:Error?) in
    if let object = objects?.last {
        guestArray.append(object as! AVUser)
        
        let guest = self.storyboard?.instantiateViewController(withIdentifier: "GuestVC") as! GuestVC
        self.navigationController?.pushViewController(guest, animated: true)
    }else {
        let alert = UIAlertController(title: "\(mention.uppercased())", message: "用尽洪荒之力，也没有发现该用户的存在！", preferredStyle: .alert)
        let ok = UIAlertAction(title: "OK", style: .cancel, handler: nil)
        alert.addAction(ok)
        self.present(alert, animated: true, completion: nil)
    }
})
```

步骤 4　在 HeaderView 类的 awakeFromNib() 方法中，在 button.frame 代码的下面添加一行代码，让 button 变成圆角。

```
button.layer.cornerRadius = button.frame.width / 50
```

构建并运行项目，在 PostVC 或者是 CommentVC 中单击一个并不存在的 @mention，效果如图 32-6 所示。

图 32-6　单击不存在用户后的效果

本章小结

　　本章我们对 PostVC 控制器的 More 按钮进行了处理，它包含两个功能：删除自己发布的帖子以及投诉访客的帖子。需要注意的是：它们呈现的条件是不同的，只能删除自己的帖子和只能投诉访客的帖子。在处理不存在的用户时，我们使用了 AlertViewController 类，这个大家并不陌生。

　　另外，本章所提供的所有按钮 Icon 图标都可以通过 Sketch 软件手工绘制，请扫描下面的二维码观看制作 Icon 图标的视频教程。

Back 图标的制作

Logout 图标的制作

第五部分 Part 5

- 第 33 章　创建 Feed 控制器
- 第 34 章　创建用户搜索功能
- 第 35 章　创建通知控制器界面
- 第 36 章　接收数据到通知控制器
- 第 37 章　对用户界面的再改进

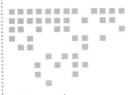

第 33 章

创建 Feed 控制器

在本章我们需要处理的是应用程序的 Feed 页面，也就是聚合信息页，通过该页面用户可以发现更多、更有意思的照片，并且能够将照片的发布者设置为自己所关注的人，如图 33-1 所示。

33.1 创建 Feed 控制器的用户界面

按照正常的界面制作流程来说，应该从对象库中拖曳一个全新的表格视图控制器到编辑区域之中，然后再设置单元格中的界面控件。由于我们所设计的 Feed 控制器视图与之前的 PostVC 控制器视图极为相似，因此在故事板中直接复制一个即可。

步骤 1 从大纲视图中选中 PostVC Scene 中的 PostVC，然后复制/粘贴，此时故事板中有两个 PostVC 控制器，如图 33-2 所示。

步骤 2 选中新复制的表格视图控制器，在 Identity Inspector 中将 Class 和 Storyboard ID 设置清空，之后会为该控制器设置新的控制器类和 Storyboard ID 标识。

图 33-1　Instagram 的聚合页面

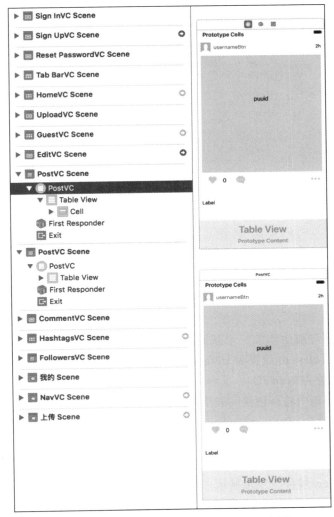

图 33-2　在故事板中复制一个 PostVC 控制器

> **提示**　我们还要确保新控制器中单元格的 Class 设置为 PostCell，因为 PostCell 类负责单元格中所有界面控件的自动布局约束，在 Feed 页面所显示的布局效果与在 PostVC 页面中一致，所以直接复用该类即可。

步骤 3　选中新创建的表格视图控制器，从 Xcode 菜单中选择 Editor → Embed In → Navigation Controller。选中新创建的导航栏控制器，在 Identity Inspector 中将 Class 设置为 NavVC。在故事板中从 Tab Bar 控制器按住 Control 键拖曳鼠标到新创建的导航控制器，在弹出的菜单中选择 Relationship Seuge → view controllers，如图 33-3 所示。

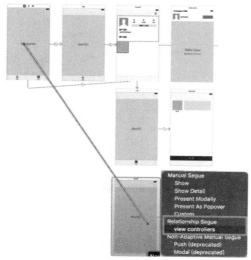

图 33-3 为 Tab Bar 控制器创建第三个子视图

步骤 4 在 Tab Bar 控制器中，将新添加的 Tab Bar Item 移到标签栏的首位，如图 33-4 所示。

步骤 5 在项目导航中添加一个新的 Cocoa Touch Class 文件，Subclass of 设置为 UITableView Controller，Class 设置为 FeedVC。

步骤 6 在故事板中将新创建的表格视图控制器的 Class 设置为 FeedVC，Storyboard ID 同样为 FeedVC。

接下来，我们需要为表格视图添加一个 Activity Indicator View 控件，用来显示一个转圈的"菊花"，代表正在从云端载入数据。

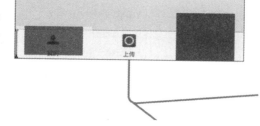

图 33-4 设置集合页面为 Tab Bar 控制器的第一个 Item

步骤 7 从大纲视图选中 FeedVC 视图中的 Table View，在 Size Inspector 中将 Row Height 修改为 100。从对象库中拖曳 1 个 View 到单元格的下面，再从对象库拖曳 1 个 Activity Indicator View 到 View 之中，如图 33-5 所示。最后再将单元格的高度重新修改为 450。

> **提示** 将表格视图单元格的高度设置为 100，是因为我们需要显性地添加 View 和 Activity Indicator View，否则在原始大小上添加这两个控件有些费劲。

Activity Indicator View，即活动指示器。它可以告知用户有一个操作正在进行中，派生自 UIView，所以它是视图，也可以附着在其他视图上。

需要注意的是，Activity Indicator View 实例提供轻量级控件，它会显示一个标准的旋转进度轮。当使用该控件的时候，最重要的是尺寸小。20×20像素是大多数指示器样式获得最清楚显示效果的尺寸。只要稍大一点，指示器都会变得模糊。

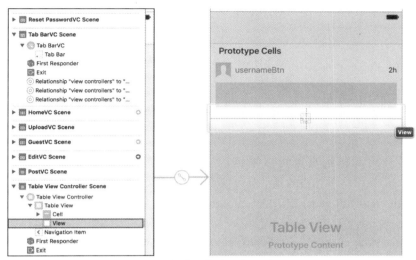

图 33-5　在单元格中添加一个 View

33.2　实现 FeedVC 控制器的代码

步骤 1　将 Xcode 切换为助手编辑器模式，为新添加的 Activity Indicator View 和 FeedVC 类建立 Outlet 关联，并添加下面的几个属性。

```
class FeedVC: UITableViewController {
  // UI objects
  @IBOutlet weak var indicator: UIActivityIndicatorView!
  var refresher = UIRefreshControl()

  // 存储云端数据的数组
  var usernameArray = [String]()
  var avaArray = [AVFile]()
  var dateArray = [Date]()
  var picArray = [AVFile]()
  var titleArray = [String]()
  var puuidArray = [String]()

  // 存储当前用户所关注的人
  var followArray = [String]()

  // page size
  var page: Int = 10
```

其中，存储云端数据的 6 个数组分别用于存储用户名、头像、帖子日期、帖子照片、帖子标题和帖子的 puuid。而 followArray 数组则用于存储当前用户关注的人。

步骤 2　在 FeedVC 类的 viewDidLoad() 方法中，添加下面的代码：

```
override func viewDidLoad() {
  super.viewDidLoad()

  // 导航栏的 title
  self.navigationItem.title = "聚合"

  // 设置单元格的动态行高
  tableView.rowHeight = UITableViewAutomaticDimension
  tableView.estimatedRowHeight = 450
}
```

这里为了让单元格的高度可以根据内容动态调整，设置 rowHeight 为 UITableView-AutomaticDimension，将单元格的预估高度值设置为 450。

步骤 3　在 viewDidLoad() 方法中，设置 refresher 对象，并调用 loadPosts() 方法。

```
// 设置 refresher
refresher.addTarget(self, action: #selector(loadPosts), for: .valueChanged)
self.view.addSubview(refresher)

// 从云端载入帖子记录
loadPosts()
```

虽然 loadPosts() 方法还没有实现，但是在 viewDidLoad() 方法中会调用 loadPosts() 方法，并且在拖曳刷新表格的时候也会调用 loadPosts() 方法。

步骤 4　在 FeedVC 类中添加 loadPosts() 方法。

```
// 从云端载入帖子
func loadPosts() {
  AVUser.current().getFollowees { (objects:[Any]?, error:Error?) in
    if error == nil {

      // 清空数组
      self.followArray.removeAll(keepingCapacity: false)

      for object in objects! {
        self.followArray.append((object as AnyObject).username)
      }

      // 添加当前用户到 followArray 数组中
      self.followArray.append(AVUser.current().username)
    }
  }
}
```

在该方法中，首先通过 AVUser 类的 getFollowees() 方法获取到当前用户所关注的人，然后将这些 AVUser 对象的 username 添加到 followArray 数组中，并且在最后将当前用户自己也添加进去，因为在显示 Feed 帖子的时候，也包括当前用户本身。

步骤 5 在 self.followArray.append 代码的下面，继续添加代码：

```
let query = AVQuery(className: "Posts")
query?.whereKey("username", containedIn: self.followArray)
query?.limit = self.page
query?.addDescendingOrder("createdAt")
query?.findObjectsInBackground({ (objects:[Any]?, error:Error?) in
  if error == nil {
    // 清空数组
    self.usernameArray.removeAll(keepingCapacity: false)
    self.avaArray.removeAll(keepingCapacity: false)
    self.dateArray.removeAll(keepingCapacity: false)
    self.picArray.removeAll(keepingCapacity: false)
    self.titleArray.removeAll(keepingCapacity: false)
    self.puuidArray.removeAll(keepingCapacity: false)

    for object in objects! {
      self.usernameArray.append((object as AnyObject).value(forKey: "username") as! String)
      self.avaArray.append((object as AnyObject).value(forKey: "ava") as! AVFile)
      self.dateArray.append((object as AnyObject).createdAt)
      self.picArray.append((object as AnyObject).value(forKey: "pic") as! AVFile)
      self.titleArray.append((object as AnyObject).value(forKey: "title") as! String)
      self.puuidArray.append((object as AnyObject).value(forKey: "puuid") as! String)
    }

    // reload tableView
    self.tableView.reloadData()
    self.refresher.endRefreshing()

  }else {
    print(error?.localizedDescription)
  }
})
```

通过 AVQuery 类查询云端的 Posts 数据表，搜索所有 username 字段包含在 followArray 数组中的人员帖子记录，按照创建时间的由近及远取出 10 条。然后清空用于存储记录的 6 个数组，并且将每条记录的不同信息存储到数组之中。最后，刷新表格视图。

步骤 6 在 FeedVC 类中重写 scrollViewDidScroll(_:) 方法，当用户垂直拖动单元格的时候会调用该方法。

```
override func scrollViewDidScroll(_ scrollView: UIScrollView) {
  if scrollView.contentOffset.y >= scrollView.contentSize.height - scrollView.frame.height * 2 {
    loadMore()
  }
}
```

在该方法中，如果拖动的偏移量大于 ContentSize 的高度减去 2 倍的表格视图高度，就调用 loadMore() 方法。

步骤 7 在 FeedVC 类中实现 loadMore() 方法。

```
func loadMore() {
    // 如果云端获取到的帖子数大于 page 数
    if self.page <= puuidArray.count {
        // 开始 Indicator 动画
        indicator.startAnimating()

        // 将 page 数量 +10
        page = page + 10
    }
}
```

如果当前的 page 数小于 puuidArray 中存储的元素个数，则需要我们调整 page 的数量，便于后面重新载入帖子记录到数组中。

步骤 8 在 page = page + 10 语句的后面，继续添加下面的代码：

```
AVUser.current().getFollowees { (objects:[Any]?, error:Error?) in
    if error == nil {

        // 清空数组
        self.followArray.removeAll(keepingCapacity: false)

        for object in objects! {
            self.followArray.append((object as AnyObject).username)
        }

        // 添加当前用户到 followArray 数组中
        self.followArray.append(AVUser.current().username)

        let query = AVQuery(className: "Posts")
        query?.whereKey("username", containedIn: self.followArray)
        query?.limit = self.page
        query?.addDescendingOrder("createdAt")
        query?.findObjectsInBackground({ (objects:[Any]?, error:Error?) in
            if error == nil {
                // 清空数组
                self.usernameArray.removeAll(keepingCapacity: false)
                self.avaArray.removeAll(keepingCapacity: false)
                self.dateArray.removeAll(keepingCapacity: false)
                self.picArray.removeAll(keepingCapacity: false)
                self.titleArray.removeAll(keepingCapacity: false)
                self.puuidArray.removeAll(keepingCapacity: false)

                for object in objects! {
                    self.usernameArray.append((object as AnyObject).value(forKey: "username") as! String)
```

```
            self.avaArray.append((object as AnyObject).value(forKey: "ava") as! AVFile)
            self.dateArray.append((object as AnyObject).createdAt)
            self.picArray.append((object as AnyObject).value(forKey: "pic") as! AVFile)
            self.titleArray.append((object as AnyObject).value(forKey: "title") as! String)
            self.puuidArray.append((object as AnyObject).value(forKey: "puuid") as! String)
        }
        
        // reload tableView
        self.tableView.reloadData()
        self.indicator.stopAnimating()
    }else {
        print(error?.localizedDescription)
    }
  })
 }
}
```

这部分代码与之前的 loadPosts() 方法中的代码极为相似，只不过将调用 self.refresher.endRefreshing() 方法替换为了 self.indicator.stopAnimating() 方法。在该方法中，我们是先判断并计算出新的 page，然后再载入帖子。

步骤 9 删除 numberOfSections(in:) 方法，并修改 tableView(_: numberOfRowsInSection:) 方法。

```
override func tableView(_ tableView: UITableView, numberOfRowsInSection section: Int) -> Int {
    return puuidArray.count
}
```

步骤 10 在故事板中选中 Activity Indicator View 控件，在 Attributes Inspector 部分中勾选 Behavior 的 Hides When Stopped，如图 33-6 所示。

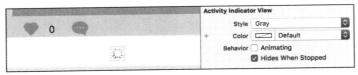

图 33-6 设置后的返回按钮外观

步骤 11 在 FeedVC 类的 viewDidLoad() 方法中，定位 Activity Indicator View 的位置。

```
// 让 indicator 水平居中
indicator.center.x = tableView.center.x
```

33.3　实现 FeedVC 控制器表格视图相关代码

接下来，我们需要实现与表格视图相关的协议方法。

步骤 1 从 PostVC 类中复制 tableView(_: cellForRowAt:) 方法到 FeedVC 类中，因为这两个控制器的表格视图完全一样，所以代码直接粘贴使用，不用做任何修改。

步骤 2 再从 PostVC 类中复制 usernameBtn_clicked(_:)、commentBtn_clicked(_:)、moreBtn_clicked(_:) 和 alert(error: message:) 方法到 FeedVC 类中。

步骤 3 在 PostVC 类的 viewDidLoad() 方法中，将 backBtn 进行同样的修改。

```
@IBAction func usernameBtn_clicked(_ sender: AnyObject) {
    // 按钮的 index
    let i = sender.layer.value(forKey: "index") as! IndexPath
    
    // 通过 i 获取到用户所单击的单元格
    let cell = tableView.cellForRow(at: i) as! PostCell
    
    // 如果当前用户单击的是自己的 username，则调用 HomeVC，否则是 GuestVC
    if cell.usernameBtn.titleLabel?.text == AVUser.current().username {
        let home = self.storyboard?.instantiateViewController(withIdentifier: "HomeVC") as! HomeVC
        self.navigationController?.pushViewController(home, animated: true)
    }else {
        let query = AVUser.query()
        query?.whereKey("username", equalTo: cell.usernameBtn.titleLabel?.text)
        query?.findObjectsInBackground({ (objects:[Any]?, error:Error?) in
            if let object = objects?.last {
                guestArray.append(object as! AVUser)
                
                let guest = self.storyboard?.instantiateViewController(withIdentifier: "GuestVC") as! GuestVC
                self.navigationController?.pushViewController(guest, animated: true)
            }
        })
    }
}
```

在该方法中，我们首先获取到用户所单击的 usernameBtn 控件的单元格，然后根据 usernameBtn 判断是否为当前用户，是则进入 HomeVC 控制器。如果不是则获取到这个用户的 AVUser 对象，并将其压到 guestArray 数组之中，便于进入 GuestVC 控制器的时候呈现该用户的信息。

步骤 4 将 Xcode 切换到助手编辑器模式，在故事板中创建 FeedVC 视图中各个按钮控件与 FeedVC 类中方法的 Action 关联。其中 usernameBtn 关联 usernameBtn_clicked(_:) 方法，commentBtn 关联 commentBtn_clicked(_:) 方法，moreBtn 关联 moreBtn_clicked(_:)，如图 33-7 所示。

构建并运行项目，此时在 FeedVC 控制器视图上，我们可以通过上下划动手势浏览当前用户以及他所关注的人的帖子，效果如图 33-8 所示。如果在 FeedVC 视图中单击 @mention、#hashtag、评论，也可以进入到相应的功能控制器。如果单击 more 按钮，会根据不同的情况显示删除或投诉选项。

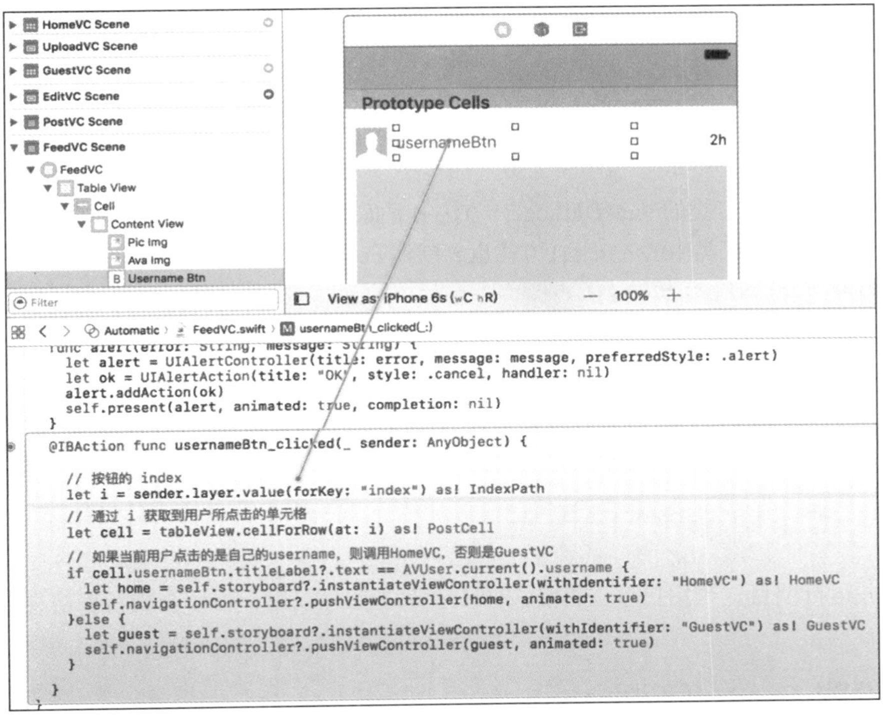

图 33-7　为三个按钮设置 Action 关联

步骤 5　在 HashtagsVC 类中，将 viewDidLoad() 方法中 backBtn 的初始化代码修改为：

```
let backBtn = UIBarButtonItem(image: UIImage(named: "back.png"), style: .plain, target: self, action: #selector(back(_:)))
```

按照现在程序逻辑，当用户上传照片以后，会跳转到 Tab Bar 控制器的首个子控制器。当前的首个子控制器已经是 FeedVC 了，而不是之前的 HomeVC 控制器。所以当用户在 UploadVC 中完成帖子的上传，在发出 uploaded 通知信息以后，应该在 FeedVC 类中接收该消息，而不需要在 HomeVC 中接收了。

步骤 6　将 HomeVC 类 viewDidLoad() 中下面的代码剪切到 FeedVC 类的 viewDidLoad() 方法中。

```
// 从 UploadVC 类接收 Notification
NotificationCenter.default.addObserver(self, selector: #selector(uploaded(notification:)), name: NSNotification.Name(rawValue: "uploaded") , object: nil)
```

图 33-8　聚合页面的按钮交互

步骤 7 将 HomeVC 类的 uploaded (notification:) 方法剪切到 FeedVC 类中。

```
// 在接收到 uploaded 通知后重新载入 posts
func uploaded(notification: Notification) {
  loadPosts()
}
```

步骤 8 将 PostVC 类的 viewDidLoad() 方法中下面的代码复制到 FeedVC 类的 viewDidLoad() 方法中，并且将 PostVC 类中的 refresh() 方法也复制到 FeedVC 类中。

```
override func viewDidLoad() {
  ……
  NotificationCenter.default.addObserver(self, selector: #selector(refresh), name: NSNotification.Name(rawValue: "liked"), object: nil)
  ……
}

func refresh() {
  self.tableView.reloadData()
}
```

构建并运行项目，当用户单击喜爱按钮或者双击照片以后，程序会刷新表格视图。

33.4 设置 Feed 页面的 Icon

步骤 1 从资源文件夹中拖曳 feed.png、feed@2x.png 和 feed@3x.png 到项目的 tabbar items 组中。

步骤 2 在故事板中选中包含 FeedVC 的那个导航控制器的标签，在 Attributes Inspector 中将 Title 设置为聚合，将 Image 设置为 feed.png，如图 33-9 所示。

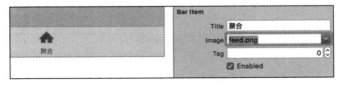

图 33-9　设置 Tab Bar 的 Item 属性

步骤 3 在故事板中将 Tab Bar Controller 中的上传 item 调整到第二的位置，使得 items 的顺序为：聚合、上传和我的。

构建并运行项目，效果如图 33-10 所示。

本章小结

本章我们实现了 Instagram 的聚合控制器页面，逻辑实现并不是很复杂，只不过需要我们在不同的控制器类中进行代码和方法的复制、粘贴,从而快速实现相关的功能。在粘贴代码的过程中,请一定要借此机会再次巩固实现该功能的代码是如何编写的,以及为什么这样编写。

图 33-10　Tab Bar 的三个不同标签

第 34 章

创建用户搜索功能

本章，我们将创建搜索用户信息的控制器及实现相关功能。

34.1 创建搜索控制器用户界面

步骤 1 在故事板中，从对象库拖曳 1 个 Table View Controller 到编辑区域中。菜单中选择 Editor → Embed In → Navigation Controller。

步骤 2 按住 Control 键从 Tab Bar Controller 拖曳鼠标到新创建的 Navigation Controller，在弹出的对话框中选择 Relationship Segue → View Controllers。此时，我们为标签控制器添加了第 4 个子控制器。将该控制器的 Item 移动到聚合 Icon 的后面，也就是左数第二个位置，如图 34-1 所示。

步骤 3 从大纲视图中选中新创建的 Table View Cell，在 Size Inspector 中将 Row Height 设置为 80，如图 34-2 所示。

步骤 4 从对象库拖曳 1 个 Image View 到单元格视图中，在 Size Inspector 中将 x 和 y

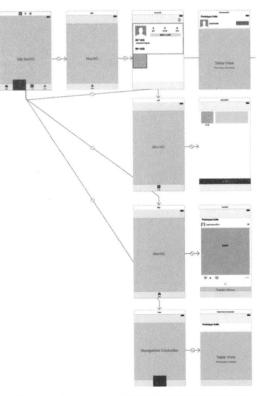

图 34-1 为 Tab Bar 控制器创建第四个子视图

均设置为 10，width 和 height 均设置为 60，在 Attributes Inspector 中将 Image 设置为 pp.jpg。

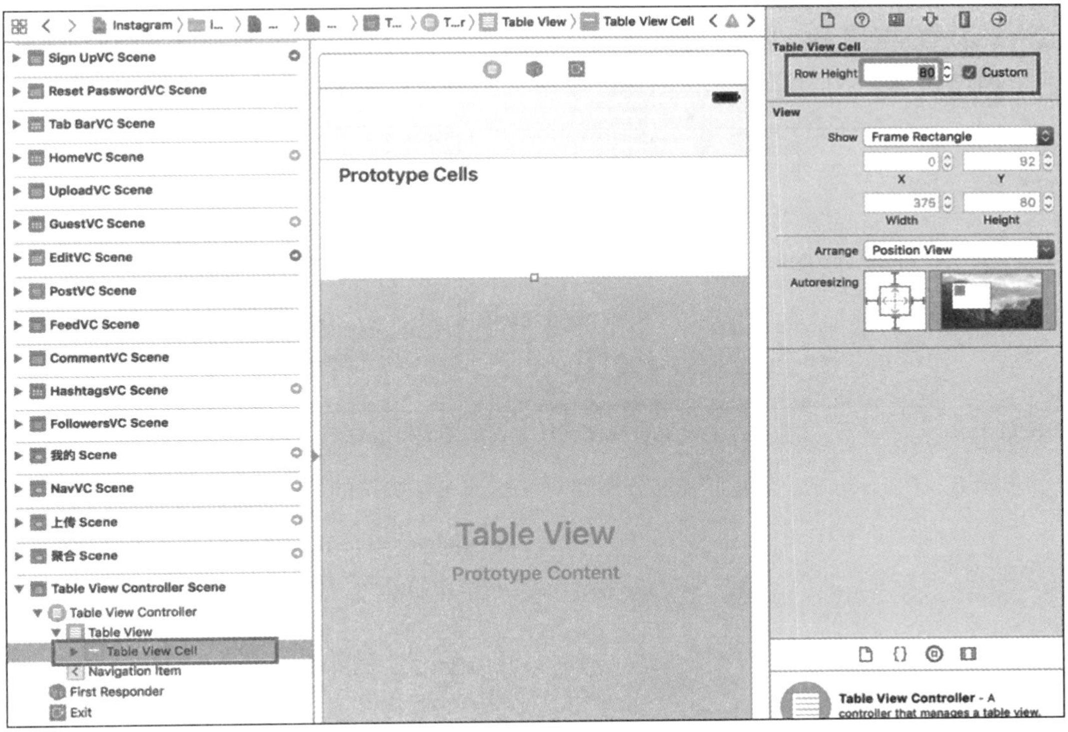

图 34-2　设置单元格的高度为 80

步骤 5　在 Image View 的右侧添加 1 个 Label 和 1 个 Button。将 Label 的 Title 设置为 usernameLbl。将 Button 的 Background 设置为 Light Gray Color，删除 Button 中的 Title，布局效果如图 34-3 所示。

此时，细心的读者就会发现，当前单元格中的布局与之前 FollowersCell 的布局完全一致。没错！其实，我们所呈现到屏幕上的搜索用户的单元格内容，与之前查看关注者的单元格中的控件是一样的。因此，接下来我们就在当前的单元格中复用 FollowersCell 类。

图 34-3　单元格的最终布局效果

步骤 6　在故事板中选中新创建的表格视图的单元格，在 Identity Inspector 中将 Class 设置为 FollowersCell。将 Xcode 切换到助手编辑器模式，为 Image View、Label 和 Button 与 FollowersCell 类建立 Outlet 关联，关联对象为 avaImg、usernameLbl 和 followBtn。

> **提示**　因为在 FollowersCell 中已经有了三个 Outlet 属性，所以在建立关联的时候，我们只需要直接按住 Control 键，从控件处拖曳鼠标到相应的类属性声明的代码上即可。

步骤7 在项目导航中创建新的 Cocoa Touch Class，Subclass of 设置为 UITableViewController，Class 设置为 UsersVC。在故事板中将新创建控制器的 Class 和 Storyboard ID 均设置为 UsersVC，如图 34-4 所示，选中单元格在 Attributes Inspector 中将 Identifier 设置为 Cell。同时，将内嵌 UsersVC 控制器的导航栏控制器的 Class 设置为 NavVC。

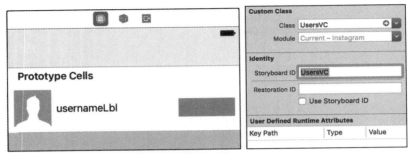

图 34-4　设置表格视图控制器的 Class 为 UsersVC

步骤8 在 UsersVC 类的声明部分添加对 Search Bar 协议的声明，并添加必要的属性：

```
class UsersVC: UITableViewController, UISearchBarDelegate {
  // 搜索栏
  var searchBar = UISearchBar()

  // 从云端获取信息后保存数据的数组
  var usernameArray = [String]()
  var avaArray = [AVFile]()
  ……
}
```

因为要在该控制器中操作搜索栏，所以需要添加 UISearchBarDelegate 协议方法，当用户在搜索栏输入数据的时候可以通知 UsersVC 类。同时还创建了两个数组来存储用户名和用户头像。

步骤9 在 UsersVC 类的 viewDidLoad() 方法中添加下面的代码：

```
override func viewDidLoad() {
  super.viewDidLoad()

  // 实现 Search Bar 功能
  searchBar.delegate = self
  searchBar.showsCancelButton = true
  searchBar.sizeToFit()
  searchBar.tintColor = UIColor.groupTableViewBackground
  searchBar.frame.size.width = self.view.frame.width - 30
  let searchItem = UIBarButtonItem(customView: searchBar)
  self.navigationItem.leftBarButtonItem = searchItem
}
```

在 viewDidLoad() 方法中，设置了 searchBar 的 delegate 属性为 self，这样在用户与搜索

栏交互的时候才能够通知到当前的 UsersVC 类。显示搜索栏的取消按钮，设置搜索栏的背景色和尺寸，最后将搜索栏作为 Bar Button Item 的视图显示在导航栏的左侧。

构建并运行项目，效果如图 34-5 所示。

图 34-5　UsersVC 控制器中搜索栏的外观效果

34.2　实现用户搜索功能

接下来，我们将在 UsersVC 类中实现搜索用户功能的代码。

步骤 1　在 UsersVC 类中添加 loadUsers() 方法。

```
func loadUsers() {
  let usersQuery = AVUser.query()
  usersQuery?.addDescendingOrder("createdAt")
  usersQuery?.limit = 20
  usersQuery?.findObjectsInBackground({ (objects:[Any]?, error:Error?) in
    if error == nil {
      // 清空数组
      self.usernameArray.removeAll(keepingCapacity: false)
      self.avaArray.removeAll(keepingCapacity: false)
      
      for object in objects! {
        self.usernameArray.append((object as AnyObject).username)
        self.avaArray.append((object as AnyObject).value(forKey: "ava") as! AVFile)
      }
      
      // 刷新表格视图
      self.tableView.reloadData()
    }else {
      print(error?.localizedDescription)
    }
  })
}
```

在该方法中，我们查询出云端的 _User 数据表中最近注册的前 20 名用户，并把信息添加到 usernameArray 和 avaArray 数组中。

步骤 2　在 viewDidLoad() 方法的最后调用 loadUsers() 方法。

```
override func viewDidLoad() {
  ……
  // load users
  loadUsers()
}
```

步骤 3　在 UsersVC 类中添加 searchBar(_: shouldChangeTextIn: replacementText:) 方法。

```
func searchBar(_ searchBar: UISearchBar, shouldChangeTextIn range: NSRange,
```

```
replacementText text: String) -> Bool {
    let userQuery = AVUser.query()
    userQuery?.whereKey("username", matchesRegex: "(?i)" + searchBar.text!)
    userQuery?.findObjectsInBackground({ (objects:[Any]?, error:Error?) in
      if error == nil {
      }
    })
    return true
}
```

当用户在搜索栏中输入的时候会调用该协议方法，这里我们通过正则表达式搜索云端 _User 数据表中，username 字段中符合 "(?i) + searchBar.text" 的内容。

步骤 4 在 if error == nil { } 语句中继续添加代码：

```
if objects!.isEmpty {
  let fullnameQuery = AVUser.query()
  fullnameQuery?.whereKey("fullname", matchesRegex: "(?i)" + searchBar.text!)
  fullnameQuery?.findObjectsInBackground({ (objects:[Any]?, error:Error?) in
    if error == nil {
      // 清空数组
      self.usernameArray.removeAll(keepingCapacity: false)
      self.avaArray.removeAll(keepingCapacity: false)
      
      // 查找相关数据
      for object in objects! {
        self.usernameArray.append((object as AnyObject).username
        self.avaArray.append((object as AnyObject).value(forKey: "ava") as! AVFile)
      }
      
      self.tableView.reloadData()
    }
  })
}else {
  // 清空数组
  self.usernameArray.removeAll(keepingCapacity: false)
  self.avaArray.removeAll(keepingCapacity: false)
  
  // 查找相关数据
  for object in objects! {
    self.usernameArray.append((object as AnyObject).username
    self.avaArray.append((object as AnyObject).value(forKey: "ava") as! AVFile)
  }
  
  self.tableView.reloadData()
}
```

在上面的代码中，如果从 username 字段中搜索到了指定的内容则将信息压入数组，如果没有搜索到，则从 fullname 字段中继续搜索，并将信息压入到数组之中。

步骤 5 在 UsersVC 类中添加 searchBarTextDidBeginEditing(_:) 和 searchBarCancelButton-

Clicked(_:) 方法。

```
func searchBarTextDidBeginEditing(_ searchBar: UISearchBar) {
  searchBar.showsCancelButton = true
}

func searchBarCancelButtonClicked(_ searchBar: UISearchBar) {
  searchBar.resignFirstResponder()

  searchBar.showsCancelButton = false

  searchBar.text = ""

  loadUsers()
}
```

当用户单击 Cancel 按钮的时候会调用 searchBarCancelButtonClicked(_:) 方法，该方法会让键盘消失，搜索栏的 Cancel 按钮消失，将搜索栏中的文字清空，并且重新载入默认搜索用户。

当用户开始在搜索栏中输入文字的时候，会调用 searchBarTextDidBeginEditing(_:) 方法，让 Cancel 按钮呈现到搜索栏上。

34.3 在表格视图中显示搜索结果

接下来，我们需要配置表格视图来显示搜索到的结果。

步骤 1 删除 UsersVC 类中的 numberOfSections(in:) 方法，这样表格视图默认的 section 就是 1。

步骤 2 设置 tableView(_: numberOfRowsInSection:) 方法的返回值为 usernameArray 数组的个数。

```
override func tableView(_ tableView: UITableView, numberOfRowsInSection section: Int) -> Int {
    return usernameArray.count
}
```

步骤 3 添加 tableView(_: heightForRowAt:) 方法设置单元格的高度为屏幕宽度的四分之一。

```
override func tableView(_ tableView: UITableView, heightForRowAt indexPath: IndexPath) -> CGFloat {
    return self.view.frame.width / 4
}
```

步骤 4 在 tableView(_: cellForRowAt:) 方法中，添加下面的代码：

```
override func tableView(_ tableView: UITableView, cellForRowAt indexPath: IndexPath) -> UITableViewCell {
```

```swift
        let cell = tableView.dequeueReusableCell(withIdentifier: "Cell", for: indexPath) as! FollowersCell
        
        // 隐藏 followBtn 按钮
        cell.followBtn.isHidden = true
        
        cell.usernameLbl.text = usernameArray[indexPath.row]
        avaArray[indexPath.row].getDataInBackground { (data:Data?, error:Error?) in
           if error == nil {
              cell.avaImg.image = UIImage(data: data!)
           }
        }
        
        return cell
    }
```

在获取到表格视图单元格以后,让 follow 按钮隐藏,因为在 UsersVC 中我们并不需要这个按钮,但又不能将之删除。然后将用户名赋值给 usernameLbl,将用户头像赋值给 avaImg 的 image 属性。

步骤 5 在 UsersVC 类中添加 tableView(_ : didSelectRowAt:) 方法。

```swift
    override func tableView(_ tableView: UITableView, didSelectRowAt indexPath: IndexPath) {
        // 获取当前用户选择的单元格对象
        let cell = tableView.cellForRow(at: indexPath) as! FollowersCell
        
        if cell.usernameLbl.text == AVUser.current().username {
           let home = self.storyboard?.instantiateViewController(withIdentifier: "HomeVC") as! HomeVC
           self.navigationController?.pushViewController(home, animated: true)
        }else {
           let query = AVUser.query()
           query?.whereKey("username", equalTo: cell.usernameLbl.text)
           query?.findObjectsInBackground({ (objects:[Any]?, error:Error?) in
              if let object = objects?.last {
                 guestArray.append(object as! AVUser)
                 
                 let guest = self.storyboard?.instantiateViewController(withIdentifier: "GuestVC") as! GuestVC
                 self.navigationController?.pushViewController(guest, animated: true)
              }
           })
        }
    }
```

在该方法中,获取到当前用户所选择的单元格,如果选择的单元格用户为当前用户则进入 HomeVC 控制器,否则进入 GuestVC 控制器。

步骤 6 在故事板中选中 UsersVC 的表格视图,在 Attributes Inspector 中将 Separator 设置为 None。再选中单元格,在 Attributes Inspector 中将 Selection 设置为 None。

构建并运行项目，当切换到搜索控制器以后，会显示最新的 20 位注册用户，如果在搜索栏中输入信息，则会显示指定用户的资料，效果如图 34-6 所示。

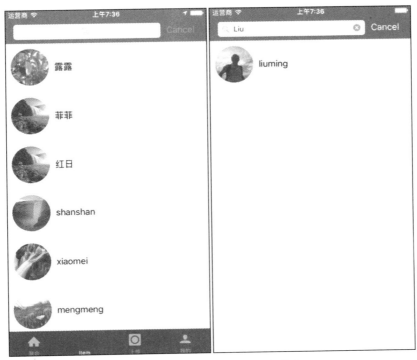

图 34-6　通过搜索栏显示用户信息

34.4　设置搜索页面的 Icon

步骤 1　从资源文件夹中拖曳 users.png、users@2x.png 和 users@3x.png 到项目的 tabbar-items 组中。

步骤 2　在故事板中选中包含 UsersVC 的那个导航控制器的标签，在 Attributes Inspector 中将 Title 设置为搜索，将 Image 设置为 users.png，如图 34-7 所示。

图 34-7　设置 Tab Bar 的 Item 属性

构建并运行项目，效果如图 34-8 所示。

34.5 在 UsersVC 中实现集合视图

除了在 UsersVC 控制器中可以搜索用户以外，我们还需要在该控制器中实现照片的浏览功能。这需要借助集合视图，也就是说需要在 UITableViewController 中在添加一个 Collection View。

在之前的实战中，我们都是在相应的控制器中实现相应的视图：在 UITableViewController 中实现 Table View，或者是在 UICollectionViewController 中实现 Collection View。但是本节中我们除了需要在 UITableViewController 中实现 Table View 的功能，还要实现 Collection View 的功能。我们要做的就是：在默认情况下，集合视图会显示在屏幕上，当用户单击搜索栏输入欲查找的用户名后则会显示 Table View。

步骤 1 为 UsersVC 类中添加下面几个属性：

```
// 集合视图 UI
var collectionView: UICollectionView!

// 存储云端数据的数组
var picArray = [AVFile]()
var puuidArray = [String]()
var page: Int = 24
```

图 34-8　Tab Bar 的四个不同标签

我们通过代码的方式创建集合视图，并且创建两个数组分别存储从云端获取的帖子照片和帖子的 puuid，分页设置为 24。

> **提示**　我们并没有在故事板中创建集合视图对象，这是因为表格视图与集合视图的位置是上下遮盖的关系，如果在故事板中设置集合视图的话，对于大小、位置的调整及属性的设置是非常麻烦的。

步骤 2 为 UsersVC 类添加集合视图相关的协议声明，并在 UsersVC 类中添加 collectionViewLaunch() 方法。

```
class UsersVC: UITableViewController, UISearchBarDelegate, UICollectionViewDelegate,
UICollectionViewDataSource, UICollectionViewDelegateFlowLayout {
    ......

    // 集合视图相关方法
    func collectionViewLaunch() {
        // 集合视图的布局
```

```swift
        let layout = UICollectionViewFlowLayout()

    //定义item的尺寸
        layout.itemSize = CGSize(width: self.view.frame.width / 3, height: self.view.frame.width / 3)

    //设置滚动方向
        layout.scrollDirection = .vertical

    //定义滚动视图在视图中的位置
        let frame = CGRect(x: 0, y: 0, width: self.view.frame.width, height: self.view.frame.height - self.tabBarController!.tabBar.frame.height - self.navigationController!.navigationBar.frame.height - 20)

    //实例化滚动视图
        collectionView = UICollectionView(frame: frame, collectionViewLayout: layout)
        collectionView.delegate = self
        collectionView.dataSource = self

        collectionView.alwaysBounceVertical = true
        collectionView.backgroundColor = .white

        self.view.addSubview(collectionView)
    }
```

在上面的代码中，首先需要在 UsersVC 中声明三个与集合视图相关的协议。

然后创建一个 collectionViewLaunch() 方法，该方法在启动集合视图的时候会被手动执行。在该方法中，我们首先创建了一个 UICollectionViewFlowLayout 类型的对象，该对象用于管理和组织每个 Section 中的 Item，也就相当于表格视图中的单元格，只不过在集合视图中可以针对不同位置的 Item 设置不同的大小尺寸。这里我们设置所有的 Item 的大小为三分之一的视图宽度。

接着，我们将集合视图设置为只允许垂直滚动。然后设置集合视图的大小和位置，需要注意的是，集合视图的高度是控制器视图的高度减去标签栏和导航栏的高度后再减去 20。

之后，便可以使用设置好的位置和布局创建集合视图了，并且指定当前控制器为集合视图的 delegate 和 dataSource 对象。设置了集合视图在垂直滚动时有指示条以及背景色为白色，最后将该集合视图添加到控制器的视图中。

步骤 3 在 collectionViewLaunch() 方法中继续添加代码：

```swift
//定义集合视图中的单元格
    collectionView.register(UICollectionViewCell.self, forCellWithReuseIdentifier: "Cell")
```

使用 register(_: forCellWithReuseIdentifier:) 方法可以为集合视图的 Cell 注册一个类，在使用 dequeueReusableCell(withReuseIdentifier:for:) 方法之前必须调用集合视图对象的这个方法，因为只有这样才能创建一个给定类型的 Cell 对象，如果在集合视图的可复用队列中不存在该类型的 Cell 对象，则会用 register(_: forCellWithReuseIdentifier:) 方法提供的信息自动创建一个新的 Cell 对象。其中 register 方法中的第一个参数是集合视图中所用到的 Cell 类，注意这里需要使用 UICollectionViewCell.self 来指定这个类，第二个参数则是生成的 Cell 的 Identifier 标识。

 在 UsersVC 中，虽然表格视图单元格的 Identifier 和集合视图单元格的 Identifier 都是 Cell，但是由于它们处于不同的视图（UITableView 和 UICollectionView）之中，所以它们之间不会有冲突。

步骤 4 在 UsersVC 类中添加下面两个方法。

```
// 设置每个 Section 中行之间的间隔
func collectionView(_ collectionView: UICollectionView, layout collectionViewLayout: UICollectionViewLayout, minimumLineSpacingForSectionAt section: Int) -> CGFloat {
    return 0
}

// 设置每个 Section 中 item 的间隔
func collectionView(_ collectionView: UICollectionView, layout collectionViewLayout: UICollectionViewLayout, minimumInteritemSpacingForSectionAt section: Int) -> CGFloat {
    return 0
}
```

collectionView(_: layout: minimumLineSpacingForSectionAt:) 方法用于指定每个 Section 中连续的行之间的行间距。如果不实现该方法的话，系统布局则会使用 minimumLineSpacing 属性值来代替，我们实现这个方法是为了让集合视图中行之间的间隔为 0。

collectionView(_: layout: minimumInteritemSpacingForSectionAt:) 方法用于指定每个 Section 中一行里面的 Cell 的间隔为 0。

步骤 5 在 UsersVC 类中添加下面的方法，告诉集合视图有几个单元格。

```
// 确定集合视图中 Items 的数量
func collectionView(_ collectionView: UICollectionView, numberOfItemsInSection section: Int) -> Int {
    return picArray.count
}
```

步骤 6 在 UsersVC 类中添加下面的方法生成集合视图需要的单元格。

```
func collectionView(_ collectionView: UICollectionView, cellForItemAt indexPath: IndexPath) -> UICollectionViewCell {
    let cell = collectionView.dequeueReusableCell(withReuseIdentifier: "Cell", for: indexPath)
    
    let picImg = UIImageView(frame: CGRect(x: 0, y: 0, width: cell.frame.width, height: cell.frame.height))
    cell.addSubview(picImg)
```

```
    picArray[indexPath.row].getDataInBackground { (data:Data?, error:Error?) in
      if error == nil {
        picImg.image = UIImage(data: data!)
      }else {
        print(error?.localizedDescription)
      }
    }
  }
  
  return cell
}
```

单元格中的 Image View 控件是通过代码生成的，它的大小占据了整个单元格，并且通过 AVFile 类的 getDataInBackground() 方法将照片显示到单元格中。

步骤 7 在 UsersVC 类中添加下面的方法，当用户单击后会进入到相应的帖子页面。

```
// 当用户单击单元格时……
func collectionView(_ collectionView: UICollectionView, didSelectItemAt indexPath: IndexPath) {
  // 从 uuidArray 数组获取到当前所单击的帖子的 uuid，并压入到全局数组 postuuid 中
  postuuid.append(puuidArray[indexPath.row])
  
  // 呈现 PostVC 控制器
  let post = self.storyboard?.instantiateViewController(withIdentifier: "PostVC") as! PostVC
  self.navigationController?.pushViewController(post, animated: true)
}
```

步骤 8 在 UsersVC 类中添加下面的方法，载入云端用户所发布的帖子。

```
func loadPosts() {
  let query = AVQuery(className: "Posts")
  query?.limit = page
  query?.findObjectsInBackground({ (objects:[Any]?, error:Error?) in
    if error == nil {
      // 清空数组
      self.picArray.removeAll(keepingCapacity: false)
      self.puuidArray.removeAll(keepingCapacity: false)
      
      // 获取相关数据
      for object in objects! {
        self.picArray.append((object as AnyObject).value(forKey: "pic") as! AVFile)
        self.puuidArray.append((object as AnyObject).value(forKey: "puuid") as! String)
      }
      self.collectionView.reloadData()
    }else {
      print(error?.localizedDescription)
    }
  })
}
```

在 loadPosts() 方法中,我们获取的是云端 Posts 数据表中的所有帖子数据,并且将信息存储到相关的两个数组中。

步骤 9 继续在 UsersVC 类中添加下面的方法。

```
override func scrollViewDidScroll(_ scrollView: UIScrollView) {
  if scrollView.contentOffset.y >= scrollView.contentSize.height / 6 {
    self.loadMore()
  }
}
```

当用户拖曳集合视图的偏移量大于集合视图内容高度的六分之一,则执行 loadMore() 方法。

步骤 10 在 UsersVC 类中实现 loadMore() 方法。

```
func loadMore() {
  // 如果有更多的帖子需要载入
  if page <= picArray.count {
    // 增加 page 的数量
    page = page + 24

    // 载入更多的帖子
    let query = AVQuery(className: "Posts")
    query?.limit = page
    query?.findObjectsInBackground({ (objects:[Any]?, error:Error?) in
      if error == nil {
        // 清空数组
        self.picArray.removeAll(keepingCapacity: false)
        self.puuidArray.removeAll(keepingCapacity: false)

        // 获取相关数据
        for object in objects! {
          self.picArray.append((object as AnyObject).value(forKey: "pic") as! AVFile)
          self.puuidArray.append((object as AnyObject).value(forKey: "puuid") as! String)
        }
        self.collectionView.reloadData()
      }else {
        print(error?.localizedDescription)
      }
    })
  }
}
```

该方法与 loadPosts() 方法类似,当用户滚动集合视图的时候会通过该方法载入更多的帖子照片。

步骤 11 修改 searchBarTextDidBeginEditing(_:) 和 searchBarCancelButtonClicked(_:) 方法。

```
func searchBarTextDidBeginEditing(_ searchBar: UISearchBar) {
  // 当开始搜索的时候,隐藏集合视图
  collectionView.isHidden = true
```

```
    ......
}
func searchBarCancelButtonClicked(_ searchBar: UISearchBar) {
    // 当搜索结束后显示集合视图
    collectionView.isHidden = false
    ......
}
```

当用户单击搜索栏开始搜索用户的时候，会隐藏集合视图，屏幕上将显示表格视图。当用户单击搜索栏的 Cancel 按钮后，集合视图出现，显示帖子照片。

步骤 12 修改 viewDidLoad() 方法和 collectionViewLaunch() 方法。

```
override func viewDidLoad() {
    ......
    // 启动集合视图
    collectionViewLaunch()
}
func collectionViewLaunch() {
    ......
    // 载入帖子
    loadPosts()
}
```

在 UsersVC 控制器的视图载入完成后启动集合视图，在集合视图启动最后载入帖子。

构建并运行项目，当切换到搜索控制器以后会显示所有帖子照片的集合视图，如果单击搜索栏的话，则会看到用户列表的表格视图，如图 34-9 所示。

图 34-9　集合视图和表格视图之间的切换

最后，我们为集合视图添加一个下拉刷新的功能，在用户下拉刷新以后可能会显示出其他用户上传的最新照片帖子。

步骤 13 在 collectionViewLaunch() 方法中添加下面的代码：

当用户下拉刷新集合视图的时候，会调用 loadPosts() 方法重新从云端载入帖子照片数据。

本章小结

本章我们实现了 Instagram 的搜索功能，首先是在导航栏中实现了搜索栏，通过 UISearchBarDelegate 协议获取用户所要搜索的数据，然后再通过 LeanCloud API 进行相关查询。在 UsersVC 类中，我们不仅实现了表格视图的显示，还实现了集合视图的数据显示。

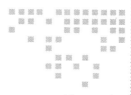

第 35 章

创建通知控制器界面

从本章开始,我们将创建 Instagram 应用的最后一个控制器,该控制器用于向用户显示各种消息通知,包括 @mention、删除、评论、关注等事件。首先让我们从搭建控制器的用户界面开始。

35.1 搭建通知控制器的用户界面

步骤 1 与创建聚合控制器类似,在故事板中从对象库拖曳 1 个新的 Table View Controller 到编辑区域,选中该表格控制器,在菜单中选择 Editor → Embed In → Navigation Controller。选中新创建的导航控制器,在 Identity Inspector 中将 Class 设置为 NavVC。

步骤 2 按住 Control 键,从 Tab Bar Controller 拖曳鼠标到新创建的导航控制器,在弹出的面板中选择 Relationship Segue → view controllers。在 Tab Bar Controller 中将新创建的 Item 的位置调整到我的 Icon 的前面,如图 35-1 所示。

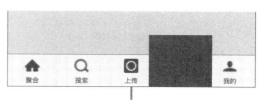

图 35-1 调整标签栏中 Item 的位置

步骤 3 从对象库中拖曳 1 个 Image View 到新创建的表格视图的单元格之中,在 Size Inspector 中将 x 设置为 10,y 设置为 5,width 和 height 均设置为 30,如图 35-2 所示。在 Attributes Inspector 中将 Image 设置为 pp.jpg。

步骤 4 从对象库拖曳 1 个 Button 到 Image View 的右侧,在 Size Inspector 中将 x 设置为 50,y 设置为 5,width 设置为 90,height 设置为 30。在 Attributes Inspector 中将 Title 设置为 usernameBtn,将字号设置为 13,如图 35-3 所示。

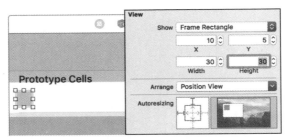

图 35-2　设置 Image View 的属性

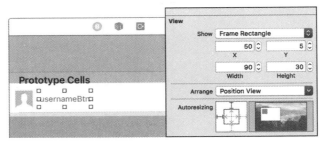

图 35-3　设置 Button 的属性

步骤 5　从对象库拖曳 1 个 Label 到 Button 的右侧，在 Attributes Inspector 中设置 text 为 infoLbl，字号设置为 13。在 Size Inspector 中将 x 设置为 150，y 设置为 5，width 设置为 150，height 设置为 30。

步骤 6　再拖曳 1 个 Label 到单元格的右端，字号设置为 13，颜色为 Light Gray Color，text 设置为 365d。在 Size Inspector 中将 y 设置为 5，height 设置为 30，效果如图 35-4 所示。

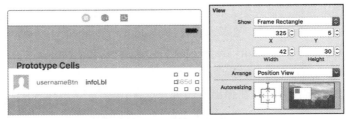

图 35-4　设置 Label 的属性

步骤 7　在项目导航中创建一个新的 Cocoa Touch Class 文件，Subclass of 为 UITableViewController，Class 设置为 NewsVC。再创建一个 Cocoa Touch Class 文件，Subclass of 为 UITableViewCell，Class 设置为 NewsCell。

步骤 8　在故事板中，选中新创建的表格视图控制器，在 Identity Inspector 中将 Class 设置为 NewsVC，Storyboard ID 也设置为 NewsVC。选中表格视图，在 Attributes Inspector 中将 Separator 设置为 None。选中表格视图中的单元格，在 Identity Inspector 中将 Class 设置为 NewsCell，在 Attributes Inspector 中将 Identifier 设置为 Cell，将 Selection 设置为 None。

步骤9 将 Xcode 切换到助手编辑器模式，将单元格中的 Image View、Button 和 2 个 Label 与 NewsCell 类建立 Outlet 关联。

```
// UI objects
@IBOutlet weak var avaImg: UIImageView!
@IBOutlet weak var usernameBtn: UIButton!
@IBOutlet weak var infoLbl: UILabel!
@IBOutlet weak var dateLbl: UILabel!
```

35.2 设置通知页面的 Icon

步骤1 从资源文件夹中拖曳 news.png、news@2x.png 和 news@3x.png 到项目的 tabbar items 组中。

步骤2 在故事板中选中包含 NewsVC 的那个导航控制器的标签，在 Attributes Inspector 中将 Title 设置为通知，将 Image 设置为 news.png，如图 35-5 所示。

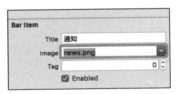

图 35-5 设置标签栏中通知的 Icon

构建并运行项目，效果如图 35-6 所示。

35.3 评论或 @mention 的通知处理

当用户在发布评论或评论中包含 @mention 的时候，需要发送通知给相关的用户。

步骤1 在 CommentVC 类中的 sendBtn_clicked(_:) 方法中，在 STEP 3. 发送 hashtag 到云端代码的后面，添加下面的代码：

```
// STEP 4. 当遇到 @mention 发送通知
for var word in words {
    if word.hasPrefix("@") {
        word = word.trimmingCharacters(in: CharacterSet.punctuationCharacters)
        word = word.trimmingCharacters(in: CharacterSet.symbols)
        let newsObj = AVObject(className: "News")
```

图 35-6 标签栏中的 5 个 Item

```
        newsObj?["by"] = AVUser.current().username
        newsObj?["ava"] = AVUser.current().object(forKey: "ava") as! AVFile
        newsObj?["to"] = word
        newsObj?["owner"] = commentowner.last
        newsObj?["puuid"] = commentuuid.last
        newsObj?["type"] = "mention"
        newsObj?["checked"] = "no"
        newsObj?.saveEventually()
    }
}
```

在上面的代码中，我们分析出 mention 的用户，然后将相关信息发送到云端的 News 数据表中。其中 by 代表发起通知的人，ava 代表发起人的头像，to 是收到通知的人，owner 是评论的拥有者，type 代表该通知到类型，checked 代表接收者是否查阅了通知。

步骤 2 在 STEP 4. 当遇到 @mention 发送通知代码的下面，继续添加代码：

```
// STEP 5. 发送评论时候的通知
if commentowner.last != AVUser.current().username {
    let newsObj = AVObject(className: "News")
    newsObj?["by"] = AVUser.current().username
    newsObj?["ava"] = AVUser.current().object(forKey: "ava") as! AVFile
    newsObj?["to"] = commentowner.last
    newsObj?["owner"] = commentowner.last
    newsObj?["puuid"] = commentuuid.last
    newsObj?["type"] = "comment"
    newsObj?["checked"] = "no"
    newsObj?.saveEventually()
}
```

如果帖子与评论的发布者不是同一个人，则在当前用户发布评论的时候会发布一个通知，该通知先记录到 LeanCloud 云端的 News 数据表之中。

步骤 3 在 CommentVC 类的 tableView(_: editActionsForRowAt:) 方法中，在 STEP 2. 从云端删除 hashtag 代码段的下面继续添加代码：

```
// STEP 3. 删除评论和 @mention 的消息通知
let newsQuery = AVQuery(className: "News")
newsQuery?.whereKey("by", equalTo: cell.usernameBtn.titleLabel!.text)
newsQuery?.whereKey("to", equalTo: commentowner.last!)

newsQuery?.whereKey("type", containedIn: ["mention", "comment"])
newsQuery?.findObjectsInBackground({ (objects:[Any]?, error:Error?) in
    if error == nil {
        for object in objects! {
            (object as AnyObject).deleteEventually()
        }
    }
})
```

当用户在删除评论的时候，需要将之前添加到 News 中相关的评论和 @mention 记录也随之删除，by 是评论或 @mention 的发布者，to 是评论的拥有者，这里要删除评论和 @mention 两种类型。

构建并运行项目，在其他用户的帖子中添加一条评论，可以在 LeanCloud 云端的 News 数据表中查看到相关通知记录，如图 35-7 所示。

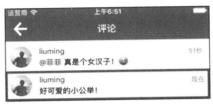

图 35-7　添加评论后在 News 数据表中查看记录

通过 News 数据表的记录我们可以清楚地知道，liuming（当前用户）对 lele 的帖子（puuid 指定的）发送了一个评论，该评论还没有被 lele 查看过。

如果再向该帖子发布一个带 @mention 的评论，则可以在 News 数据表中看到 2 条相关记录，如图 35-8 所示。

图 35-8　在 News 数据表中查看到新添加的记录

其中一条是评论通知，另一条则是 @mention 通知。@mention 记录的意思是：liuming（当前用户）在向 lele 的帖子（puuid 指定的）发送的评论中包含一个给菲菲的 @mention。

但是按照逻辑来说，如果在 News 数据表中添加了 @mention 记录，就不需要再添加评论通知记录了。所以，我们接下来再做一些修改。

步骤 4 在 sendBtn_clicked(_:) 方法中，在 STEP 4.当遇到 @mention 发送通知的部分，添加一个变量，用来记录是否创建了 @mention 通知记录。

```
// STEP 4．当遇到 @mention 发送通知
var mentionCreated = Bool()

for var word in words {
  if word.hasPrefix("@") {
    ……
    newsObj?.saveEventually()
    // 如果创建了 @mention 记录，则让 mentionCraeted 为 true
    mentionCreated = true
  }
}

// STEP 5．发送评论时候的通知
// 如果帖子的发布者与当前用户不是同一人，并且没有创建 @mention 记录到 News 数据表，则执行 if 语句中的代码
if commentowner.last != AVUser.current().username && mentionCreated == false {
  ……
}
```

构建并运行项目，再次发送一个带 @mention 的记录，此时的 News 数据表中仅包含一条 mention 类型的记录。如果在评论页面中删除该条评论，则 mention 记录也随之被删除。

35.4　Like 的通知处理

接下来，我们需要处理喜爱按钮的通知，在 PostVC 控制器视图中有两个地方需要进行代码的调整。

步骤 1 在 PostCell 类的 likeBtn_clicked(_:) 方法中，当我们成功设置了喜爱以后，添加下面的代码：

```
if title == "unlike" {
  let object = AVObject(className: "Likes")
  object?["by"] = AVUser.current().username
  object?["to"] = puuidLbl.text
  object?.saveInBackground({ (success:Bool, error:Error?) in
    if success {
      ……
      // 如果设置为喜爱，则发送通知给表格视图刷新表格
      NotificationCenter.default.post(name: NSNotification.Name(rawValue: "liked"), object: nil)
      // 单击喜爱按钮后添加消息通知
      if self.usernameBtn.titleLabel?.text != AVUser.current().username {
        let newsObj = AVObject(className: "News")
```

```
            newsObj?["by"] = AVUser.current().username
            newsObj?["ava"] = AVUser.current().object(forKey: "ava") as! AVFile
            newsObj?["to"] = self.usernameBtn.titleLabel?.text
            newsObj?["owner"] = self.usernameBtn.titleLabel?.text
            newsObj?["puuid"] = self.puuidLbl.text
            newsObj?["type"] = "like"
            newsObj?["checked"] = "no"
            newsObj?.saveEventually()
        }
    }
  })
}
```

当前用户在单击喜爱按钮以后，会向 News 数据表添加一行相关数据，注意这里所设置 type 为 like，并且只有在帖子发布者和当前用户不是同一人的情况下，才提交数据到 News 表中。

步骤 2 复制上面新添加的代码到 likeTapped() 方法的相同位置，它所实现的功能与步骤 1 是相同的。

```
if success {
  print(" 标记为: like! ")
  self.likeBtn.setTitle("like", for: .normal)
  self.likeBtn.setBackgroundImage(UIImage(named: "like.png"), for: .normal)

  // 如果设置为喜爱，则发送通知给表格视图刷新表格
  NotificationCenter.default.post(name: Notification.Name(rawValue: "liked"), object: nil)

  // 单击喜爱按钮后添加消息通知
  if self.usernameBtn.titleLabel?.text != AVUser.current().username {
    let newsObj = AVObject(className: "News")
    newsObj?["by"] = AVUser.current().username
    newsObj?["ava"] = AVUser.current().object(forKey: "ava") as! AVFile
    newsObj?["to"] = self.usernameBtn.titleLabel?.text
    newsObj?["owner"] = self.usernameBtn.titleLabel?.text
    newsObj?["puuid"] = self.puuidLbl.text
    newsObj?["type"] = "like"
    newsObj?["checked"] = "no"
    newsObj?.saveEventually()
  }
}
```

步骤 3 在 likeBtn_clicked(_:) 方法中，还有取消喜爱的处理代码，在该代码段的最后，也就是在删除喜爱记录，并发送 liked 通知的后面，添加下面的代码：

```
……
// 如果设置为喜爱，则发送通知给表格视图刷新表格
NotificationCenter.default.post(name: NSNotification.Name(rawValue: "liked"), object: nil)

// 单击喜爱按钮后删除消息通知
```

```
let newsQuery = AVQuery(className: "News")
newsQuery?.whereKey("by", equalTo: AVUser.current().username)
newsQuery?.whereKey("to", equalTo: self.usernameBtn.titleLabel?.text)
newsQuery?.whereKey("puuid", equalTo: self.puuidLbl.text)
newsQuery?.whereKey("type", equalTo: "like")

newsQuery?.findObjectsInBackground({ (objects:[Any]?, error:Error?) in
  if error == nil {
    for object in objects! {
      (object as AnyObject).deleteEventually()
    }
  }
})
```

在这段代码中，我们通过查询语句找到 News 数据表中记录当前用户所喜爱的那条帖子记录，并将之删除。

构建并运行项目，在单击了 PostVC 控制器视图中某个单元格里面的喜爱按钮（不是当前用户的帖子）以后，在 LeanCloud 云端的 News 数据表中会看到相应的记录。再次单击喜爱按钮删除对该帖子的喜爱以后，对应的在 News 数据表中会删除这条记录。

35.5　Follow 的通知处理

除了在 PostVC 控制器中的 Like 按钮以外，我们还需要对关注操作进行通知处理。

步骤 1　在 HeaderView 类中的 followBtn_click(_:) 方法中，在添加关注的闭包中添加下面的代码：

```
AVUser.current().follow(user?.objectId, andCallback: { (success:Bool, error:Error?) in
  if success {
    self.button.setTitle("√ 已关注", for: .normal)
    self.button.backgroundColor = .green
    
    // 发送关注通知
    let newsObj = AVObject(className: "News")
    newsObj?["by"] = AVUser.current().username
    newsObj?["ava"] = AVUser.current().object(forKey: "ava") as! AVFile
    newsObj?["to"] = guestArray.last?.username
    newsObj?["owner"] = ""
    newsObj?["puuid"] = ""
    newsObj?["type"] = "follow"
    newsObj?["checked"] = "no"
    newsObj?.saveEventually()
  }else {
    print(error?.localizedDescription)
  }
})
```

因为添加的通知是 follow 类型，所以这里只需要填写 by、ava、to、type 和 checked 字段。

步骤 2 在 followBtn_click(_:) 方法中，在取消关注的闭包中添加下面的代码：

```
AVUser.current().unfollow(user?.objectId, andCallback: { (success:Bool, error:Error?) in
  if success {
    self.button.setTitle("关 注", for: .normal)
    self.button.backgroundColor = .lightGray
    
    // 删除关注通知
    let newsQuery = AVQuery(className: "News")
    newsQuery?.whereKey("by", equalTo: AVUser.current().username)
    newsQuery?.whereKey("to", equalTo: guestArray.last?.username)
    newsQuery?.whereKey("type", equalTo: "follow")
    newsQuery?.findObjectsInBackground({ (objects:[Any]?, error:Error?) in
      if error == nil {
        for object in objects! {
          (object as AnyObject).deleteEventually()
        }
      }
    })
  }else {
    print(error?.localizedDescription)
  }
})
```

如果 News 数据表中包含 follow 类型的当前用户关注指定用户的记录，则将之删除。

构建并运行项目，从聚合页面选择一位不是当前用户本人的用户后单击关注，在 LeanCloud 云端的 News 数据表中会出现一条 follow 类型的记录，取消关注后该记录被删除。

35.6 设置 NewsCell 中界面控件的布局

NewsCell 中一共有 4 个 UI 控件，在本部分中我们将利用自动布局的约束特性对它们进行布局。

步骤 1 在 NewsCell 类的 awakeFromNib() 方法中，添加下面的代码：

```
override func awakeFromNib() {
  super.awakeFromNib()
  
  // 约束
  avaImg.translatesAutoresizingMaskIntoConstraints = false
  usernameBtn.translatesAutoresizingMaskIntoConstraints = false
  infoLbl.translatesAutoresizingMaskIntoConstraints = false
  dateLbl.translatesAutoresizingMaskIntoConstraints = false
  
  self.addConstraints(NSLayoutConstraint.constraints(withVisualFormat: "H:|-10-[ava(30)]-10-[username]-7-[info]-10-[date]", options: [], metrics: nil, views: ["ava": avaImg, "username": usernameBtn, "info": infoLbl, "date": dateLbl]))
}
```

在该方法中，首先将 4 个 UI 控件的 translatesAutoresizingMaskIntoConstraints 属性设置为 false，这样才能在后面使用自动布局的约束特性。

然后创建了一个水平约束，从左起开始 10 个点是 30 宽的 avaImg，间隔 10 个点是 usernameBtn，再间隔 7 个点是 infoLbl，再间隔 10 个点是 dateLbl。constraints(withVisualFormat: options: metrics: views:) 方法的最后一个参数是为 Visual 字符串提供一个对照表。

步骤 2 在该方法中继续添加下面的 4 个约束：

```
self.addConstraints(NSLayoutConstraint.constraints(withVisualFormat: "V:|-10-[ava(30)]-10-|", options: [], metrics: nil, views: ["ava": avaImg]))
self.addConstraints(NSLayoutConstraint.constraints(withVisualFormat: "V:|-10-[username(30)]", options: [], metrics: nil, views: ["username": usernameBtn]))
self.addConstraints(NSLayoutConstraint.constraints(withVisualFormat: "V:|-10-[info(30)]", options: [], metrics: nil, views: ["info": infoLbl]))
self.addConstraints(NSLayoutConstraint.constraints(withVisualFormat: "V:|-10-[date(30)]", options: [], metrics: nil, views: ["date": dateLbl]))
```

这里我们让 4 个 UI 控件在垂直方向上都是距离顶部 10 个点，每个控件的高度都是 30 个点。注意，其中 avaImg 还有一个距离底部 10 个点的约束，因为有了这个自动布局就确定了单元格的高度，这个是非常有必要的。

步骤 3 在 4 个约束的后面添加下面的代码让头像变圆。

```
// 头像变圆
self.avaImg.layer.cornerRadius = avaImg.frame.width / 2
self.avaImg.clipsToBounds = true
```

本章小结

本章我们实现了 Instagram 的搜索功能，首先是在导航栏中实现了搜索栏，通过 UISearchBarDelegate 协议获取用户所要搜索的数据，然后再通过 LeanCloud API 进行相关查询。在 UsersVC 类中，我们不仅实现了表格视图的显示，还实现了集合视图的数据显示。

第 36 章

接收数据到通知控制器

本章我们将会通过 NewsVC 控制器从 LeanCloud 云端接收相关的数据。

36.1 从 News 数据表中接收数据

步骤 1 在 NewsVC 类中添加下面几个属性:

```
import UIKit

class NewsVC: UITableViewController {

  // 存储云端数据到数组
  var usernameArray = [String]()
  var avaArray = [AVFile]()
  var typeArray = [String]()
  var dateArray = [Date]()
  var puuidArray = [String]()
  var ownerArray = [String]()
  ……
}
```

这里一共创建了 6 个属性,其中 typeArray 用于存储通知的类型。

步骤 2 在 viewDidLoad() 方法中,添加下面的代码:

```
override func viewDidLoad() {
  super.viewDidLoad()

  // 动态调整表格的高度
```

```swift
tableView.rowHeight = UITableViewAutomaticDimension
tableView.estimatedRowHeight = 60

// 导航栏的title
self.navigationItem.title = "通知"
}
```

因为需要动态调整单元格的高度,所以设置表格视图的 rowHeight 属性为 UITableView-AutomaticDimension,并且设置预估的行高为 60。

步骤3 在设置导航栏 Title 的下面,继续添加代码:

```swift
// 从云端载入通知数据
let query = AVQuery(className: "News")
query?.whereKey("to", equalTo: AVUser.current().username)
query?.limit = 30
query?.findObjectsInBackground({ (objects:[Any]?, error:Error?) in
  if error == nil {
    self.usernameArray.removeAll(keepingCapacity: false)
    self.avaArray.removeAll(keepingCapacity: false)
    self.typeArray.removeAll(keepingCapacity: false)
    self.dateArray.removeAll(keepingCapacity: false)
    self.puuidArray.removeAll(keepingCapacity: false)
    self.ownerArray.removeAll(keepingCapacity: false)
    
    for object in objects! {
      self.usernameArray.append((object as AnyObject).value(forKey: "by") as! String)
      self.avaArray.append((object as AnyObject).value(forKey: "ava") as! AVFile)
      self.typeArray.append((object as AnyObject).value(forKey: "type") as! String)
      self.dateArray.append((object as AnyObject).createdAt)
      self.puuidArray.append((object as AnyObject).value(forKey: "puuid") as! String)
      self.ownerArray.append((object as AnyObject).value(forKey: "owner") as! String)
    }
    
    self.tableView.reloadData()
  }
})
```

首先从 News 数据表中取出 30 条发给当前用户的通知,然后将通知信息存储到 6 个数组之中,最后刷新表格视图。

步骤4 接下来配置表格视图的单元格,修改 tableView(_: cellForRowAt:) 方法如下面这样:

```swift
override func tableView(_ tableView: UITableView, cellForRowAt indexPath: IndexPath) -> UITableViewCell {
  // 从可复用队列中获取单元格对象
  let cell = tableView.dequeueReusableCell(withIdentifier: "Cell", for: indexPath) as! NewsCell
  
  cell.usernameBtn.setTitle(usernameArray[indexPath.row], for: .normal)
```

```
    avaArray[indexPath.row].getDataInBackground { (data:Data?, error:Error?) in
      if error == nil {
        cell.avaImg.image = UIImage(data: data!)
      }else {
        print(error?.localizedDescription)
      }
    }

    return cell
}
```

在该方法中先从表格视图的可复用队列中获取到单元格对象，然后设置单元格的 username-Btn 以及 avaImg。

步骤5 在 tableView(_: cellForRowAt:) 方法 return 语句的上面继续添加代码：

```
override func tableView(_ tableView: UITableView, cellForRowAt indexPath:
IndexPath) -> UITableViewCell {
    ......
    // 消息的发布时间和当前时间的间隔差
    let from = dateArray[indexPath.row]
    let now = Date()
    let components : Set<Calendar.Component> = [.second, .minute, .hour, .day, .weekOfMonth]
    let difference = Calendar.current.dateComponents(components, from: from, to: now)

    if difference.second! <= 0 {
      cell.dateLbl.text = " 现在 "
    }

    if difference.second! > 0 && difference.minute! <= 0 {
      cell.dateLbl.text = "\(difference.second!) 秒 ."
    }

    if difference.minute! > 0 && difference.hour! <= 0 {
      cell.dateLbl.text = "\(difference.minute!) 分 ."
    }

    if difference.hour! > 0 && difference.day! <= 0 {
      cell.dateLbl.text = "\(difference.hour!) 时 ."
    }

    if difference.day! > 0 && difference.weekOfMonth! <= 0 {
      cell.dateLbl.text = "\(difference.day!) 天 ."
    }

    if difference.weekOfMonth! > 0 {
      cell.dateLbl.text = "\(difference.weekOfMonth!) 周 ."
    }

    return cell
}
```

这部分代码我们可以直接从 PostVC 类的 tableView(_: cellForRowAt:) 方法中复制。

步骤 6　在 return cell 语句的上面继续添加下面的代码：

```
// 定义 info 文本信息
if typeArray[indexPath.row] == "mention" {
  cell.infoLbl.text = "@mention 了你"
}
if typeArray[indexPath.row] == "comment" {
  cell.infoLbl.text = " 评论了你的帖子 "
}
if typeArray[indexPath.row] == "follow" {
  cell.infoLbl.text = " 关注了你 "
}
if typeArray[indexPath.row] == "like" {
  cell.infoLbl.text = " 喜欢你的帖子 "
}
```

上面的代码会根据 type 设置 infoLbl 的文本内容。

步骤 7　删除 numberOfSections(in:) 方法，并修改 tableView(_: numberOfRowsInSection:) 方法。

```
override func tableView(_ tableView: UITableView, numberOfRowsInSection section: Int) -> Int {
    return usernameArray.count
}
```

构建并运行项目，找到其他的用户帖子，然后单击喜爱、发送评论以及 @mention 该用户，最后关注该用户（可以先取消关注，再重新关注）。在 LeanCloud 云端的 News 数据表中可以看到四个不同类型的通知记录，如图 36-1 所示。

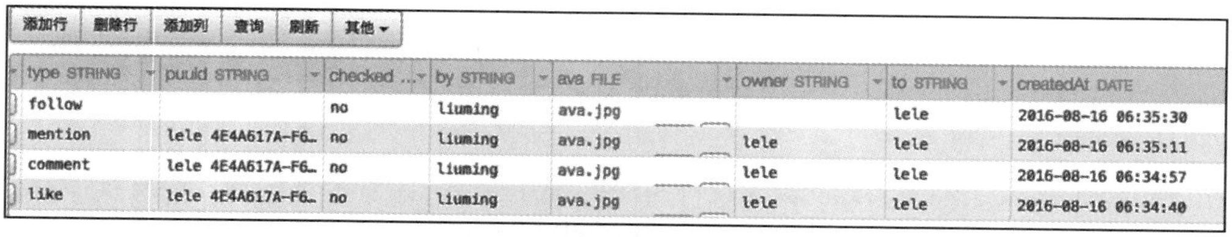

图 36-1　不同类型的 News 数据记录

使用关注的那个人的账号登录，在通知页面中可以看到相关的四条通知信息，如图 36-2 所示。

36.2　处理 News 单元格的交互操作

接下来，我们需要处理用户在单击 News 单元格或者是 usernameBtn 后的操作。

图 36-2　在通知控制器中查看相关消息

步骤 1 从 PostVC 类中复制 usernameBtn_clicked(_:) 方法到 NewsVC 类中，并进行相应的修改。

```swift
@IBAction func usernameBtn_clicked(_ sender: AnyObject) {
  // 按钮的 index
  let i = sender.layer.value(forKey: "index") as! IndexPath
  
  // 通过 i 获取到用户所单击的单元格
  let cell = tableView.cellForRow(at: i) as! NewsCell
  
  // 如果当前用户单击的是自己的 username，则调用 HomeVC，否则是 GuestVC
  if cell.usernameBtn.titleLabel?.text == AVUser.current().username {
    let home = self.storyboard?.instantiateViewController(withIdentifier: "HomeVC") as! HomeVC
    self.navigationController?.pushViewController(home, animated: true)
  } else {
    let query = AVUser.query()
    query?.whereKey("username", equalTo: cell.usernameBtn.titleLabel?.text)
    query?.findObjectsInBackground({ (objects:[Any]?, error:Error?) in
      if let object = objects?.last {
        guestArray.append(object as! AVUser)
        
        let guest = self.storyboard?.instantiateViewController(withIdentifier: "GuestVC") as! GuestVC
        self.navigationController?.pushViewController(guest, animated: true)
      }
    })
  }
}
```

注意，方法中的 PostCell 应修改为 NewsCell。

步骤 2 在故事板中将 usernameBtn 按钮与 NewsVC 中的 usernameBtn_clicked(_:) 方法创建 Action 关联，如图 36-3 所示。

步骤 3 在 tableView(_:cellForRowAt:) 方法的 return 语句的上面添加一行代码：

```swift
// 赋值 indexPath 给 usernameBtn
cell.usernameBtn.layer.setValue(indexPath, forKey: "index")
```

步骤 4 在 NewVC 类中添加 tableView(_:didSelectRowAt:) 方法。

```swift
// 单击单元格
override func tableView(_ tableView: UITableView, didSelectRowAt indexPath: IndexPath) {
  let cell = tableView.cellForRow(at: indexPath) as! NewsCell
  
  // 跳转到 @mention 评论
  if cell.infoLbl.text == "评论了你的帖子" || cell.infoLbl.text == "@mention 了你" {
    commentuuid.append(puuidArray[indexPath.row])
    commentowner.append(ownerArray[indexPath.row])
    
    // 跳转到评论页面
```

```
            let comments = self.storyboard?.instantiateViewController(withIdentifier: "CommentVC") as! CommentVC
            self.navigationController?.pushViewController(comments, animated: true)
        }
    }
```

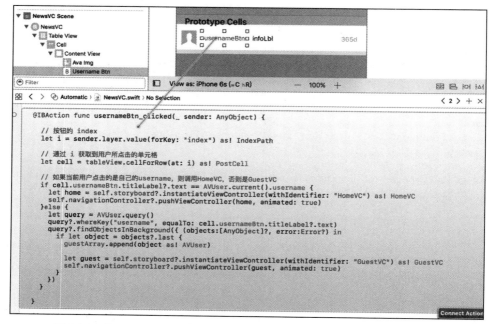

图 36-3 为 usernameBtn 与 usernameBtn_clicked(_:) 方法建立 Action 关联

在该方法中，首先获取到用户所单击的单元格对象，然后根据单元格的 infoLbl 信息进行页面跳转。如果通知是 comment 或 mention 类型，则跳转到 CommentVC 控制器。

步骤 5 在 tableView(_: didSelectRowAt:) 方法中添加对另外两种类型的判断跳转。

```
// 跳转到关注人的页面
if cell.infoLbl.text == "关注了你" {
    // 获取关注人的 AVUser 对象
    let query = AVUser.query()
    query?.whereKey("username", equalTo: cell.usernameBtn.titleLabel?.text)
    query?.findObjectsInBackground({ (objects:[Any]?, error:Error?) in
        if let object = objects?.last {
            guestArray.append(object as! AVUser)

            // 跳转到访客页面
            let guest = self.storyboard?.instantiateViewController(withIdentifier: "GuestVC") as! GuestVC
            self.navigationController?.pushViewController(guest, animated: true)
        }
    })
```

```
}

// 跳转到帖子页面
if cell.infoLbl.text == "喜欢你的帖子" {
    postuuid.append(puuidArray[indexPath.row])

    let post = self.storyboard?.instantiateViewController(withIdentifier: "PostVC") as! PostVC
    self.navigationController?.pushViewController(post, animated: true)
}
```

构建并运行项目,在通知页面中单击关注通知会跳转至关注人的页面,单击喜爱通知后会跳转到被标记喜爱的那个帖子。

36.3 设置通知页面的图标

从本节开始,我们将要设置通知页面的三种不同通知类型的图标,当有新的通知记录时,会以气泡的形式显示在标签栏上面。

步骤 1 从资源文件夹中将 commentIcon.png、likeIcon.png、followIcon.png 和 corner.png 四个文件拖曳到项目之中。为这四个文件创建一个新组:notification items。

因为通知图标是出现在标签栏控制器上面的,所以需要我们在 TabBarVC 类中添加相关的代码。

步骤 2 在 TabBarVC.swift 文件中添加下面的代码:

```
import UIKit

// 关于 icons 的全局变量
var icons = UIScrollView()
var corner = UIImageView()
var dot = UIView()

class TabBarVC: UITabBarController {
```

这里一共设置了 3 个全局变量,滚动视图类型的 icons,用于显示不同类型的 icon 图标。UIImageView 类型的 corner,用于显示下三角。

步骤 3 在 viewDidLoad() 方法中,添加下面的代码:

```
override func viewDidLoad() {
    ......

    // 创建 icon 条
    icons.frame = CGRect(x: self.view.frame.width / 5 * 3 + 10, y: self.view.frame.height - self.tabBar.frame.height * 2 - 3, width: 50, height: 35)
    self.view.addSubview(icons)

    // 创建 corner
```

```
        corner.frame = CGRect(x: icons.frame.origin.x, y: icons.frame.origin.y + icons.
frame.height, width: 20, height: 14)
        corner.center.x = icons.center.x
        corner.image = UIImage(named: "corner.png")
        corner.isHidden = true
        self.view.addSubview(corner)

        // 创建 dot
        dot.frame = CGRect(x: self.view.frame.width / 5 * 3, y: self.view.frame.height
- 5, width: 7, height: 7)
        dot.center.x = self.view.frame.width / 5 * 3 + (self.view.frame.width / 5) / 2
        dot.backgroundColor = UIColor(red: 251/255, green: 103/255, blue: 29/255, alpha: 1.0)
        dot.layer.cornerRadius = dot.frame.width / 2
        dot.isHidden = true
        self.view.addSubview(dot)

        // 显示隐藏的控件
        corner.isHidden = false
        dot.isHidden = false
    }
```

在 viewDidLoad() 方法中，一共要创建三个视图。

第一个视图是 icons，icons 用于呈现所有类型的还未被当前用户查收到的通知数。它的 x 的值为控制器视图宽度的五分之三，因为标签栏中一共有五个标签，也就意味着它的 x 位置是在标签栏第四个 icons 的起始位置，然后再加上 10 个点。icons 的 y 值是控制器视图高度减去 2 倍标签栏的高度再减去 3，因为标签栏的高度大于 icons 的高度，所以这里定位 icons 的 y 值要在标签栏上面显示。

第二个视图是 corner，这个视图实际上是呈现在 icons 下面的小三角，并指向到标签栏的通知 icon。它在初始化的时候是被隐藏的，我们主要看它的 y 值是 icons 的 y 值加上 icons 的高度，也就意味着它的顶端紧挨着 icons 的底部。

第三个视图是 dot，当有通知消息的时候，它会呈现在标签栏通知 icon 的底部，代表有消息通知。

最后让 corner 和 dot 隐藏，之所以没有隐藏 icons 视图，是因为初始化后的 icons 只是一个视图，其内部没有任何的可视化元素，虽然呈现到视图上，但是用户不会看到任何东西。

步骤 4 在 TabBarVC 类中创建 query(type: image:) 方法。

```
    func query(type:[String], image: UIImage) {
      let query = AVQuery(className: "News")
      query?.whereKey("to", equalTo: AVUser.current().username)
      query?.whereKey("checked", equalTo: "no")
      query?.whereKey("type", containedIn: type)

      query?.countObjectsInBackground({ (count:Int, error:Error?) in
        if error == nil {
          if count > 0 {
```

```
      // 之后添加相关代码
    }
  }else {
    print(error?.localizedDescription)
  }
})
}
```

该方法主要负责查询相关类型的、还没有被 checked 的通知数量，然后再运行相关的代码。

步骤 5　在 TabBarVC 类中创建 placeIcon(image: text:) 方法。

```
func placeIcon(image: UIImage, text: String) {
  // 创建某个独立的通知提示
  let view = UIImageView(frame: CGRect(x: icons.contentSize.width, y: 0, width: 50, height: 35))
  view.image = image
  icons.addSubview(view)

  // 创建 Label
  let label = UILabel(frame: CGRect(x: view.frame.width / 2, y: 0, width: view.frame.width / 2, height: view.frame.height))
  label.font = UIFont(name: "HelveticaNeue-Medium", size: 18)
  label.text = text
  label.textAlignment = .center
  label.textColor = .white
  view.addSubview(label)

  // 调整 icons 视图的 frame
  icons.frame.size.width = icons.frame.width + view.frame.width - 4
  icons.contentSize.width = icons.contentSize.width + view.frame.width - 4
  icons.center.x = self.view.frame.width / 5 * 4 - (self.view.frame.width / 5) / 4

  // 显示隐藏的控件
  corner.isHidden = false
  dot.isHidden = false
}
```

当我们需要在 icons 视图中显示各种类型的通知数量时会调用该方法。

在该方法中，首先创建了一个 Image View 对象 view，该 view 用于显示特定的通知提示，它的父视图是 icons。view 的 x 值是父视图（icons）的 contentSize.width 的位置，因为在 icons 中可能会显示 1 至 3 种不同类型的通知提示，每次在向 icons 添加提示（view 对象）的时候，都需要定位它的 x 值为之前的 contentSize 宽度。

然后，我们又创建了一个 Label 对象，用于显示当前类型通知的提示数量。它的 x 的值是 view 宽度的二分之一的位置，宽度也是 view 宽度的二分之一。最后将 Label 对象作

图 36-4　提供的 icon 图标的宽度

为子视图，添加到 view 之中，如图 36-4 所示。

最后我们还调整了 icons 的几个属性，宽度为 icons 自身宽度加上 view 宽度减 4，之所以减去 4 是因为提示 Icon 的 png 图都是圆角的，如果两个图紧挨在一起的话，衔接处的上下边会有缺角。icons 的 contentSize 与宽度一样，最后设置了 icons 的水平中心位置。

例如：当我们第一次添加 view 的时候，view 的 x 值为 0，因为 icons 此时的 contentSize 宽度为 0，添加以后的 icons 宽度是 120。而第二次添加 view 的时候，view 的 x 值为 116，以此类推。

步骤 6　在 query(type: image:) 方法中的 if count > 0 的判断语句中，添加下面的代码：

```
if count > 0 {
    self.placeIcon(image: image, text: "\(count)")
}
```

如果查询到的通知数量大于 0，则调用 placeIcon(_: text:) 方法。

步骤 7　在 viewDidLoad() 方法的最后，添加下面的代码：

```
// 显示所有通知 icon
query(type: ["like"], image: UIImage(named: "likeIcon.png")!)
query(type: ["follow"], image: UIImage(named: "followIcon.png")!)
query(type: ["mention", "comment"], image: UIImage(named: "commentIcon.png")!)
```

在上面的这段代码中，我们依次在 icons 视图中显示 like、follow 和 mention/comment 的通知 icons 和数量。

构建并运行项目，确保在 News 数据表中有针对当前用户的通知消息，效果如图 36-5 所示。

通过提示我们可以知道，当前用户有一个帖子被标记了喜爱，有一位用户关注了自己，有两个新的评论或 @mention。并且在通知标签的底部还有一个圆点，这代表着有新通知。

接下来，当用户单击通知标签以后，还要让 icons 视图消失，毕竟它不能永远停留在屏幕上。

步骤 8　在 NewsVC 类的 viewDidLoad() 方法中的 findObjectsInBackground(_:) 方法的闭包中，添加下面的代码：

```
query?.findObjectsInBackground({ (objects: [Any]?, error:Error?) in
    ......
    if error == nil {
        for object in objects as! [AnyObject] {
            self.usernameArray.append(object.
```

图 36-5　消息通知最终的显示效果

```
value(forKey: "by") as! String)
            self.avaArray.append(object.value(forKey: "ava") as! AVFile)
            self.typeArray.append(object.value(forKey: "type") as! String)
            self.dateArray.append(object.createdAt)
            self.puuidArray.append(object.value(forKey: "puuid") as! String)
            self.ownerArray.append(object.value(forKey: "owner") as! String)
            
            object.setObject("yes", forKey: "checked")
            object.saveEventually()
        }
        
        UIView.animate(withDuration: 1, animations: {
            icons.alpha = 0
            corner.alpha = 0
            dot.alpha = 0
        })
        self.tableView.reloadData()
    }
})
```

当用户切换到 NewsVC 控制器以后，我们将从云端获取到的每条 News 记录的 checked 字段设置为 yes，最后通过动画的形式，让 icons、corner 和 dot 在 1 秒钟内消失。

在 LeanCloud 云端先将之前的 News 记录的 checked 字段设置为 no，然后构建并运行项目，当单击通知标签以后，通知提示条渐渐消失。

本章小结

本章我们实现了 Instagram 的消息通知提示栏的功能，结合所提供的各种 icon 图标，根据 News 数据表中的信息，显示相应的提示信息。

第 37 章

对用户界面的再改进

在本章，我们将会重新设置 Instagram 应用的个别图标，使其更接近真正的产品。

37.1 设置上传标签

在当前的标签栏中，全部的五个标签均为图片加文字的形式，为了突出重点，我们需要将上传标签的文字去除，只用图片的形式展现标签。

步骤 1 在故事板中选中上传 Icon 标签，在 Attributes Inspector 中将 Image 设置为空，如图 37-1 所示。

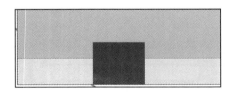 

图 37-1 删除上传标签的 Icon

步骤 2 在项目导航中删除 tabbar items 组中的 upload.png、upload@2x.png 和 upload@3x.png 三个图片文件，在弹出的对话框中选择 Move to Trash 按钮，这样三个文件会真正的从项目文件夹中删除，如图 37-2 所示。

步骤 3 从资源文件夹中选择最新的 upload.png 文件拖曳到 tabbar items 组中。

步骤 4 在 TabBarVC 类的 viewDidLoad() 方法中，添加下面的代码：

```
override func viewDidLoad() {
    ……
    self.tabBar.isTranslucent = false
    
    // 自定义标签按钮
    let itemWidth = self.view.frame.width / 5
    let itemHeight = self.tabBar.frame.height
    let button = UIButton(frame: CGRect(x: itemWidth * 2, y: self.view.frame.height - itemHeight, width: itemWidth - 10, height: itemHeight))
    button.setBackgroundImage(UIImage(named:"upload.png"), for: .normal)
    button.adjustsImageWhenHighlighted = false
    button.addTarget(self, action: #selector(uploaded), for: .touchUpInside)
    self.view.addSubview(button)
    ……
}
```

在该方法中创建了一个 button 按钮，该按钮的宽度为控制器视图的五分之一再减去 10，高度为标签栏的高度，x 的值为第三个标签按钮的位置，y 值就是视图高度减去标签栏的高度。然后将 upload.png 作为按钮的背景图，并且设置了 adjustsImageWhenHighlighted 属性为 false，该属性用来确定按钮在高亮状态下是否调整图片，如果为真则按钮在高亮状态下，其图片也是高亮状态，默认值为真。之后，设置该按钮在单击后会执行 uploaded() 方法，最后将按钮添加到控制器的视图之中。

步骤 5　在 TabBarVC 类中添加 uploaded() 方法。

```
func uploaded(sender: UIButton) {
    self.selectedIndex = 2
}
```

当用户单击 upload 按钮以后会让标签栏控制器切换到索引值为 2 的控制器，也就是第三个控制器。

构建并运行项目，效果如图 37-3 所示。

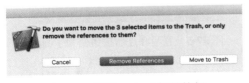

图 37-2　删除 upload 标签按钮

图 37-3　全新的 upload 标签按钮

37.2　设置按钮为圆角

在 Instagram 项目中有很多按钮的外观现在还都是直角，不是很美观。本部分我们将修改它为圆角。

步骤 1　在 FollowersCell 类中的 awakeFromNib() 方法中添加下面的代码：

```
override func awakeFromNib() {
    ……
    followBtn.frame = CGRect(x: width - width / 3.5 - 20, y: 30, width: width / 3.5, height: 30)
    // 设置关注按钮为圆角
    followBtn.layer.cornerRadius = followBtn.frame.width / 20
    ……
}
```

构建并运行项目,在关注页面中的效果如图 37-4 所示。

步骤 2 在 SignInVC 类的 viewDidLoad() 方法中添加下面的代码:

```
override func viewDidLoad() {
    ……
    signUpBtn.frame = CGRect(x: self.view.frame.width - signInBtn.frame.width - 20, y: signInBtn.frame.origin.y, width: signInBtn.frame.width, height: 30)
    signInBtn.layer.cornerRadius = signInBtn.frame.width / 20
    signUpBtn.layer.cornerRadius = signUpBtn.frame.width / 20
```

构建并运行项目,在登录页面中的效果如图 37-5 所示。

图 37-4　关注按钮变为了圆角

图 37-5　登录和注册按钮变为了圆角

步骤 3 仿照步骤 2,在 SignUpVC 类的 viewDidLoad() 方法中添加下面的两行代码:

```
signUpBtn.layer.cornerRadius = signUpBtn.frame.width / 20
cancelBtn.layer.cornerRadius = cancelBtn.frame.width / 20
```

步骤 4 仿照步骤 2,在 ResetPasswordVC 类的 viewDidLoad() 方法中添加下面的两行代码:

```
resetBtn.layer.cornerRadius = resetBtn.frame.width / 20
cancelBtn.layer.cornerRadius = cancelBtn.frame.width / 20
```

37.3 调整通知提示条的动画

在前一章中，我们设置了当用户单击通知标签以后会让 icons 视图消失。在这部分中，我们将设置更改为用户在看到消息提示 8 秒钟以后让 icons 视图消失，这样更加符合用户的视觉体验。

步骤 1 在 NewsVC 类的 viewDidLoad() 方法中剪切 UIView.animate() 方法。

步骤 2 粘贴 UIView.animate() 方法到 TabBarVC 的 viewDidLoad() 方法的最后。

步骤 3 将粘贴的代码修改为下面这样：

```
UIView.animate(withDuration: 1, delay: 8, options: [], animations: {() -> Void in
  icons.alpha = 0
  corner.alpha = 0
  dot.alpha = 0
}, completion: nil)
```

这里使用了 animate(withDuration: delay: options: animations: completion:) 方法，它的第一个参数代表动画时间，第二个参数代表延时多少秒以后进行动画，animations 参数则是要执行的动画闭包。

构建并运行项目，可以看到提示条在 8 秒钟以后消失。

37.4 调整标签栏中 Item 的设置

在标签栏中，我们希望标签只是显示 icon 图片而不显示文字信息，因为图片足以向用户说明该视图控制器的用途。

步骤 1 在故事板中选中某个标签 Item，在 Attributes Inspector 中将将 Title 中的文字删除，效果如图 37-6 所示。

步骤 2 确定还是选中标签 Item 的情况下，在 Size Inspector 中将 Top 设置为 6，将 Bottom 设置为 –6，此时 Icon 图片向下平移了 6 个点，如图 37-7 所示。

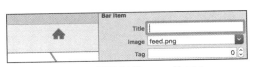
图 37-6 删除标签 Item 的 Title

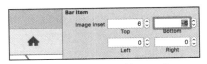
图 37-7 设置标签 Item 的 Top 和 Bottom

步骤 3 以此类推，修改其他三个标签的 Item 属性。

本章小结

本章我们对 Instagram 项目的用户界面进行了细节方面的修改，使得它更像是一个成熟的产品。

推荐阅读

iOS开发学习路线图